混凝土结构设计随手查

陈长兴　编著

中国建筑工业出版社

图书在版编目（CIP）数据

混凝土结构设计随手查/陈长兴编著. — 北京：中国建筑工
业出版社，2018.10
ISBN 978-7-112-22666-5

Ⅰ.① 混… Ⅱ.① 陈… Ⅲ.① 混凝土结构-结构设
计 Ⅳ.① TU370.4

中国版本图书馆 CIP 数据核字（2018）第 206162 号

本书针对混凝土结构设计中的常用知识点、重点及难点问题，通过分析和比对现行规范条文，简明扼要地进行了讲解，以帮助读者快速解决设计中遇到的问题，加深对规范的理解，并且免去了在诸多规范间反复查阅的麻烦。

本书主要内容包括：结构计算、结构设计基本规定、结构布置、结构构件截面构造和纵向钢筋构造、框架结构构造、剪力墙结构构造、框架－剪力墙结构构造、板柱－剪力墙结构构造、筒体结构构造、建筑形体不规则主要类型判别、薄弱层（部位）概念、抗震设计、地基基础、设计对施工的要求、施工图设计"错漏缺"浅析。

本书适合从事混凝土结构设计、具有一定设计经验的结构工程师参考使用。

责任编辑：刘婷婷　王　梅
责任设计：李志立
责任校对：芦欣甜

混凝土结构设计随手查
陈长兴　编著
＊
中国建筑工业出版社出版、发行（北京海淀三里河路9号）
各地新华书店、建筑书店经销
北京建筑工业印刷厂制版
大厂回族自治县正兴印务有限公司印刷
＊
开本：787×1092毫米　1/16　印张：17¼　字数：424千字
2018年11月第一版　2018年11月第一次印刷
定价：**48.00**元
ISBN 978-7-112-22666-5
（32783）

前　言

本书针对混凝土结构设计过程中经常遇到的设计知识点、重点和难点问题，依据现行国家标准、规范、规程和规定，以及工程设计实践经验编制而成。

本书与混凝土结构设计理论、混凝土设计手册、混凝土结构设计教科书等有所不同，具有下列特点：

1. 全书以混凝土设计知识点的形式统一编号，方便读者查阅；

2. 书稿内容按照系统化、模块化、集成化方式编排；

3. 设计参数、技术指标、构造措施等按表格形式采取量化；

4. 本书适合有混凝土设计经验的工程师阅读，也可供其他从事混凝土结构有关的工程师参考；

5. 当现行国家规范、规程新编、修编、局部修订时，按其最新规定。

本书在短时间内出版，感谢中国建筑工业出版社王梅主任的鼎力相助，感谢刘婷婷责编提出的指导性审查意见。

由于编者技术水平、实践经验和应用技术掌握有限，书稿中难免存在缺点，恳请读者提出意见，共同提高混凝土结构设计水平。

陈长兴

2018 年 9 月

目　录

第 12 章 抗震设计

第 13 章 地基基础

第 14 章 设计对施工的要求

第 15 章　施工图设计"错漏缺"浅析

第1章 结构计算

1.1 楼面静荷载计算

001 楼面静荷载应该如何选取？

楼面静荷载等于楼面做法自重、楼板自重、顶棚或吊顶自重、管道和支架自重（如有时）之和，按面荷载取值，单位为 kN/m^2。

（1）楼面做法自重按建筑专业要求取值，常用做法为水泥砂浆、水磨石、地砖、石材、橡塑、实木（复合）等，一般厚度为 20mm ～ 100mm，自重范围为 $0.5kN/m^2$ ～ $2.0kN/m^2$。

（2）楼板自重为混凝土自重与楼板厚度相乘，钢筋混凝土自重取 $25kN/m^3$。

（3）顶棚或吊顶自重按建筑专业要求取值，常用做法为抹灰和涂料顶棚、纤维板和金属吊顶，一般自重不大于 $0.5kN/m^2$。

（4）管道和支架自重按设备、电气专业要求取值，一般按实际情况确定其自重。

楼面做法（地砖楼面）	1.54kN/m²
120 厚现浇板	0.12×25＝3.00kN/m²
顶棚（抹灰刮腻子顶棚）	0.29kN/m²
合计	4.83kN/m²

002 屋面静荷载应该如何选取？

屋面静荷载等于屋面做法自重、屋面板自重、顶棚或吊顶自重、管道和支架自重（如有时）之和，按面荷载取值，单位为 kN/m^2。

（1）屋面做法自重按建筑专业要求取值，常用做法为卷材防水、刚性防水、架空、种植、平瓦等，一般厚度为 50mm ～ 200mm，架空厚度为 200mm ～ 400mm，种植厚度不小于 620mm（不含保温层厚度），自重范围为 $2.0kN/m^2$ ～ $5.0kN/m^2$。

（2）屋面板自重为混凝土自重与屋面板厚度相乘，屋面板厚度不宜小于 120mm。

屋面做法（卷材涂膜防水屋面）	4.07kN/m²
150 厚现浇板	0.15×25＝3.75kN/m²
吊顶（装饰石膏板吊顶）	0.34kN/m²
合计	8.16kN/m²

003 填充墙、隔墙自重应该如何选取？

（1）填充墙自重等于外墙做法自重、墙体自重、内墙做法自重之和，按线荷载取值，单位为 kN/m。

① 外墙做法自重按建筑专业要求取值，常用做法为抹灰、饰面砖、石材、板材、幕墙等，一般厚度为 20mm ～ 100mm，自重范围为 0.5kN/m² ～ 2.0kN/m²；

② 砌体墙自重为墙体材料重度与墙体厚度相乘（kN/m²），常用材料为陶粒混凝土砌块、加气混凝土砌块等，一般重度为 6.0kN/m³ ～ 8.0kN/m³；

③ 内墙做法自重按建筑专业要求取值，常用做法为抹灰、面砖、石材、装饰板、壁纸等，一般厚度为 10mm ～ 80mm，自重范围为 0.34kN/m² ～ 2.0kN/m²。

外墙做法（外墙饰面砖墙面）　　　　　　　　　　　　0.57kN/m²
200 厚陶粒混凝土砌块填充墙

　　　　　　　　　　　　　　　　　　　　$0.2 \times 8 = 1.60$kN/m²

内墙做法（水泥砂浆墙面）　　　　　　　　　　　　　0.36kN/m²
合计　　　　　　　　　　　　　　　　　　　　　　　2.53kN/m²
填充墙在梁上产生的线荷载（墙净高为 3.9m）　　　$2.53 \times 3.9 = 9.87$kN/m

（2）隔墙自重等于双侧内墙做法自重、砌体墙自重之和，按线荷载取值，单位为 kN/m。

1.2　主体结构计算

004　程序文本输出应该如何察看？

1. 结构分析、设计信息输出文件重点

（1）结构分析的控制信息：总信息、计算控制信息、风荷载信息、地震信息、活荷载信息、调整信息、配筋信息、设计信息、荷载组合信息、地下信息和性能设计信息等；

（2）各层质量质心信息；

（3）各层构件数量、构件材料和层高；

（4）风荷载信息；

（5）各楼层偶然偏心信息；

（6）各楼层等效尺寸；

（7）各楼层的单位面积质量分布；

（8）计算信息；

（9）各层刚心、偏心率、相邻层侧移刚度比等计算信息；

（10）结构整体抗倾覆验算结果；

（11）结构舒适性验算结果；

（12）结构整体稳定验算结果；

（13）楼层抗剪承载力及承载力比值。

2. 周期、地震作用与振型输出文件重点

（1）各振型特征参数：振型号、周期（s）、转角（Dec）、平动系数（X+Y）、扭转系数；

（2）地震作用最大的方向；

（3）各振型的地震力输出；

（4）基底剪力；

（5）剪重比；

（6）有效质量系数；

（7）楼层的振型位移值；

（8）各楼层剪力系数调整情况；

（9）竖向地震作用（如选择计算时）。

3. 结构位移输出文件重点

（1）X方向/$X+$偶然偏心/$X-$偶然偏心地震作用下的楼层最大位移、最大层间位移角；

（2）Y方向/$Y+$偶然偏心/$Y-$偶然偏心地震作用下的楼层最大位移、最大层间位移角；

（3）X方向风荷载作用下的楼层最大位移、最大层间位移角、最大位移与层平均位移的比值、最大层间位移与平均层间位移的比值；

（4）Y方向风荷载作用下的楼层最大位移、最大层间位移角、最大位移与层平均位移的比值、最大层间位移与平均层间位移的比值；

（5）竖向恒载/活载作用下的楼层最大位移；

（6）X方向/$X+$偶然偏心/$X-$偶然偏心地震作用规定水平力下的楼层最大位移、最大位移与层平均位移的比值、最大层间位移与平均层间位移的比值；

（7）Y方向/$Y+$偶然偏心/$Y-$偶然偏心地震作用规定水平力下的楼层最大位移、最大位移与层平均位移的比值、最大层间位移与平均层间位移的比值。

4. 超筋超限信息重点

（1）柱轴压比超限；

（2）柱全截面配筋率超限、矩形截面单边配筋率超限；

（3）柱抗剪截面超限；

（4）节点域抗剪截面超限；

（5）墙肢暗柱配筋率超限；

（6）墙肢抗剪截面超限；

（7）墙肢轴压比超限；

（8）剪力墙稳定超限；

（9）剪力墙施工缝超限；

（10）梁端混凝土受压区高度超限；

（11）梁配筋率超限；

（12）梁抗剪截面超限；

（13）梁剪扭截面超限。

5. 楼层地震作用调整信息重点

（1）各层各塔楼的规定水平力；

（2）框架柱及短肢墙地震倾覆力矩；

（3）框架柱及短肢墙地震倾覆力矩百分比；

（4）框剪结构中框架柱所承担的地震剪力；

（5）$0.2V_0$、$1.5V_{max}$的调整系数。

6. 简化薄弱层验算文件重点

（1）X、Y 方向罕遇地震产生的框架楼层弹性剪力，X、Y 方向柱的抗剪承载力；

（2）X、Y 方向各层的屈服系数；

（3）X、Y 方向对应于多遇小震下的弹性楼层位移、弹性层间位移，X、Y 方向的塑性放大系数，X、Y 方向罕遇大震下的弹塑性层间位移、弹塑性层间位移角。

005 程序输出计算简图应该如何察看？

1. 平面简图重点

（1）节点；

（2）梁截面尺寸；

（3）柱截面尺寸；

（4）剪力墙厚度、洞口尺寸、连梁截面尺寸；

（5）支撑截面尺寸；

（6）楼（屋面）板厚度。

2. 荷载简图重点

（1）楼面静荷载、活荷载，楼板自重；

（2）梁上填充墙、隔墙自重；

（3）剪力墙洞口填充墙、门窗自重；

（4）楼梯、雨罩、阳台、飘窗等荷载。

3. 配筋简图重点

（1）钢筋混凝土梁：梁上下部左端、跨中、右端纵向钢筋配筋面积，梁加密区、非加密区抗剪箍筋面积，梁受扭纵筋面积和抗剪箍筋沿周边布置的单肢箍的面积；

（2）钢筋混凝土柱：角筋面积、B 边和 H 边的单边配筋面积，节点域、加密区斜截面、非加密区斜截面抗剪箍筋面积，圆柱全截面配筋面积；

（3）墙柱：一端暗柱实际配筋总面积，水平分布筋面积，地下室外墙双排竖向分布筋面积；

（4）墙梁：同梁；

（5）楼（屋面）板上部支座、下部跨中纵筋配筋面积，裂缝宽度、挠度。

4. 梁弹性挠度、柱轴压比、墙边缘构件简图重点

（1）柱轴压比和计算长度系数；

（2）梁弹性挠度；

（3）边缘构件的设置；

（4）边缘构件配筋结果。

5. 底层柱墙最大组合内力简图重点

（1）X 向最大剪力；

（2）Y 向最大剪力；

（3）最大轴力；

（4）最小轴力；

（5）X 向最大弯矩；

（6）Y 向最大弯矩；

（7）恒载+活载。

6. 水平力作用下各层平均侧移简图重点

（1）地震作用下的楼层剪力、弯矩、位移及位移角；

（2）风荷载作用下的楼层剪力、弯矩、位移及位移角。

7. 结构整体空间振动简图重点

（1）查看每个振型的形态，判断结构的薄弱方向；

（2）查看结构计算模型是否存在明显的错误，限制扭转周期比在合理范围。

1.3 基本指标

006 位移比、周期比应该如何控制？

位移比参考指标　　　　　　　　　　　　　　　　　　表 006

结构类型		规则	扭转不规则			
		$\delta \leqslant 1.2$	$1.2 < \delta \leqslant 1.3$	$1.3 < \delta \leqslant 1.4$	$1.4 < \delta \leqslant 1.5$	$1.5 < \delta \leqslant 1.6$
弹性层间位移角	框架	$\leqslant 1/550$	$\leqslant 1/605$	$\leqslant 1/660$	$\leqslant 1/715$	$\leqslant 1/770$
	框架-剪力墙、框架-核心筒、板柱-剪力墙	$\leqslant 1/800$	$\leqslant 1/880$	$\leqslant 1/960$	$\leqslant 1/1040$	$\leqslant 1/1120$
	剪力墙、筒中筒	$\leqslant 1/1000$	$\leqslant 1/1100$	$\leqslant 1/1200$	$\leqslant 1/1300$	$\leqslant 1/1400$
	框支层（或除框架结构外的转换层）	$\leqslant 1/1000$	$\leqslant 1/1100$	$\leqslant 1/1200$	—	—

注：依据《建筑抗震设计规范》GB 50011—2010（2016 年版）第 3.4.3 条、第 3.4.4 条、第 5.5.1 条规定，《高层建筑混凝土结构技术规程》JGJ 3—2010 第 3.4.5 条、第 3.7.3 条规定。

结构扭转为主的第一自振周期 T_t 与平动为主的第一自振周期 T_1 之比，A 级高度高层建筑不应大于 0.9，B 级高度高层建筑、超过 A 级高度的混合结构及本规程第 10 章所指的复杂高层建筑不应大于 0.85。

注：《高层建筑混凝土结构技术规程》JGJ 3—2010 第 3.4.5 条规定。

007 平面尺寸比应该如何控制？

平面尺寸及突出部位尺寸的比值限值　　　　　　　　　表 007

设防烈度	L/B（平面长宽比）	l/B_{max}（局部突出尺寸比）	l/b（平面突出部分长宽比）
6、7 度	$\leqslant 6.0$	$\leqslant 0.35$	$\leqslant 2.0$
8、9 度	$\leqslant 5.0$	$\leqslant 0.30$	$\leqslant 1.5$

注：依据《建筑抗震设计规范》GB 50011—2010（2016 年版）第 3.4.3 条规定，《高层建筑混凝土结构技术规程》JGJ 3—2010 第 3.4.3 条规定。

008 楼板宽度比或开洞（错层）面积比应该如何控制？

楼板宽度比或开洞（错层）面积比参考指标　　　　表 008

类别	参考指标
楼板宽度比	有效楼板宽度不宜小于该层楼板典型宽度的 50%
开洞（错层）面积比	开洞（错层）面积不宜超过该层楼面面积的 30%

注：依据《建筑抗震设计规范》GB 50011—2010（2016 年版）第 3.4.3 条规定，《高层建筑混凝土结构技术规程》JGJ 3—2010 第 3.4.6 条规定。

009 侧向刚度比应该如何控制？

侧向刚度比参考指标　　　　表 009

结构类型		侧向刚度比 γ		
		与相邻上一层	与相邻上三个楼层平均值	地下一层与首层
框架结构		γ_1 不宜小于 0.70	不宜小于 0.80	不宜小于 2（当地下室顶板作为上部结构嵌固部位时）
框架-剪力墙、板柱-剪力墙、剪力墙、框架-核心筒、筒中筒	与相邻上层层高比≤1.5	γ_2 不宜小于 0.90	—	
	与相邻上层层高比>1.5	γ_2 不宜小于 1.10		
	对结构底部嵌固层	γ_2 不宜小于 1.50		
框支层	当转换层设置在 1、2 层时	γ_{e1} 不应小于 0.50（0.4）	—	—
	当转换层设置在 2 层以上时	γ_1 不应小于 0.60，γ_{e2} 不应小于 0.80（0.5）	—	—
筒体结构转换层		γ_1 不宜小于 0.50	—	—

注：1. γ_1 为楼层侧向刚度比；γ_2 为考虑层高修正的楼层侧向刚度比；γ_{e1} 为转换层与其相邻上层结构的等效剪切刚度比；γ_{e2} 为转换层下部结构与上部结构的等效侧向刚度比。
2. 表中括号内数值用于非抗震设计。
3. 依据《建筑抗震设计规范》GB 50011—2010（2016 年版）第 3.4.3 条、第 6.1.9 条、第 6.1.14 条、第 6.7.5 条规定，《高层建筑混凝土结构技术规程》JGJ 3—2010 第 3.5.2 条、第 5.3.7 条、第 10.2.3 条规定。

010 竖向收进（外挑）尺寸比应该如何控制？

竖向体型收进（外挑）尺寸比参考指标　　　　表 010

类别	参考指标
竖向收进尺寸比	局部收进的水平方向尺寸不宜大于相邻下一层的 25%；高层建筑抗震设计时，当结构上部楼层收进部位到室外地面的高度 H_1 与房屋高度 H 之比大于 0.2 时，上部楼层收进后的水平尺寸 B_1 不宜小于下部楼层水平尺寸 B 的 75%
竖向外挑尺寸比	上部楼层水平尺寸 B_1 不宜大于下部楼层水平尺寸 B 的 1.1 倍，且水平外挑尺寸 a 不宜大于 4.0m

注：依据《建筑抗震设计规范》GB 50011—2010（2016 年版）第 3.4.3 条规定，《高层建筑混凝土结构技术规程》JGJ 3—2010 第 3.5.5 条规定。

011 受剪承载力比应该如何控制？

层间受剪承载力比参考指标　　　　　　　　　　　　　　　　　　**表 011**

类别	参考指标
受剪承载力比	楼层抗侧力结构的层间受剪承载力不宜（应）小于其相邻上一层受剪承载力的 80%（65%）

注：1. 楼层抗侧力结构的层间受剪承载力是指在所考虑的水平地震作用方向上，该层全部柱、剪力墙、斜撑的受剪承载力之和。

　　2. 依据《建筑抗震设计规范》GB 50011—2010（2016 年版）第 3.4.3 条、第 3.4.4 条规定，《高层建筑混凝土结构技术规程》JGJ 3—2010 第 3.5.3 条规定。

012 弹性层间位移角、弹塑性层间位移角应该如何控制？

弹性层间位移角限值、弹塑性层间位移角限值　　　　　　　　　**表 012**

结构类型	弹性层间位移角限值 $[\theta_e]$	弹塑性层间位移角限值 $[\theta_p]$
框架结构	1/550	1/50
框架-抗震墙结构、板柱-抗震墙结构、框架-核心筒结构	1/800	1/100
抗震墙结构、筒中筒结构	1/1000	1/120
框支层（或除框架结构外的转换层）	1/1000	1/120

注：依据《建筑抗震设计规范》GB 50011—2010（2016 年版）第 5.5.1 条、第 5.5.5 条规定，《高层建筑混凝土结构技术规程》JGJ 3—2010 第 3.7.3 条、第 3.7.5 条规定。

013 单位面积重量应该如何控制？

单位面积重量参考指标（±0.000 以上）　　　　　　　　　　　**表 013**

结构类型	单位面积重量 w（kN/m²）
框架结构、框架-剪力墙结构	12 ～ 14
剪力墙结构、筒体结构	13 ～ 16

注：依据《高层建筑混凝土结构技术规程》JGJ 3—2010 第 5.1.8 条条文说明。

014 柱轴压比、剪力墙墙肢轴压比应该如何控制？

柱轴压比限值（$\lambda > 2$，$\leqslant$ C60，不考虑箍筋约束，无芯柱、非Ⅳ类场地上较高的高层建筑）表 014-1

结构类型	抗震等级			
	一级	二级	三级	四级
框架结构	0.65	0.75	0.85	0.90
框架-抗震墙结构、板柱-抗震墙结构、框架-核心筒结构、筒中筒结构	0.75	0.85	0.90	0.95
部分框支抗震墙结构	0.60	0.70	—	

注：依据《建筑抗震设计规范》GB 50011—2010（2016 年版）第 6.3.6 条规定，《高层建筑混凝土结构技术规程》JGJ 3—2010 第 6.4.2 条规定，《混凝土结构设计规范》GB 50010—2010（2015 年版）第 11.4.16 条规定。

墙肢的轴压比限值			表 014-2	
抗震等级或烈度	一级（9度）	一级（7、8度）	二级	三级
轴压比限值	0.40	0.50	0.60	0.60
短肢剪力墙的轴压比限值	—	0.45	0.50	0.55
一字形短肢剪力墙的轴压比限值	—	0.35	0.40	0.45

注：依据《建筑抗震设计规范》GB 50011—2010（2016 年版）第 6.4.2 条规定，《高层建筑混凝土结构技术规程》JGJ 3—2010 第 7.2.13 条、第 7.2.2 条规定，《混凝土结构设计规范》GB 50010—2010（2015 年版）第 11.7.16 条规定。

015 底层倾覆力矩比应该如何控制？

底层倾覆力矩比		表 015
类别	底层倾覆力矩比	
框架-剪力墙结构	在规定的水平地震力作用下，框架底部所承担的倾覆力矩大于结构底部总倾覆力矩的 50% 时，其框架的抗震等级应按框架结构确定	
框支层	底层框架部分承担的地震倾覆力矩，不应大于结构总地震倾覆力矩的 50%	

注：依据《建筑抗震设计规范》GB 50011—2010（2016 年版）第 6.1.3 条、第 6.1.9 条规定，《高层建筑混凝土结构技术规程》JGJ 3—2010 第 8.1.3 条、第 10.2.16 条规定，《混凝土结构设计规范》GB 50010—2010（2015 年版）第 11.1.4 条规定。

016 剪力系数应该如何控制？

楼层最小地震剪力系数值					表 016
类别	6 度	7 度		8 度		9 度
	0.05g	0.10g	0.15g	0.20g	0.30g	0.40g
扭转效应明显或基本周期小于 3.5s 的结构	0.008	0.016	0.024	0.032	0.048	0.064
基本周期大于 5.0s 的结构	0.006	0.012	0.018	0.024	0.036	0.048

注：1. 基本周期介于 3.5s～5.0s 的结构，按插入法取值；对于竖向不规则结构的薄弱层，尚应乘以 1.15 的增大系数。
2. 依据《建筑抗震设计规范》GB 50011—2010（2016 年版）第 5.2.5 条规定，《高层建筑混凝土结构技术规程》JGJ 3—2010 第 4.3.12 条规定。

017 刚重比应该如何控制？

刚重比		表 017
结构类型	结构整体稳定性	可不考虑重力二阶效应的不利影响
框架结构	$D_i \geqslant 10 \sum_{j=i}^{n} G_j / h_i \ (i=1,2,3,\cdots,n)$	$D_i \geqslant 20 \sum_{j=i}^{n} G_j / h_i \ (i=1,2,3,\cdots,n)$
剪力墙结构、框架-剪力墙结构、筒体结构	$EJ_d \geqslant 1.4H^2 \sum_{i=1}^{n} G_i$	$EJ_d \geqslant 2.7H^2 \sum_{i=1}^{n} G_i$

注：依据《高层建筑混凝土结构技术规程》JGJ 3—2010 第 5.4.1 条、第 5.4.4 条规定。

018 梁端受压区高度比、纵筋面积比应该如何控制？

梁端受压区高度比、纵筋面积比　　表 018

类别	梁端受压区高度比、纵筋面积比
框架 梁端	梁端计入受压钢筋的混凝土受压区高度和有效高度之比，一级不应大于 0.25，二、三级不应大于 0.35
	梁端截面的底面和顶面纵向钢筋配筋量的比值，除计算确定外，一级不应小于 0.5，二、三级不应小于 0.3

注：依据《建筑抗震设计规范》GB 50011—2010（2016 年版）第 6.3.3 条规定，《高层建筑混凝土结构技术规程》JGJ 3—2010 第 6.3.2 条规定，《混凝土结构设计规范》GB 50010—2010（2015 年版）第 11.3.1 条、第 11.3.6 条规定。

019 框架部分承担的剪力值比应该如何控制？

框架-抗震墙结构、框架-核心筒结构 $0.2V_0$、$1.5V_{max}$ 的调整按表 019 的规定。

框架部分承担的剪力值比　　表 019

结构类型	框架部分承担的剪力值比
框架-抗震墙结构 和框架-核心筒结构	任一层框架部分承担的剪力值，不应小于结构底部总地震剪力的 20% 和按框架-抗震墙结构、框架-核心筒结构计算的框架部分各楼层地震剪力中最大值 1.5 倍二者的较小值

注：依据《建筑抗震设计规范》GB 50011—2010（2016 年版）第 6.2.13 条规定，《高层建筑混凝土结构技术规程》JGJ 3—2010 第 8.1.4 条规定。

020 基础高深比应该如何控制？

基础高深比（除岩石地基外）　　表 020

类别	高深比（房屋高度 H 与基础埋深 d 之比）
天然地基或复合地基上的箱形和筏形基础	不宜小于 1/15
桩箱或桩筏基础	不宜小于 1/18（不计桩长）

注：依据《建筑地基基础设计规范》GB 50007—2011 第 5.1.4 条规定，《高层建筑混凝土结构技术规程》JGJ 3—2010 第 12.1.8 条规定。

1.4 构件计算

021 梁应该如何计算？

1. 梁计算重点（表 021-1）

梁计算重点　　表 021-1

项次	计算项目	计算公式	
1	正截面受弯承载力计算（单筋）	$x=h_0-\sqrt{h_0^2-\dfrac{2M}{a_1f_cb}}$ 且 $x\le\xi_bh_0$，$x\ge2a_s'$，$h_0=h-a_s$，$A_s=\dfrac{a_1f_cbx}{f_y}$	$a_s=\dfrac{M}{a_1f_cbh_0^2}$，其中 $a_s=\xi(1-0.5\xi)$，$A_s=\dfrac{M}{\gamma_sf_yh_0}$，其中 $\gamma_s=(1-0.5\xi)$ 且 $\xi\le\xi_b$，$h_0=h-a_s$，$\xi=\dfrac{x}{h_0}$

项次	计算项目	计算公式	
1	正截面受弯承载力计算（双筋）	$M=M_1+M_2$，$M_1=\alpha_1 f_c b h_0^2 \xi(1-0.5\xi)$，$M_2=M-M_1$ $A_{s1}=\dfrac{\alpha_1 f_c b \xi h_0}{f_y}$，$\xi \leqslant \xi_b$，$A_{s2}=\dfrac{f_y'}{f_y}A_s'$，$A_s=A_{s1}+A_{s2}$ $A_s'=\dfrac{M}{f_y(h_0-a_s-a_s')}$，$x=\dfrac{f_y A_s - f_y' A_s'}{\alpha_1 f_c b}$，其中梁端一级 $x \leqslant 0.25h_0$，梁端二、三级 $x \leqslant 0.35h_0$	$M=M_1+M_2$，$\alpha_s=\dfrac{M_1}{\alpha_1 f_c b h_0^2}$，其中 $\alpha_s=\xi(1-0.5\xi)$； $A_{s1}=\dfrac{M_1}{\gamma_s f_y h_0}$，其中 $\gamma_s=(1-0.5\xi)$，$A_{s2}=\dfrac{f_y'}{f_y}A_s'$ $A_s=A_{s1}+A_{s2}$，$A_s'=\dfrac{M_2}{f_y(h_0-a_s')}$，当 $\xi \leqslant \dfrac{2a_s'}{h_0}$ 时， $A_s=\dfrac{M}{f_y(h_0-a_s-a_s')}$
2	受剪截面条件	（1）持久、短暂设计状况：$V \leqslant 0.25\beta_c f_c b h_0$ （2）地震设计状况 当跨高比大于 2.5 时：$\gamma_{RE} V_b \leqslant 0.20\beta_c f_c b h_0$，当跨高比不大于 2.5 时：$\gamma_{RE} V_b \leqslant 0.15\beta_c f_c b h_0$	
	斜截面受剪承载力计算	（1）持久、短暂设计状况：$V \leqslant \alpha_{cv} f_t b h_0 + f_{yv}\dfrac{A_{sv}}{s}h_0 + 0.8f_{yv}A_{sb}\sin\alpha_s$ （2）地震设计状况：$\gamma_{RE} V_b \leqslant 0.6\alpha_{cv} f_t b h_0 + f_{yv}\dfrac{A_{sv}}{s}h_0$	
3	扭曲截面承载力计算	截面条件：$\dfrac{V}{bh_0}+\dfrac{T}{0.8W_t} \leqslant 0.25\beta_c f_c(h_w/b \leqslant 4)$，其中 h_w 为截面的腹板高度；配置构造纵向钢筋和箍筋 $\dfrac{V}{bh_0}+\dfrac{T}{W_t} \leqslant 0.7f_t$，矩形截面：$W_t=\dfrac{b^2}{6}(3h-b)$，受扭承载力：$T \leqslant 0.35\beta_t f_t W_t + 1.2\sqrt{\zeta}f_{yv}\dfrac{A_{st1}A_{cor}}{s}$， $\zeta=\dfrac{f_y A_{stl} s}{f_{yv} A_{stl} u_{cor}}$，$\zeta=0.6 \sim 1.7$，受剪承载力：$V \leqslant (1.5-\beta_t)0.7f_t b h_0 + f_{yv}\dfrac{A_{sv}}{h_s}h_0$，$\beta_t=\dfrac{1.5}{1+0.5\dfrac{VW_t}{Tbh_0}}$ $\beta_t=0.5 \sim 1.0$ 受弯剪扭承载力 （1）$V \leqslant 0.35f_t b h_0$，可仅计算受弯构件的正截面受弯承载力和纯扭构件的受扭承载力 （2）$T \leqslant 0.175f_t W_t$，可仅验算受弯构件的正截面受弯承载力和斜截面受剪承载力	
4	最大裂缝宽度计算	$w_{max}=\alpha_{cr}\dfrac{\sigma_s}{E_s}\left(1.9c_s+0.08\dfrac{d_{eq}}{\rho_{te}}\right)$，$\psi=1.1-0.65\dfrac{f_{tk}}{\rho_{te}\sigma_s}$，$\psi=0.2\sim1.0$，$\sigma_{sq}=\dfrac{M_q}{0.87h_0 A_s}$， $\rho_{te}=\dfrac{A_s}{0.5bh_0+(b_f-b)h_f} \geqslant 0.01$，$d_{eq}=\dfrac{\sum n_i d_i^2}{\sum n_i d_i}$（带肋钢筋）	
5	挠度验算	刚度：$B=\dfrac{E_s A_s h_0^2}{\theta\left(1.15\psi+0.2+\dfrac{6\alpha_E \rho}{1+3.5\gamma_f}\right)}$，$\alpha_E=\dfrac{E_s}{E_c}$，$\rho=\dfrac{A_s}{bh_0}$，$\gamma_f=\dfrac{(b_f'-b)h_f'}{bh_0}$，$\theta=2.0\sim1.6(\rho'=0\sim\rho)$	

注：依据《混凝土结构设计规范》GB 50010—2010（2015 年版）第 6.2.10 条、第 6.3.1 条、第 6.3.4 条、第 6.3.5 条、第 6.4.1 条、第 6.4.2 条、第 6.4.3 条、第 6.4.4 条、第 6.4.8 条、第 6.4.12 条、第 7.1.2 条、第 7.1.4 条、第 7.2.2 条、第 7.2.3 条、第 11.3.3 条、第 11.3.4 条规定，《建筑抗震设计规范》GB 50011—2010（2016 年版）第 6.2.9 条规定，《高层建筑混凝土结构技术规程》JGJ 3—2010 第 6.2.6 条规定。

2. 符号

x——混凝土受压区高度；

h_0——截面有效高度；

M——弯矩设计值，地震设计状况 $M=\gamma_{RE}M_b$，其中 M_b 为考虑地震组合的梁端弯矩设计值；

β_1、α_1——系数，按表021-2取用；

β_c——混凝土强度影响系数，按表021-2取用；

系数 β_1、α_1 和混凝土强度影响系数 β_c 表021-2

混凝土强度等级	$\leqslant$ C50	C55	C60	C65	C70	C75	C80
β_1 系数	0.80	0.79	0.78	0.77	0.76	0.75	0.74
α_1 系数	1.00	0.99	0.98	0.97	0.96	0.95	0.94
β_c 混凝土强度影响系数	1.00	0.967	0.933	0.900	0.867	0.833	0.800

f_c——混凝土轴心抗压强度设计值，应按表021-3采用；

混凝土轴心抗压强度设计值 f_c、抗拉强度设计值 f_t、

抗压强度标准值 f_{ck}、抗拉强度标准值 f_{tk}（N/mm²） 表021-3

强度	混凝土强度等级													
	C15	C20	C25	C30	C35	C40	C45	C50	C55	C60	C65	C70	C75	C80
f_c	7.2	9.6	11.9	14.3	16.7	19.1	21.1	23.1	25.3	27.5	29.7	31.8	33.8	35.9
f_t	0.91	1.10	1.27	1.43	1.57	1.71	1.80	1.89	1.96	2.04	2.09	2.14	2.18	2.22
f_{ck}	10.0	13.4	16.7	20.1	23.4	26.8	29.6	32.4	35.5	38.5	41.5	44.5	47.4	50.2
f_{tk}	1.27	1.54	1.78	2.01	2.20	2.39	2.51	2.64	2.74	2.85	2.93	2.99	3.05	3.11

b——矩形截面的宽度；

f_y、f_y'——普通钢筋抗拉、抗压强度设计值，应按表021-4采用；

普通钢筋强度设计值（N/mm²） 表021-4

牌号	抗拉强度设计值 f_y	抗压强度设计值 f_y'
HPB300	270	270
HRB335	300	300
HRB400、HRBF400、RRB400	360	360
HRB500、HRBF500	435	410

A_s、A_s'——受拉区、受压区纵向普通钢筋的截面面积；

ζ、ζ_b——相对受压区高度、相对界限受压区高度；

a_s、a_s'——纵向受拉、受压钢筋合力点至受拉边缘、受压边缘的距离；

V，V_b、V_c、V_w、V_{wb}——构件斜截面上的最大剪力设计值，梁端、柱端、墙端、连梁梁端考虑地震组合的剪力设计值；

α_{cv}——斜截面混凝土受剪承载力系数，对于一般受弯构件取0.7；

γ_{RE}——承载力抗震调整系数，应按表021-5采用；

承载力抗震调整系数　　　　表 021-5

结构构件	梁（受弯）	$u_N < 0.15$ 柱（偏压）	$u_N \geq 0.15$ 柱（偏压）	抗震墙（偏压）	各类构件（受剪、偏拉）
γ_{RE}	0.75	0.75	0.80	0.85	0.85

f_t——混凝土轴心抗拉强度设计值，应按表 021-3 采用；

f_{yv}——箍筋的抗拉强度设计值，应按表 021-4 中 f_y 的数值采用；

A_{sv}——配置在同一截面内箍筋各肢的全部截面面积；

A_{sb}——同一平面内的弯起普通钢筋的截面面积；

α_s——斜截面上弯起普通钢筋的切线与构件纵轴线的夹角；

s——沿构件长度方向的箍筋间距；

T——扭矩设计值；

W_t——受扭构件的截面受扭塑性抵抗矩；

ζ——受扭的纵向普通钢筋与箍筋的配筋强度比值；

A_{stl}——受扭计算中取对称布置的全部纵向普通钢筋截面面积；

A_{st1}——受扭计算中沿截面周边配置的箍筋单肢截面面积；

A_{cor}、μ_{cor}——截面核心部分的面积、周长；

β_t——一般剪扭构件混凝土受扭承载力降低系数；

w_{max}——按荷载准永久组合并考虑长期作用影响的最大裂缝宽度，最大裂缝宽度限值按表 021-6 选用；

混凝土结构的环境类别、结构构件的裂缝控制等级及最大裂缝宽度的限值（mm）表 021-6

环境类别	条件	钢筋混凝土结构	
		裂缝控制等级	最大裂缝宽度限值 w_{max}
一	室内干燥环境；无侵蚀性静水浸没环境		0.30（0.40）
二 a	室内潮湿环境；非严寒和非寒冷地区的露天环境；非严寒和非寒冷地区与无侵蚀性的水或土壤直接接触的环境；严寒和寒冷地区的冰冻线以下与无侵蚀性的水或土壤直接接触的环境	三级，允许出现裂缝的构件	0.20
二 b	干湿交替环境；水位频繁变动环境；严寒和寒冷地区的露天环境；严寒和寒冷地区冰冻线以上与无侵蚀性的水或土壤直接接触的环境		
三 a	严寒和寒冷地区冬季水位变动区环境；受除冰盐影响环境；海风环境		
三 b	盐渍土环境；受除冰盐作用环境；海岸环境		

注：对处于年平均相对湿度小于 60% 地区一类环境下的受弯构件，其最大裂缝宽度限值可采用括号内的数值。

α_{cr}——构件受力特征系数，受弯、偏心受压取 1.9，偏心受拉取 2.4，轴心受拉取 2.7；

ψ——裂缝间纵向受拉钢筋应变不均匀系数；

σ_{sq}——按荷载准永久组合计算的钢筋混凝土构件纵向受拉普通钢筋应力；

E_s——钢筋的弹性模量，应按表 021-7 采用；

钢筋的弹性模量（$\times 10^5 \text{N/mm}^2$） 表 021-7

牌号	弹性模量 E_s
HPB300 钢筋	2.10
HRB335、HRB400、HRB500 钢筋、HRBF400、HRBF500 钢筋、RRB400 钢筋、预应力螺纹钢筋	2.00

c_s——最外层纵向受拉钢筋外边缘至受拉区底边的距离（mm），当 $c_s < 20$ 时，$c_s = 20$；当 $c_s > 65$ 时，取 65；

ρ_{te}——按有效受拉混凝土截面面积计算的纵向受拉钢筋配筋率；

A_{te}——有效受拉混凝土截面面积；

d_{eq}，d_i、n_i——受拉区纵向钢筋的等效直径（mm），受拉区第 i 种纵向钢筋的公称直径、根数；

α_E——钢筋弹性模量与混凝土弹性模量的比值，混凝土受压和受拉的弹性模量 E_c 宜按表 021-8 采用；

混凝土的弹性模量（$\times 10^4 \text{N/mm}^2$） 表 021-8

混凝土强度等级	C15	C20	C25	C30	C35	C40	C45	C50	C55	C60	C65	C70	C75	C80
E_c	2.20	2.55	2.80	3.00	3.15	3.25	3.35	3.45	3.55	3.60	3.65	3.70	3.75	3.80

注：1. 当有可靠试验依据时，弹性模量可根据实测数据确定；
　　2. 当混凝土中掺有大量矿物掺合料时，弹性模量可按规定龄期根据实测数据确定。

ρ、ρ'——纵向受拉、受压钢筋配筋率；

N_q、M_q——按荷载准永久组合计算的轴力值、弯矩值；

γ_f'——受压翼缘截面面积与腹板有效截面面积的比值；

b_f、h_f、b_f'、h_f'——受拉翼缘的宽度、高度，受压翼缘的宽度、高度；

θ——考虑荷载长期作用对挠度增大的影响系数；

l_0——构件的计算跨度；

$[f]$——受弯构件的挠度限值，钢筋混凝土受弯构件的最大挠度应按荷载的准永久组合，并应考虑荷载长期作用的影响进行计算，其计算值不应超过表 021-9 规定的挠度限值。

受弯构件的挠度限值 表 021-9

构件类型	构件的计算跨度 l_0	挠度限值 $[f]$	
		一般构件	使用上对挠度有较高要求的构件
屋盖、楼盖及楼梯构件	当 $l_0 < 7\text{m}$ 时	$\dfrac{l_0}{200}$	$\dfrac{l_0}{250}$
	当 $7\text{m} \leqslant l_0 \leqslant 9\text{m}$ 时	$\dfrac{l_0}{250}$	$\dfrac{l_0}{300}$
	当 $l_0 > 9\text{m}$ 时	$\dfrac{l_0}{300}$	$\dfrac{l_0}{400}$

注：1. 计算悬臂构件的挠度限值时，其计算跨度 l_0 按实际悬臂长度的 2 倍取用；
　　2. 如果构件制作时预先起拱，且使用上也允许，则在验算挠度时，可将计算所得的挠度值减去起拱值；
　　3. 构件制作时的起拱值，不宜超过构件在相应荷载组合作用下的计算挠度值。

3. 受弯构件计算（表021-10）

受弯构件计算表格（≤C50）　　　　　　　　　　表021-10

ξ	α_s	γ_s	ρ（%）	备注	ξ	α_s	γ_s	ρ（%），C30	备注
0.040	0.039	0.980	$4.0f_c/f_y$		0.320	0.269	0.840	$32.0f_c/f_y$	
0.050	0.049	0.975	$5.0f_c/f_y$		0.330	0.276	0.835	$33.0f_c/f_y$	
0.060	0.058	0.970	$6.0f_c/f_y$		0.340	0.282	0.830	$34.0f_c/f_y$	
0.070	0.068	0.965	$7.0f_c/f_y$		0.350	0.289	0.825	$35.0f_c/f_y$	
0.080	0.077	0.960	$8.0f_c/f_y$		0.360	0.295	0.820	$36.0f_c/f_y$	
0.090	0.086	0.955	$9.0f_c/f_y$		0.370	0.302	0.815	$37.0f_c/f_y$	
0.100	0.095	0.950	$10.0f_c/f_y$		0.380	0.308	0.810	$38.0f_c/f_y$	
0.110	0.104	0.945	$11.0f_c/f_y$		0.390	0.314	0.805	$39.0f_c/f_y$	
0.120	0.113	0.940	$12.0f_c/f_y$		0.400	0.320	0.800	$40.0f_c/f_y$	
0.130	0.122	0.935	$13.0f_c/f_y$		0.410	0.326	0.795	$41.0f_c/f_y$	
0.140	0.130	0.930	$14.0f_c/f_y$		0.420	0.332	0.790	$42.0f_c/f_y$	
0.150	0.139	0.925	$15.0f_c/f_y$		0.430	0.338	0.785	$43.0f_c/f_y$	
0.160	0.147	0.920	$16.0f_c/f_y$		0.440	0.343	0.780	$44.0f_c/f_y$	
0.170	0.156	0.915	$17.0f_c/f_y$		0.450	0.349	0.775	$45.0f_c/f_y$	
0.180	0.164	0.910	$18.0f_c/f_y$		0.460	0.354	0.770	$46.0f_c/f_y$	
0.190	0.172	0.905	$19.0f_c/f_y$		0.470	0.360	0.765	$47.0f_c/f_y$	
0.200	0.180	0.900	$20.0f_c/f_y$		0.482	0.366	0.759	$48.2f_c/f_y$	HRB500 钢筋 ξ_b
0.210	0.188	0.895	$21.0f_c/f_y$		0.490	0.370	0.755	$49.0f_c/f_y$	
0.220	0.196	0.890	$22.0f_c/f_y$		0.500	0.375	0.750	$50.0f_c/f_y$	
0.230	0.204	0.885	$23.0f_c/f_y$		0.510	0.380	0.745	$51.0f_c/f_y$	
0.240	0.211	0.880	$24.0f_c/f_y$		0.518	0.384	0.741	$51.8f_c/f_y$	HRB400 钢筋 ξ_b
0.250	0.219	0.875	$25.0f_c/f_y$		0.520	0.385	0.740	$52.0f_c/f_y$	
0.260	0.226	0.870	$26.0f_c/f_y$		0.530	0.390	0.735	$53.0f_c/f_y$	
0.270	0.234	0.865	$27.0f_c/f_y$		0.540	0.394	0.730	$54.0f_c/f_y$	
0.280	0.241	0.860	$28.0f_c/f_y$		0.550	0.399	0.725	$55.0f_c/f_y$	HRB335 钢筋 ξ_b
0.290	0.248	0.855	$29.0f_c/f_y$		0.560	0.403	0.720	$56.0f_c/f_y$	
0.300	0.255	0.850	$30.0f_c/f_y$		0.570	0.408	0.715	$57.0f_c/f_y$	
0.310	0.262	0.845	$31.0f_c/f_y$		0.576	0.410	0.712	$57.6f_c/f_y$	HPB300 钢筋 ξ_b

注：计算公式：$\alpha_s=\xi(1-0.5\xi)$，$\gamma_s=(1-0.5\xi)$，$\rho=\alpha_1\xi f_c/f_y$。

4. 选用方法

（1）计算系数：$\alpha_s = \dfrac{M}{\alpha_1 f_c b h_0{}^2}$；

（2）查表021-10得：γ_s，ξ，ρ；

（3）计算配筋面积：$A_s = \dfrac{M}{\gamma_s f_y h_0}$；

（4）计算混凝土受压区高度：跨中 $x = \xi h_0 \leqslant \xi_b h_0$，梁端一级 $x \leqslant 0.25 h_0$，梁端二、三级 $x \leqslant 0.35 h_0$；

（5）复核配筋率：$\rho_{min} \leqslant \rho \leqslant \rho_{max}$，参见本书第5章表154和表155。

022 柱应该如何计算？

1. 柱计算重点（表022-1）

柱计算重点　　　　　　　　　　　表022-1

项次	计算项目	计算公式
1	轴心受压	$N \leqslant 0.9\varphi(f_c A + f_y' A_s')$；当 $\rho > 3\%$ 时，$N \leqslant 0.9\varphi[f_c(A - A_s') + f_y' A_s']$；当配置螺旋式或焊接环式间接钢筋时，$N \leqslant 0.9(f_c A_{cor} + f_y' A_s' + 2\alpha f_{yv} A_{ss0})$，$A_{ss0} = \dfrac{\pi d_{cor} A_{ss1}}{s}$，$\varphi = \dfrac{1}{1+0.002\left(\frac{l_0}{b}-8\right)^2}$，$b = \dfrac{\sqrt{3}}{2}d$ 注：$N \leqslant 1.5 \times 0.9\varphi(f_c A + f_y' A_s')$，并应满足 $\dfrac{l_0}{d} \leqslant 12$，$N \geqslant 0.9\varphi(f_c A + f_y' A_s')$，$A_{ss0} \geqslant 0.25 A_s'$
2	大偏心受压（对称配筋）	$\xi \leqslant \xi_b$，$\xi = \dfrac{x}{h_0}$，$\xi = \dfrac{N}{\alpha_1 f_c b h_0}$，$A_s' = \dfrac{Ne - \alpha_1 f_c b h_0{}^2 \xi(1-0.5\xi)}{f_y'(h_0 - a_s)}$ $(x \geqslant 2a_s')$，$A_s = \dfrac{Ne'}{f_y(h_0 - a_s - a_s')}$ $(x < 2a_s')$
	小偏心受压（对称配筋）	$\xi > \xi_b$，$\xi = \dfrac{N - \xi_b \alpha_1 f_c b h_0}{\dfrac{Ne - 0.43\alpha_1 f_c b h_0{}^2}{(\beta_1 - \xi_b)(h_0 - a_s)} + \alpha_1 f_c b h_0} + \xi_b$，$A_s' = \dfrac{Ne - \alpha_1 f_c b h_0{}^2 \xi(1-0.5\xi)}{f_y'(h_0 - a_s')}$ $e_0 = \dfrac{M}{N}$，$e_a = \max(20,\ h/30)$，$e_i = e_0 + e_a$，$e = e_i + \dfrac{h}{2} - a_s$
3	受剪截面条件	（1）持久、短暂设计状况：$V \leqslant 0.25\beta_c f_c b h_0$
		（2）地震设计状况 剪跨比 $\lambda > 2$ 框架柱：$\gamma_{RE} V_c \leqslant 0.20\beta_c f_c b h_0$，框支柱和剪跨比 $\lambda \leqslant 2$ 的框架柱：$\gamma_{RE} V_c \leqslant 0.15\beta_c f_c b h_0$
	矩形截面偏心受压框架柱，斜截面受剪承载力	（1）持久、短暂设计状况：$V \leqslant \dfrac{1.75}{\lambda+1} f_t b h_0 + f_{yv}\dfrac{A_{sv}}{s} h_0 + 0.07N$
		（2）地震设计状况：$\gamma_{RE} V_c \leqslant \dfrac{1.05}{\lambda+1} f_t b h_0 + f_{yv}\dfrac{A_{sv}}{s} h_0 + 0.056N$，$\lambda = \dfrac{M}{Vh_0}$，$\lambda = 1 \sim 3$，$N \leqslant 0.3 f_c A$
	当矩形截面框架柱出现受拉时，斜截面受剪承载力	（1）持久、短暂设计状况：$V \leqslant \dfrac{1.75}{\lambda+1} f_t b h_0 + f_{yv}\dfrac{A_{sv}}{s} h_0 - 0.2N \geqslant f_{yv}\dfrac{A_{sv}}{s} h_0$
		（2）地震设计状况：$\gamma_{RE} V_c \leqslant \dfrac{1.05}{\lambda+1} f_t b h_0 + f_{yv}\dfrac{A_{sv}}{s} h_0 - 0.2N \geqslant f_{yv}\dfrac{A_{sv}}{s} h_0$，$f_{yv}\dfrac{A_{sv}}{s} h_0 \geqslant 0.36 f_t b h_0$

项次	计算项目	计算公式
4	偏心受压时最大裂缝宽度	$w_{max}=1.9\psi\dfrac{\sigma_s}{E_s}(1.9c_s+0.08\dfrac{d_{eq}}{\rho_{te}})$, $\psi=1.1-0.65\dfrac{f_{tk}}{\rho_{te}\sigma_s}$, $\psi=0.2\sim1.0$, $\rho_{te}=\dfrac{A_s}{0.5bh_0}\geqslant0.01$, $\sigma_{sq}=\dfrac{N_q(e-z)}{A_s z}$, $z=[0.87-0.12(\dfrac{h_0}{e})^2]h_0\leqslant0.87h_0$, 当 $\dfrac{l_0}{h}\leqslant14$ 时，$e=e_0+\dfrac{h}{2}-a_s$，$e_0=\dfrac{M_q}{N_q}$, $d_{eq}=\dfrac{\sum n_i d_i^2}{\sum n_i d_i}$（带肋钢筋）

注：依据《混凝土结构设计规范》GB 50010—2010（2015 年版）第 6.2.15 条、第 6.2.16 条、第 6.2.17 条、第 6.3.12 条、第 6.3.14 条、第 7.1.2 条、第 7.1.4 条、第 11.4.6 条、第 11.4.7 条、第 11.4.8 条规定，《建筑抗震设计规范》GB 50011—2010（2016 年版）第 6.2.9 条规定，《高层建筑混凝土结构技术规程》JGJ 3—2010 第 6.2.6 条、第 6.2.9 条规定。

2. 符号

N——轴向压力设计值，考虑地震作用组合的轴向压力设计值、轴向拉力设计值；

φ——钢筋混凝土构件的稳定系数；

A——构件截面面积；

A_{ss0}——螺旋式或焊接环式间接钢筋的换算截面面积；

d_{cor}——构件的核心截面直径；

A_{ss1}——螺旋式或焊接环式单根间接钢筋的截面面积；

α——间接钢筋对混凝土约束的折减系数，见表 022-2；

间接钢筋对混凝土约束的折减系数 α　　　　表 022-2

混凝土强度等级	≤ C50	C55	C60	C65	C70	C75	C80
折减系数 α	1.00	0.98	0.95	0.93	0.90	0.88	0.85

e——轴向压力作用点至纵向受拉普通钢筋合力点的距离；

e_i、e_0、e_a——初始偏心距、轴向压力对截面重心的偏心距、附加偏心距；

λ——框架柱、框支柱的计算剪跨比；

z——纵向受拉普通钢筋合力点至截面受压区合力点的距离。

3. 轴压比 0.65～0.95 时柱轴力设计值（表 022-3）

轴压比 0.65～0.95 时柱轴力设计值（C40）　　　　表 022-3

柱截面边长 (mm)	轴力设计值 (kN) $N=0.65f_cbh$	轴力设计值 (kN) $N=0.75f_cbh$	轴力设计值 (kN) $N=0.85f_cbh$	轴力设计值 (kN) $N=0.90f_cbh$	轴力设计值 (kN) $N=0.95f_cbh$
300×300	1117	1289	1461	1547	1633
400×400	1986	2292	2598	2750	2903
500×500	3104	3581	4059	4298	4536
600×600	4469	5157	5845	6188	6532
700×700	6083	7019	7955	8423	8891
800×800	7946	9168	10390	11002	11613
900×900	10056	11603	13150	13924	14697

柱截面边长 (mm)	轴力设计值 (kN) $N=0.65f_cbh$	轴力设计值 (kN) $N=0.75f_cbh$	轴力设计值 (kN) $N=0.85f_cbh$	轴力设计值 (kN) $N=0.90f_cbh$	轴力设计值 (kN) $N=0.95f_cbh$
1000×1000	12415	14325	16235	17190	18145
1100×1100	15022	17333	19644	20800	21955
1200×1200	17878	20628	23378	24754	26129

4. 轴压比 0.56 ～ 0.61 时柱偏心受压承载力（表 022-4）

轴压比 0.56 ～ 0.61 时柱偏心受压承载力（C40，HRB400） 表 022-4

柱截面边长 (mm)	有效高度 (mm)	轴力设计值 (kN)	轴压比 N/f_cbh	一侧配筋 (mm²)	相对受压区高度 ξ	e (mm)	偏心距 (mm) 初始 e_i	偏心距 (mm) $e_0=M/N$	偏心距 (mm) 附加 e_a	弯矩设计值 M (kN·m)
300	260	957	0.56	532	0.642	221	111	91	20	87
400	360	1757	0.58	842	0.639	300	140	120	20	211
500	460	2808	0.59	1159	0.638	375	165	145	20	408
600	560	4091	0.60	1534	0.637	451	191	171	20	701
700	660	5602	0.60	2008	0.635	530	220	197	23	1104
800	750	7319	0.60	2412	0.639	595	235	208	27	1524
900	850	9317	0.60	3020	0.637	673	263	233	30	2174
1000	950	11556	0.61	3530	0.637	747	287	254	33	2936
1100	1050	14035	0.61	4095	0.636	822	312	275	37	3865
1200	1150	16755	0.61	4716	0.636	897	337	297	40	4974

5. 轴压比 0.59 ～ 0.66 时柱偏心受压承载力（表 022-5）

轴压比 0.59 ～ 0.66 时柱偏心受压承载力（C40，HRB400） 表 022-5

柱截面边长 (mm)	有效高度 (mm)	轴力设计值 (kN)	轴压比 N/f_cbh	一侧配筋 (mm²)	相对受压区高度 ξ	e (mm)	偏心距 (mm) 初始 e_i	偏心距 (mm) $e_0=M/N$	偏心距 (mm) 附加 e_a	弯矩设计值 M (kN·m)
300	260	1008	0.59	531	0.677	214	104	84	20	84
400	360	1864	0.61	841	0.679	290	130	110	20	205
500	460	2999	0.63	1159	0.682	361	151	131	20	394
600	560	4378	0.64	1528	0.682	434	174	154	20	676
700	660	6017	0.64	2007	0.682	509	199	176	23	1060
800	750	7869	0.64	2414	0.687	571	211	184	27	1450
900	850	10022	0.65	3015	0.686	646	236	206	30	2066

续表

柱截面边长 (mm)	有效高度 (mm)	轴力设计值 N (kN)	轴压比 N/f_cbh	一侧配筋 (mm²)	相对受压区高度 ξ	e (mm)	偏心距 (mm) 初始 e_i	偏心距 (mm) $e_0=M/N$	偏心距 (mm) 附加 e_a	弯矩设计值 M (kN·m)
1000	950	12453	0.65	3526	0.686	717	257	223	33	2782
1100	1050	15148	0.66	4094	0.687	788	278	241	37	3652
1200	1150	18107	0.66	4717	0.687	859	299	259	40	4690

023 剪力墙应该如何计算？

1. 连梁计算重点（表 023-1）

连梁计算重点 表 023-1

项次	计算项目	计算公式	
1	正截面受弯承载力（对称配筋）	$\gamma_{RE} M_b \leqslant f_y A_s(h_0-a_s') + f_{yd}A_{sd}z_{sd}\cos\alpha$	
2	斜截面受剪承载力	（1）永久、短暂设计状况 受剪截面条件：$V \leqslant 0.25\beta_c f_c bh_0$；斜截面受剪承载力：$V \leqslant 0.7f_tbh_0+f_{yv}\dfrac{A_{sv}}{s}h_0$	
2	斜截面受剪承载力	（2）地震设计状况	
2	斜截面受剪承载力	跨高比大于 2.5 的连梁 受剪截面条件： $\gamma_{RE} V_{wb} \leqslant 0.20\beta_c f_c bh_0$ 斜截面受剪承载力： $\gamma_{RE} V_{wb} \leqslant 0.42 f_tbh_0+f_{yv}\dfrac{A_{sv}}{s}h_0$	跨高比不大于 2.5 的连梁 受剪截面条件： $\gamma_{RE} V_{wb} \leqslant 0.15\beta_c f_c bh_0$ 斜截面受剪承载力： $\gamma_{RE} V_{wb} \leqslant 0.38 f_tbh_0+0.9f_{yv}\dfrac{A_{sv}}{s}h_0$
3	一、二级抗震等级	跨高比不大于 2.5 的连梁，另配置斜向交叉钢筋，连梁截面宽度不小于 250mm 受剪截面条件： $\gamma_{RE} V_{wb} \leqslant 0.25\beta_c f_c bh_0$ 斜截面受剪承载力： $\gamma_{RE} V_{wb} \leqslant 0.4 f_tbh_0+(2.0\sin\alpha+0.6\eta)f_{yd}A_{sd}$ $\eta=(f_{yv}A_{sv}h_0)/(sf_{yd}A_{sd})$，$\eta=0.6 \sim 1.2$	跨高比不大于 2.5 的连梁，采用集中对角斜筋或对角暗撑配筋，连梁截面宽度不小于 400mm 受剪截面条件： $\gamma_{RE} V_{wb} \leqslant 0.25\beta_c f_c bh_0$ 斜截面受剪承载力： $\gamma_{RE} V_{wb} \leqslant 2f_{yd}A_{sd}\sin\alpha$

注：依据《混凝土结构设计规范》GB 50010—2010（2015 年版）第 11.7.7 条、第 11.7.9 条、第 11.7.10 条规定，《建筑抗震设计规范》GB 50011—2010（2016 年版）第 6.2.9 条规定，《高层建筑混凝土结构技术规程》JGJ 3—2010 第 7.2.22 条、第 7.2.23 条规定。

2. 符号（一）

M_b——考虑地震组合的剪力墙连梁梁端弯矩设计值；

f_{yd}——对角斜筋抗拉强度设计值；

A_{sd}——单向对角斜筋截面面积，无斜筋时取 0；

z_{sd}——计算截面对角斜筋至截面受压区合力点的距离；

α——对角斜筋与梁纵轴线夹角；

η——箍筋与对角斜筋的配筋强度比。

3. 墙肢计算重点（表023-2）

墙肢计算重点 表023-2

项次	计算项目	计算公式
1	偏心受拉	永久、短暂（地震）设计状况：(γ_{RE}) $N \leq \dfrac{1}{\dfrac{1}{N_{0u}}+\dfrac{e_0}{M_{wu}}}$，$N_{0u}=2f_yA_s+A_{sw}f_{yw}$，$M_{wu}=A_sf_y(h_0-a_s')+$ $A_{sw}f_{yw}\dfrac{(h_0-a_s)}{2}$
2	偏心受压（矩形、T形或I形截面）	$x > h_f'$ 且 $x \leq \xi_b h_0$ $N \leq \alpha_1 f_c[\xi bh_0+(b_f'-b)h_f']+f_y'A_s'-f_yA_s-(1-1.5\xi)bh_0f_{yw}\rho_w$ $Ne \leq \alpha_1 f_c bh_0^2 \xi(1-0.5\xi)+\alpha_1 f_c(b_f'-b)h_f'(h_0-\dfrac{h_f'}{2})+f_y'A_s'(h_0-a_s')-0.5(1-1.5\xi)bh_0^2 f_{yw}\rho_w$ $x > h_f'$ 且 $x > \xi_b h_0$ $N \leq \alpha_1 f_c[\xi bh_0+(b_f'-b)h_f']+f_y'A_s'-\sigma_s A_s$ $Ne \leq \alpha_1 f_c bh_0^2 \xi(1-0.5\xi)+\alpha_1 f_c(b_f'-b)h_f'(h_0-\dfrac{h_f'}{2})+f_y'A_s'(h_0-a_s')$ $x \leq h_f'$ 且 $x \leq \xi_b h_0$ $N \leq \alpha_1 f_c \xi b_f' h_0+f_y'A_s'-f_yA_s-(1-1.5\xi)bh_0 f_{yw}\rho_w$ $Ne \leq \alpha_1 f_c b_f' h_0^2 \xi(1-0.5\xi)+f_y'A_s'(h_0-a_s')-0.5(1-1.5\xi)bh_0^2 f_{yw}\rho_w$ $x \leq h_f'$ 且 $x > \xi_b h_0$ $N \leq \alpha_1 f_c \xi b_f' h_0+f_y'A_s'-\sigma_s A_s$ $Ne \leq \alpha_1 f_c b_f' h_0^2 \xi(1-0.5\xi)+f_y'A_s'(h_0-a_s')$
	偏心受压（矩形截面对称配筋）	$\xi \leq \xi_b$，$\xi=\dfrac{x}{h_0}$，$\xi=\dfrac{N-bh_0 f_{yw}\rho_w}{bh_0(\alpha_1 f_c-1.5f_{yw}\rho_w)}$，$A_s'=\dfrac{Ne-bh_0^2[\alpha_1 f_c \xi(1-0.5\xi)-0.5f_{yw}\rho_w(1-1.5\xi)^2]}{f_y'(h_0-a_s')}$ $\xi > \xi_b$，$\xi=\dfrac{N-\xi_b \alpha_1 f_c bh_0}{\dfrac{Ne-0.43\alpha_1 f_c bh_0^2}{(\beta_1-\xi_b)(h_0-a_s')}+\alpha_1 f_c bh_0}+\xi_b$，$A_s'=\dfrac{Ne-\alpha_1 f_c bh_0^2 \xi(1-0.5\xi)}{f_y'(h_0-a_s')}$，$e=e_0+h_0-\dfrac{h}{2}$，$e_0=\dfrac{M}{N}$
3	剪力墙的受剪截面条件	（1）永久、短暂设计状况：$V \leq 0.25\beta_c f_c bh_0$ （2）地震设计状况 剪跨比 λ 大于2.5时：$\gamma_{RE} V_w \leq 0.20\beta_c f_c bh_0$，剪跨比 λ 不大于2.5时：$\gamma_{RE} V_w \leq 0.15\beta_c f_c bh_0$
	偏心受压时的斜截面受剪承载力	（1）永久、短暂设计状况：$V \leq \dfrac{1}{\lambda-0.5}(0.5f_t bh_0+0.13N\dfrac{A_w}{A})+f_{yh}\dfrac{A_{sh}}{s}h_0$，$\lambda=\dfrac{M}{Vh_0}$，$\lambda=1.5 \sim 2.2$ （2）地震设计状况：$\gamma_{RE} V_w \leq \dfrac{1}{\lambda-0.5}(0.4f_t bh_0+0.1N\dfrac{A_w}{A})+0.8f_{yh}\dfrac{A_{sh}}{s}h_0$，$N \leq 0.2f_c bh$
	偏心受拉时的斜截面受剪承载力	（1）永久、短暂设计状况：$V \leq \dfrac{1}{\lambda-0.5}(0.5f_t bh_0-0.13N\dfrac{A_w}{A})+f_{yh}\dfrac{A_{sh}}{s}h_0 \geq f_{yv}\dfrac{A_{sh}}{s}h_0$ （2）地震设计状况：$\gamma_{RE} V_w \leq \dfrac{1}{\lambda-0.5}(0.4f_t bh_0-0.1N\dfrac{A_w}{A})+0.8f_{yh}\dfrac{A_{sh}}{s}h_0 \geq 0.8f_{yh}\dfrac{A_{sh}}{s}h_0$
4	轴心受拉、偏心受拉、偏心受压时最大裂缝宽度	$w_{max}=\alpha_{cr}\psi \dfrac{\sigma_s}{E_s}(1.9c_s+0.08\dfrac{d_{eq}}{\rho_{te}})$，$\psi=1.1-0.65\dfrac{f_{tk}}{\rho_{te}\sigma_s}$，$\psi=0.2 \sim 1.0$，$d_{eq}=\dfrac{\sum n_i d_i^2}{\sum n_i d_i}$（带肋钢筋） 轴心受拉：$\sigma_{sq}=\dfrac{N_q}{A_s}$，$\rho_{te}=\dfrac{A_s}{A_{te}} \geq 0.01$；偏心受拉：$\sigma_{sq}=\dfrac{N_q e'}{A_s(h_0-a_s')}$；偏心受压：$\sigma_{sq}=\dfrac{N_q(e-z)}{A_s z}$， $z=[0.87-0.12(\dfrac{h_0}{e})^2]h_0$，$e=e_0+\dfrac{h}{2}-a_s$，当 $\dfrac{l_0}{h} \leq 14$ 时，$e_0=\dfrac{M_q}{N_q}$，$\rho_{te}=\dfrac{A_s}{0.5bh_0+(b_f-b)h_f} \geq 0.01$

注：依据《混凝土结构设计规范》GB 50010—2010（2015年版）第6.2.19条、第6.2.25条、第7.1.2条、第7.1.4条、第11.7.3条、第11.7.4条、第11.7.5条规定，《建筑抗震设计规范》GB 50011—2010（2016年版）第6.2.9条规定，《高层建筑混凝土结构技术规程》JGJ 3—2010第7.2.7条、第7.2.8条、第7.2.9条、第7.2.10条、第7.2.11条规定。

4. 符号（二）

N——轴力设计值，地震设计状况偏压、偏拉时取 $\gamma_{RE}N$，受剪承载力计算时，N 轴压取较小值，N 轴拉力取较大值；

N_{0u}——构件的轴心受拉承载力设计值；

M_{wu}——按通过轴向拉力作用点的弯矩平面计算的正截面受弯承载力设计值；

e_0——轴向拉力作用点至截面重心的距离；

A_{sh}——剪力墙水平分布钢筋的全部截面面积；

A_{sw}——剪力墙腹板竖向分布钢筋的全部截面面积；

f_{yh}、f_{yw}——分别为剪力墙水平、竖向分布钢筋的抗拉强度设计值；

ρ_w——剪力墙竖向分布钢筋配筋率；

σ_s——受拉边或受压较小边的纵向普通钢筋的应力；

A_w——T 形或 I 形截面剪力墙腹板的面积，矩形截面时应取 A。

024 板应该如何计算？

1. 板计算重点（表 024-1）

板计算重点 表 024-1

项次	计算项目	计算公式	
1	正截面受弯承载力计算	$x = h_0 - \sqrt{h_0^2 - \dfrac{2M}{\alpha_1 f_c b}}$ 且 $x \leqslant \xi_b h_0$，$h_0 = h - a_s$，$A_s = \dfrac{\alpha_1 f_c b x}{f_y}$	$\alpha_s = \dfrac{M}{\alpha_1 f_c b h_0^2}$，$\alpha_s = \xi(1-0.5\xi)$，$A_s = \dfrac{M}{\lambda_s f_y h_0}$，$\gamma_s = (1-0.5\xi)$ 且 $\xi \leqslant \xi_b$，$h_0 = h - a_s$
2	斜截面受剪承载力计算	一般板类受剪承载力：$V \leqslant 0.7\beta_h f_t b h_0$，$\beta_h = (\dfrac{800}{h_0})^{1/4}$，$h_0 = 800 \sim 2000$	
3	受冲切承载力计算	不配置箍筋和弯起钢筋时：$F_l \leqslant 0.7\beta_h f_t \eta u_m h_0$，$\eta_1 = 0.4 + \dfrac{1.2}{\beta_s}$，$\beta_s = 2 \sim 4$（矩形），$\beta_s = 2$（圆形），$\eta_2 = 0.5 + \dfrac{\alpha_s h_0}{4u_m}$，$\alpha_s = 20$（角柱），30（边柱），40（中柱），$\beta_h = 1.0 \sim 0.9$	配置箍筋、弯起钢筋时：受冲切截面条件 $F_l \leqslant 1.2 f_t \eta u_m h_0$ 受冲切承载力 $F_l \leqslant 0.5 f_t \eta u_m h_0 + 0.8 f_{yv} A_{svu} + 0.8 f_y A_{sbu} \sin\alpha$
4	最大裂缝宽度计算	$w_{max} = \alpha_{cr} \psi \dfrac{\sigma_s}{E_s}(1.9c_s + 0.08\dfrac{d_{eq}}{\rho_{te}})$，$\psi = 1.1 - 0.65\dfrac{f_{tk}}{\rho_{te}\sigma_s}$，$\psi = 0.2 \sim 1.0$，$d_{eq} = \dfrac{\sum n_i d_i^2}{\sum n_i d_i}$（带肋钢筋）$\sigma_s = \dfrac{M_q}{0.87h_0 A_s}$，$\rho_{te} = \dfrac{A_s}{A_{te}} = \dfrac{A_s}{0.5bh_0} \geqslant 0.01$	
5	挠度验算	刚度：$B = \dfrac{E_s A_s h_0^2}{\theta(1.15\psi + 0.2 + 6\alpha_E \rho)}$，$\alpha_E = \dfrac{E_s}{E_c}$，$\rho = \dfrac{A_s}{bh_0}$，挠度：简支板 $f = \dfrac{5ql_0^4}{384B}$，$\theta = 2.0 \sim 1.6(\rho' = 0 \sim \rho)$	

注：依据《混凝土结构设计规范》GB 50010—2010（2015 年版）第 6.2.10 条、第 6.3.3 条、第 6.5.1 条、第 6.5.3 条、第 7.1.2 条、第 7.1.4 条规定。

2. 符号

F_l——局部荷载设计值或集中反力设计值；

$\mu_{\rm m}$——计算截面的周长；

η_1——局部荷载或集中反力作用面积形状的影响系数；

η_2——计算截面周长与板截面有效高度之比的影响系数；

$\beta_{\rm s}$——局部荷载或集中反力作用面积为矩形时的长边与短边尺寸的比值；

$\alpha_{\rm s}$——柱位置影响系数；

$\beta_{\rm h}$——截面高度影响系数，按表024-2取用；

截面高度影响系数 $\beta_{\rm h}$ 表024-2

h_0(mm)	≤800	900	1000	1100	1200	1300	1400	1500	1600	1700	1800	1900	≥2000
$\beta_{\rm h}$（受剪切）	1.00	0.97	0.95	0.92	0.90	0.89	0.87	0.85	0.84	0.83	0.82	0.81	0.80
$\beta_{\rm h}$（受冲切）	1.00	0.99	0.98	0.98	0.97	0.96	0.95	0.94	0.93	0.93	0.92	0.91	0.90

$A_{\rm svu}$——与呈45°冲切破坏锥体斜截面相交的全部箍筋截面面积；

$A_{\rm sbu}$——与呈45°冲切破坏锥体斜截面相交的全部弯起钢筋截面面积；

α——弯起钢筋与板底面的夹角。

3. 板纵向受力钢筋的最小配筋面积（表024-3）

板纵向受力钢筋的最小配筋面积（C30，HRB400）   表024-3

楼板厚度 h (mm)	有效高度 h_0 (mm)	单向板最大跨度 l_0 (mm)	最小配筋率 $45f_t/f_y$（%）			最小配筋率 0.20%		
			$A_{\rm s,min}$(mm²)	ξ	M(kN·m)	$A_{\rm s,min}$(mm²)	ξ	M(kN·m)
80	60	2400	143	0.060	3.00	160	0.067	3.34
100	80	3000	179	0.056	5.00	200	0.063	5.58
110	90	3300	197	0.055	6.20	220	0.062	6.91
120	100	3600	215	0.054	7.51	240	0.060	8.38
130	110	3900	232	0.053	8.96	260	0.060	9.99
140	120	4200	250	0.053	10.53	280	0.059	11.74
150	130	4500	268	0.052	12.22	300	0.058	13.63
160	140	4800	286	0.051	14.04	320	0.058	15.66
170	150	5100	304	0.051	15.99	340	0.057	17.84
180	160	5400	322	0.051	18.06	360	0.057	20.15
190	170	5700	340	0.050	20.26	380	0.056	22.60
200	180	6000	358	0.050	22.59	400	0.056	25.19

注：单向板的跨厚比取30，按最小配筋率配置纵向受力钢筋时，楼板不能按常规承重，最小配筋率一般用于板面构造配筋。

025 基础应该如何计算？

1. 墙下条形基础计算重点（表 025-1）

墙下条形基础计算重点　　　　　　　　　　　　　表 025-1

项次	计算项目	计算公式
1	当轴心荷载作用时，基础底面宽度 b	由 $p_k = \dfrac{F_k + G_k}{b} \leqslant f_a$，得 $b \geqslant \dfrac{F_k}{f_a - \gamma d}$
	当偏心荷载作用时，基础底面长边尺寸 b	由 $p_{kmax} = \dfrac{F_k + G_k}{b} + \dfrac{6M_k}{b^2} \leqslant 1.2 f_a$ 和 $p_k = \dfrac{F_k + G_k}{b} \leqslant f_a$，得 $b^2 \geqslant \dfrac{30 M_k}{f_a}$ 或 $b \geqslant \sqrt{\dfrac{30 M_k}{f_a}}$，偏心距 $e \leqslant b/6$
2	受剪切承载力	由 $V_s \leqslant 0.7 \beta_{hs} f_t h_0$，$\beta_{hs} = (800/h_0)^{1/4}$，$V_s = \dfrac{1}{2} p_j (b - b_w)$，得 $h_0 \geqslant \dfrac{5 p_j (b - b_w)}{7 \beta_{hs} f_t}$，其中 $p_j = \dfrac{F}{b}$
3	受弯承载力	$M_1 = \dfrac{1}{6} a_1^2 \left(2 p_{max} + p - \dfrac{3G}{b} \right)$ $p_{max} = \dfrac{F + G}{b} + \dfrac{6M}{b^2}$，$p_{min} = \dfrac{F + G}{b} - \dfrac{6M}{b^2}$，$p = p_{max} - \dfrac{p_{max} - p_{min}}{b} \dfrac{b - b_w}{2}$ $A_s = \dfrac{M}{0.9 f_y h_0}$，$A_{s,min} = 0.15\% A$，$A = bh - \dfrac{1}{2}(b - b_w) h_1$

注：依据《建筑地基基础设计规范》GB 50007—2011 第 5.2.1 条、第 5.2.2 条、第 8.2.9 条、第 8.2.12 条、第 8.2.14 条规定。

2. 符号（一）

p_k——相应于作用的标准组合时，基础底面处的平均压力值（kPa）；

F_k——相应于作用的标准组合时，上部结构传至基础顶面的竖向力值（kN）；

G_k——基础自重和基础上的土重（kN）；

b——基础底面的宽度（m）；

f_a——修正后的地基承载力特征值（kPa）；

γ——基础底面以下土的重度（kN/m³），地下水位以下取浮重度；

d——基础埋置深度（m）；

p_{kmax}——相应于作用的基本组合时，基础底面边缘的最大压力值（kPa）；

M_k——相应于作用的标准组合时，作用于基础底面的力矩值（kN·m）；

e——偏心距（m）；

V_s——相应于作用的基本组合时，墙与基础交接处由基底平均净反力产生的单位长度剪力设计值（kN）；

p_j——扣除基础自重及其上土重后相应于作用的基本组合时的地基土单位面积净反力设计值（kPa）；

b_w——基础顶面处墙厚（m）；

F——相应于作用的基本组合时，上部结构传至基础顶面的竖向力设计值（kN）；

M——相应于作用的基本组合时，作用于基础底面的力矩设计值（kN·m）；

G——考虑作用分项系数的基础自重及其上的土重（kN）；当组合值由永久作用控制时，作用分项系数可取 1.35；

a_1——任意截面Ⅰ-Ⅰ至基底边缘最大反力处的距离（m）；

p_{max}、p_{min}——相应于作用的基本组合时的基础底面边缘最大、最小地基反力设计值（kPa）；

p——相应于作用的基本组合时在任意截面Ⅰ-Ⅰ处基础底面地基反力设计值（kPa）；

h_1——基础高度减去基础边缘高度（m）。

3. 柱脚基础计算重点（表025-2、表025-3）

铰接柱脚计算重点 表025-2

项次	计算项目		计算公式
1	柱脚底板尺寸	柱脚底板的宽度 B	$B=b_0+2c$，其中 b_0 为柱宽度，c 为边距，取 20mm～50mm
		柱脚底板的长度 L	$\frac{N}{BL}\leqslant f_{cc}$，其中 f_{cc} 为素混凝土的轴心抗压强度设计值，取 $0.85f_c$，$L\geqslant\frac{N}{Bf_{cc}}$
2	柱脚底板厚度		$t\geqslant\sqrt{\frac{6M_{max}}{f}}$，但不应小于钢柱中较厚板的厚度，且对铰接柱脚尚不应小于20mm
3	柱脚的抗剪计算		水平反力由底板与混凝土间的摩擦力或设置抗剪键承受
4	柱脚的锚栓		用于安装过程的固定时，其数量和直径可按构造要求确定，但数量不应少于2个，直径不宜小于24mm

刚接柱脚计算重点 表025-3

项次	计算项目	计算公式
1	柱脚底板尺寸	$B=b_0+2c$，$L=h_0+2c$
2	验算柱脚底板下混凝土的局部承压承载力	$\sigma_{max}=\frac{N}{BL}+\frac{6M}{BL^2}\leqslant f_{cc}$
3	柱脚底板厚度	$t\geqslant\sqrt{\frac{6M_{max}}{f}}$，但不应小于钢柱中较厚板的厚度，且对刚接柱脚尚不应小于30mm
4	柱脚的抗剪计算	水平反力由底板与混凝土基础间的摩擦力或设置抗剪键承受
5	柱脚的锚栓计算	$A_e=\frac{M-Na}{f_t^a x}$，$\alpha=\frac{L}{2}-\frac{2N}{3\sigma_{max}B}$，$d_e\leqslant60mm$，其数量在垂直于弯矩平面的每侧不应少于2个，直径不宜小于30mm

4. 柱下独立基础计算重点（表025-4）

柱下独立基础计算重点 表025-4

项次	计算项目	计算公式
1	当轴心荷载作用时，基础底面面积 A	由 $p_k=\frac{F_k+G_k}{A}\leqslant f_a$，得 $A\geqslant\frac{F_k}{f_a-\gamma d}$，$A=bl$，$l$、$b$ 为基础底面的边长
	当偏心荷载作用时，基础底面长边尺寸 b	由 $p_{kmax}=\frac{F_k+G_k}{A}+\frac{M_k}{W}\leqslant1.2f_a$ 和 $p_k=\frac{F_k+G_k}{A}\leqslant f_a$，得 $W\geqslant\frac{M_k}{0.2f_a}$，$b\geqslant l$，偏心距 $e\leqslant b/6$ （1）$b=l$，则 $b=3\sqrt{\frac{30M_k}{f_a}}$ 且 $e\leqslant b/6$；（2）$b=1.5l$，则 $b=3\sqrt{\frac{45M_k}{f_a}}$ 且 $e\leqslant b/6$ （3）$b=2.0l$，则 $b=3\sqrt{\frac{60M_k}{f_a}}$ 且 $e\leqslant b/6$

项次	计算项目	计算公式
1	当偏心荷载作用时,基础底面边长尺寸 b 与 l 的关系式	由 $p_{kmax}=\frac{F_k+G_k}{A}+\frac{M_k}{W}\le 1.2f_a$,得 $b\ge\frac{F_k+\sqrt{F_k^2+24(1.2f_a-\gamma d)lM_k}}{2(1.2f_a-\gamma d)l}$,$b\ge l$,偏心距 $e\le b/6$ (1) $l=\sqrt{A}$ 时,$b=l$;(2) $l\ne\sqrt{A}$ 时,$b>l$,$bl=A$
2	受冲切承载力	由 $F_l\le 0.7\beta_{hp}f_ta_mh_0$,$a_m=(a_t+a_b)/2$,$F_l=p_jA_l$,得 $h_0\ge$ $\frac{1}{2}\left(-a_t+\sqrt{a_t^2+\frac{2l(b-b_t)-(l-a_t)^2}{\frac{0.7\beta_{hp}f_t}{p_j}+1}}\right)$,其中 $p_j=p_{jmax}=\frac{F}{A}+\frac{M}{W}$,$A_l=\frac{1}{2}l[b-(b_t+2h_0)]-$ $\frac{1}{4}[l-(a_t+2h_0)]^2$,$a_b=a_t+2h_0$,$b_b=b_t+2h_0$
3	受剪切承载力	$V_s\le 0.7\beta_{hs}f_tA_0$,$\beta_{hs}=(800/h_0)^{1/4}$,$V_s=p_fA_v$ $A_0=lh_0-\frac{1}{2}(l-a_t)h_1$(锥形);$A_0=lh_0-(l-a_t)h_1$(阶形);$A_v=\frac{l(b-b_t)}{2}$
4	柱下基础顶面的局部受压承载力	$F_l\le\omega\beta_lf_{cc}A_l$,$\beta_l=\sqrt{\frac{A_b}{A_l}}$,$\omega=1$,$f_{cc}=0.85f_c$
5	受弯承载力	$M_I=\frac{1}{12}a_1^2[(2l+a')(p_{max}+p-\frac{2G}{A})+(p_{max}-p)l]$; $M_{II}=\frac{1}{48}(l-a')^2[(2b+b')(p_{max}+p_{min}-\frac{2G}{A})]$ $p_{max}=\frac{F+G}{A}+\frac{M}{W}$,$p_{min}=\frac{F+G}{A}-\frac{M}{W}$,$p=p_{max}-\frac{p_{max}-p_{min}}{b}\frac{b-h}{2}$ $A_s=\frac{M}{0.9f_yh_0}$ 且 $A_{s,min}=0.15\%A$,$A=lh-\frac{1}{2}(l-a_t)h_1$(锥形),$A=lh-(l-a_t)h_1$(阶梯形)

注:依据《建筑地基基础设计规范》GB 50007—2011 第 5.2.2 条、第 8.2.8 条、第 8.2.9 条、第 8.2.11 条、第 8.2.12 条规定,《混凝土结构设计规范》GB 50010—2010(2015 年版)第 D.5.1 条规定。

5. 符号(二)

A、W——基础底面的面积(m^2)、抵抗矩(m^3);

l、b——基础底面的边长(m);

a_m——冲切破坏锥体最不利一侧计算长度(m);

a_t、b_t——冲切破坏锥体最不利一侧斜截面的上边长(m);

a_b、b_b——冲切破坏锥体最不利一侧斜截面在基础底面积范围内的下边长(m);

A_l——冲切验算时取用的部分基底面积(m^2),或受压验算时局部受压面积;

F_l——相应于作用的基本组合时作用在 A_l 上的地基土净反力设计值,或局部受压面上作用的局部荷载设计值(kN);

A_0——验算截面处基础的有效截面面积(m^2);

A_v——验算时柱与基础交接线、基础边线形成的基底面积(m^2);

ω——荷载分布的影响系数;

β_l——混凝土局部受压时的强度提高系数;

A_b——局部受压的计算底面积(m^2);

f_{cc}——素混凝土的轴心抗压强度设计值（N/mm²）；

M_{I}、M_{II}——相应于作用的基本组合时，任意截面Ⅰ-Ⅰ、Ⅱ-Ⅱ处的弯矩设计值（kN·m）；

a'、b'——任意截面Ⅰ-Ⅰ、Ⅱ-Ⅱ上边长（m）。

6. 柱下条形基础计算重点（表025-5）

柱下条形基础计算重点   表025-5

项次	计算项目		计算公式
1	连续梁计算 $(h \geqslant l/6)$	当轴心荷载作用时，基础底面面积 A	由 $p_k = \dfrac{\sum F_{ki} + G_k}{A} \leqslant f_a$，得 $A \geqslant \dfrac{\sum F_{ki}}{f_a - \gamma d}$，$A = bL$，$L$ 为基础梁长度
		当偏心荷载作用时，基础底面长边尺寸 b	由 $p_{kmax} = \dfrac{\sum F_{ki} + G_k}{A} + \dfrac{\sum M_{kxi}(\sum M_{kyi})}{W} \leqslant 1.2f_a$ 和 $p_k = \dfrac{\sum F_{ki} + G_k}{A} \leqslant f_a$，得 $W \geqslant \dfrac{\sum M_{kxi}(\sum M_{kyi})}{0.2f_a}$，$b \geqslant \sqrt{\dfrac{30\sum M_{kxi}}{Lf_a}}$ 且 $b \geqslant \dfrac{30\sum M_{kyi}}{L^2 f_a}$，偏心距 $e \leqslant b/6$
		条形基础梁的内力	按连续梁计算，边跨跨中和第一内支座的弯矩值乘以1.2的系数
		基础梁的受弯承载力	$A_s = \dfrac{a_1 f_c bx}{f_y}$，$x = h_0 - \sqrt{h_0{}^2 - \dfrac{2M}{a_1 f_c b}}$ 且 $x \leqslant \xi_b h_0$，$x \geqslant 2a_s'$
		基础梁的受剪承载力	受剪截面条件：$V \leqslant 0.25\beta_c f_c bh_0$ $(h_w/b \leqslant 4)$；受剪承载力：$V \leqslant 0.7f_t bh_0 + f_{yv}\dfrac{A_{sv}}{h_0}h_0$
		抗扭计算 $(h_w/b \leqslant 4)$	截面条件：$\dfrac{V}{bh_0} + \dfrac{T}{0.8W_t} \leqslant 0.25\beta_c f_c$，配置构造纵向钢筋和箍筋：$\dfrac{V}{bh_0} + \dfrac{T}{W_t} \leqslant 0.7f_t$。 受剪扭承载力 （1）受剪承载力：$V \leqslant (1.5 - \beta_t)0.7f_t bh_0 + f_{yv}\dfrac{A_{sv}}{h_0}h_0$，$\beta_t = \dfrac{1.5}{1 + 0.5\dfrac{VW_t}{Tbh_0}}$； （2）受扭承载力：$T \leqslant 0.35\beta_t f_t W_t + 1.2\sqrt{\xi} f_{yv}\dfrac{A_{st1}A_{cor}}{s}$，$\xi = \dfrac{f_y A_{st1} s}{f_{yv} A_{stl} u_{cor}}$ 受弯剪扭承载力 （1）$V \leqslant 0.35f_t bh_0$，可仅计算受弯构件的正截面受承载力+纯扭构件的受扭承载力； （2）$T \leqslant 0.175f_t W_t$，可仅验算受弯构件的正截面受弯承载力+斜截面受剪承载力
		局部受压承载力	$F_l \leqslant \omega\beta_l f_{cc} A_l$，$\beta_l = \sqrt{\dfrac{A_b}{A_l}}$，$\omega = 1$，$f_{cc} = 0.85f_c$
2	交叉条形基础		交点上的柱荷载，可按静力平衡条件及变形协调条件进行分配
3	弹性地基梁计算 $(h < l/6)$		按弹性地基梁法计算

注：依据《建筑地基基础设计规范》GB 50007—2011第5.2.1条、第5.2.2条、第8.3.2条规定，《混凝土结构设计规范》GB 50010—2010（2015年版）6.2.10条、第6.3.1条、第6.3.4条、第6.4.1条、第6.4.2条、第6.4.4条、第6.4.8条、第6.4.12条规定。

026 地下室外墙应该如何计算？

1. 地下室外墙的水平荷载

（1）室外地面活荷载产生的侧压作用，地面堆积荷载：$p_1=\gamma h$，其中 γ 为堆积料重度（kN/m^3）；h 为堆积厚度（m）；人群荷载：$p_2=3kN/m^2$；车辆荷载：$p_3=20\sim10kN/m^2$，墙高在 2m～10m 之间，可按表 026-1 采用；室外地面活荷载 p 折算的土压力：$q_1=k_0 p$，其中 k_0 为静止土压力系数，一般取 $k_0=1/2$；当地下室基坑支护采用护坡桩或连续墙支护时可取 $k_0=1/3$。

地面车辆荷载 表 026-1

墙高（m）	< 2	2	3	4	5	6	7	8	9	10	> 10
车辆荷载（kN/m^2）	20	19	18	17	16	15	14	13	12	11	10

（2）地下水位以上侧向土压力，无地下水或地下水位以上时侧向土压力：$q_2=k_0\gamma h$ 或 $q_2=k_0\gamma h_1$，其中 γ 为土自重，一般取 $\gamma=18kN/m^3$；h 为室外地面以下墙高；h_1 为室外地面到地下水位间墙高。

（3）地下水位以下时侧向土压力：$q_3=k_0\gamma' h_2$，其中 γ' 为土浮重度，一般取 $\gamma'=10kN/m^3$；h_2 为地下水位以下墙高。

（4）地下水压力：$q_4=\gamma_w h_2$，γ_w 为水重度，一般取 $\gamma_w=10kN/m^3$。

2. 水平荷载分项系数（表 026-2）

水平荷载分项系数 表 026-2

条件	室外地面活荷载	侧向土压力	地下水压力
水位不变时	1.4	1.35	1.2（永久荷载）
水位变化时		1.20	1.4（可变荷载）

3. 计算原则

（1）当单层地下室跨度与层高之比大于 2.0，按单向板计算；当跨度与层高之比不大于 2.0，按双向板计算；

（2）当多层地下室其中有一层地下室外墙其跨度与层高之比大于 2.0，按单向连续板计算；当跨度与层高之比不大于 2.0，应分层进行双向板计算。

（3）地下室外墙下不设基础梁时，一般按深梁进行截面设计。

4. 计算方法

（1）按弹性方法计算；

（2）按塑性内力重分布方法计算，处于三 a、三 b 类环境、腐蚀环境下的地下室外墙，不应采用考虑塑性内力重分布的分析方法；

（3）地下室外墙承受非均布荷载，不宜采用塑性极限分析方法计算。

027 楼梯构件应该如何计算？

1. 梯板

（1）梯板的跨厚比宜取 28；

（2）框架结构中的梯板应进行抗震设计；

（3）梯板按弹性计算内力，两端支座为现浇梁时跨中弯矩为 $M=ql^2/10$ ；

（4）裂缝宽度验算、挠度验算。

2．梯梁

（1）高层建筑梯梁的抗震等级应与框架结构本身相同；

（2）应进行梯梁的抗震承载力验算；

（3）截面宽度不宜小于200mm。

3．梯柱

（1）高层建筑梯柱的抗震等级应与框架结构本身相同；

（2）应进行梯柱的抗震承载力验算；

（3）截面宽度和高度不宜小于300mm，剪跨比宜大于2。

028 汽车坡道应该如何计算？

1．侧墙

（1）有顶板按地下室外墙计算；

（2）无顶板按悬臂构件计算；

（3）墙厚不应小于250mm。

2．底板

（1）斜截面受剪承载力：$V_s \leqslant 0.7\beta_{hs}f_th_0$ ，$\beta_{hs}=(800/h_0)^{1/4}$ ；

（2）底板厚度不应小于400mm ；

（3）底板两端弯矩取值不应小于侧墙底部计算弯矩。

3．顶板

（1）覆土下顶板厚度不应小于250mm ；

（2）按简支板计算内力；

（3）裂缝宽度验算、挠度验算。

029 水池应该如何计算？

1．侧壁

（1）按底部嵌固上部简支计算内力；

（2）厚度不应小于250mm ；

（3）裂缝宽度验算。

2．底板

（1）斜截面受剪承载力：$V_s \leqslant 0.7\beta_{hs}f_th_0$ ，$\beta_{hs}=(800/h_0)^{1/4}$ ；

（2）底板两端弯矩取值不应小于侧壁底部计算弯矩；

（3）裂缝宽度验算。

3．顶盖

（1）按简支板计算内力；

（2）裂缝宽度验算、挠度验算。

第2章　结构设计基本规定

2.1　房屋高度

030　房屋适用的最大高度应该如何确定？

房屋适用的最大高度应符合表030的要求，平面和竖向均不规则的结构，适用的最大高度宜适当降低。

房屋适用的最大高度（m）　　　　　　　　　表030

抗震设防烈度	结构类型						
	框架	框架-剪力墙	剪力墙	部分框支剪力墙	框架-核心筒	筒中筒	板柱-剪力墙
6度	60	130	140	120	150	180	80
7度	50	120	120	100	130	150	70
8度（0.20g）	40	100	100	80	100	120	55
8度（0.30g）	35	80	80	50	90	100	40
9度	24	50	60	不应采用	70	80	不应采用

注：1. 房屋高度指室外地面到主要屋面板板顶的高度（不包括局部突出屋顶部分）；
　　2. 超过表内高度的房屋，应进行专门研究和论证，采取有效的加强措施。

注：依据《建筑抗震设计规范》GB 50011—2010（2016年版）第6.1.1条表6.1.1规定，《高层建筑混凝土结构技术规程》JGJ 3—2010 第3.3.1条表3.3.1-1规定。

031　确定房屋高度的抗震设防烈度应该如何选取？

确定房屋高度的抗震设防烈度　　　　　　　　表031

本地区抗震设防烈度	抗震设防类别			
	特殊设防类（甲类）	重点设防类（乙类）	标准设防类（丙类）	适度设防类（丁类）
6度	7度	6度	6度	6度
7度	8度	7度	7度	6度
8度	9度	8度	8度	7度
9度	应专门研究	9度	9度	8度

注：依据《建筑工程抗震设防分类标准》GB 50223—2008 第3.0.3条规定，《建筑抗震设计规范》GB 50011—2010（2016年版）第6.1.1条规定，《高层建筑混凝土结构技术规程》JGJ 3—2010 第3.3.1条规定。

032 筒中筒结构有最低高度规定吗？什么情况下框架－核心筒结构可按框架－剪力墙结构设计？

筒中筒结构的高度不宜低于80m，高宽比不宜小于3。对高度不超过60m的框架－核心筒，可按框架－剪力墙结构设计。

注：依据《高层建筑混凝土结构技术规程》JGJ 3—2010 第9.1.2条规定。

033 什么情况下剪力墙结构、框架－剪力墙结构的房屋高度比表030规定有较大幅度的降低？

（1）7度和8度抗震设计时，剪力墙结构错层高层建筑的房屋高度分别不宜大于80m和60m；框架－剪力墙结构错层高层建筑的房屋高度分别不应大于80m和60m。

注：依据《高层建筑混凝土结构技术规程》JGJ 3—2010 第10.1.3条规定。

（2）具有较多短肢剪力墙的剪力墙结构，7度、8度（0.20g）和8度（0.30g）时分别不应大于100m、80m和60m。

注：依据《高层建筑混凝土结构技术规程》JGJ 3—2010 第7.1.8条规定。

034 什么情况下框架－剪力墙结构的房屋高度不宜再按框架－剪力墙结构的要求执行？

（1）当框架部分所承受的地震倾覆力矩大于结构总地震倾覆力矩的50%但不大于80%时，其房屋适用的最大高度可比框架结构适当增加。

（2）当框架部分所承受的地震倾覆力矩大于结构总地震倾覆力矩的80%时，其房屋适用的最大高度宜按框架结构采用。

注：依据《高层建筑混凝土结构技术规程》JGJ 3—2010 第8.1.3条规定。

035 异形柱结构房屋适用的最大高度应该如何确定？

混凝土异形柱结构房屋适用的最大高度（m） 表035

结构体系	非抗震设计	抗震设计				
		6度	7度		8度	
		0.05g	0.10g	0.15g	0.20g	0.30g
框架结构	28	24	21	18	12	不应采用
框架-剪力墙结构	58	55	48	40	28	21（仅限于Ⅰ、Ⅱ类场地）

注：1. 房屋高度超过表内规定的数值时，结构设计应有可靠依据，并采取有效的加强措施；
2. 依据《混凝土异形柱结构技术规程》JGJ 149—2017 第3.1.2条规定。

2.2 抗震等级

036 现浇钢筋混凝土房屋的抗震等级应该如何确定？

钢筋混凝土房屋应根据设防类别、烈度、结构类型和房屋高度采用不同的抗震等级，并应符合相应的计算和构造措施要求。丙类建筑的抗震等级应按表036-1和表036-2确定。

现浇钢筋混凝土房屋的抗震等级（6度、7度抗震设防）　　表 036-1

结构类型		抗震设防烈度				
		6 度		7 度		
框架结构	高度（m）	$H \leqslant 24$	$24 < H \leqslant 60$	$H \leqslant 24$	$24 < H \leqslant 50$	
	框架	四	三	三	二	
	大跨度框架	三		二		
框架-剪力墙结构	高度（m）	$H \leqslant 60$	$60 < H \leqslant 130$	$H \leqslant 24$	$24 < H \leqslant 60$	$60 < H \leqslant 120$
	框架	四	三	四	三	二
	剪力墙	三		三	二	
剪力墙结构	高度（m）	$H \leqslant 80$	$80 < H \leqslant 140$	$H \leqslant 24$	$24 < H \leqslant 80$	$60 < H \leqslant 120$
	剪力墙	四	三	四	三	二
部分框支剪力墙结构	高度（m）	$H \leqslant 80$	$80 < H \leqslant 120$	$H \leqslant 24$	$24 < H \leqslant 80$	$60 < H \leqslant 100$
	剪力墙 一般部位	四	三	四	三	二
	剪力墙 加强部位	三	二	三	二	一
	框支层框架	二		二		一
框架-核心筒结构	高度（m）	$H \leqslant 60$	$60 < H \leqslant 150$	$H \leqslant 60$		$60 < H \leqslant 130$
	框架	［四］	三	［三］		二
	核心筒［剪力墙］	［三］	二	［二］		二
筒中筒结构	高度（m）	$80 \leqslant H \leqslant 180$		$80 \leqslant H \leqslant 150$		
	外筒	三		二		
	内筒	三		二		
板柱-剪力墙结构	高度（m）	$H \leqslant 35$	$35 < H \leqslant 80$	$H \leqslant 35$	$35 < H \leqslant 70$	
	框架、板柱及柱上板带	三	二	二	二	
	剪力墙	二	二	二	一	

注：1. 接近或等于高度分界时，应允许结合房屋不规则程度及场地、地基条件确定抗震等级。

　　2. 大跨度框架指跨度不小于 18m 的框架。

　　3. 抗震设防烈度按表037确定，圆括号内数值用于 8 度（0.3g）。

　　4. 当框架-核心筒结构的高度不超过 60m 时，其抗震等级应允许按框架-剪力墙结构采用，表中用方括号表示。

现浇钢筋混凝土房屋的抗震等级（8 度、9 度抗震设防）　　　　表 036-2

结构类型		抗震设防烈度				
		8 度			9 度	
框架结构	高度（m）	$H \leq 24$	$24 < H \leq 40$（35）		$H \leq 24$	
	框架	二	一		一	
	大跨度框架	一				
框架-剪力墙结构	高度（m）	$H \leq 24$	$24 < H \leq 60$	$60 < H \leq 100$（80）	$H \leq 24$	$24 < H \leq 50$
	框架	三	二	一	二	一
	剪力墙	二	一		一	
剪力墙结构	高度（m）	$H \leq 24$	$24 < H \leq 80$	$80 < H \leq 100$（80）	$H \leq 24$	$24 < H \leq 60$
	剪力墙	三	二	一	二	一
部分框支剪力墙结构	高度（m）	$H \leq 24$	$24 < H \leq 80$（50）			
	剪力墙　一般部位	三	二			
	剪力墙　加强部位	二	一			
	框支层框架	一				
框架-核心筒结构	高度（m）	$H \leq 60$		$60 < H \leq 100$（90）	$H \leq 60$	$60 < H \leq 70$
	框架	［二］		一	［一］	一
	核心筒［剪力墙］	［一］		一	［一］	一
筒中筒结构	高度（m）	$80 \leq H \leq 120$（100）			$H = 80$	
	外筒	一			一	
	内筒	一			一	
板柱-剪力墙结构	高度（m）	$H \leq 35$	$35 < H \leq 55$（40）			
	框架、板柱及柱上板带	一				
	剪力墙	二	一			

注：依据《建筑抗震设计规范》GB 50011—2010（2016 年版）第 6.1.2 条规定，《混凝土结构设计规范》GB 50010—2010（2015 年版）第 11.1.3 条规定，《高层建筑混凝土结构技术规程》JGJ 3—2010 第 3.9.3 条规定。

037 确定抗震等级的抗震设防烈度应该如何选取？

确定抗震等级的抗震设防烈度 表 037

本地区抗震设防烈度	抗震设防类别及场地类别							
	特殊设防类（甲类）		重点设防类（乙类）		标准设防类（丙类）			适度设防类（丁类）
	Ⅰ类	Ⅱ、Ⅲ、Ⅳ类	Ⅰ类	Ⅱ、Ⅲ、Ⅳ类	Ⅰ类	Ⅱ类	Ⅲ、Ⅳ类	Ⅰ、Ⅱ、Ⅲ、Ⅳ类
6度	7度	7度	7度	7度	6度			6度
7度	8度	8度	8度	8度	7度	7度	7度（0.15g）	6度
8度	9度	9度	9度	9度	8度	8度	8度（0.30g）	7度
9度	9度更高	9度更高	9度更高	9度更高	9度	9度		8度

注：表中浅灰、中灰、深灰填充栏应分别按本地区抗震设防烈度、降低一度、提高半度的要求采取抗震构造措施。

注：依据《建筑工程抗震设防分类标准》GB 50223—2008 第 3.0.3 条规定，《建筑抗震设计规范》GB 50011—2010（2016 年版）第 3.3.2 条、第 3.3.3 条规定，《高层建筑混凝土结构技术规程》JGJ 3—2010 第 3.9.1 条、第 3.9.2 条规定。

038 当甲乙类建筑按规定应按本地区抗震设防烈度提高一度确定其抗震等级，房屋高度又超过相应抗震等级的高度上限时，应该如何处理？

当甲乙类建筑按规定提高一度确定其抗震等级而房屋高度超过表 030 中规定的上限时，应采取比一级更有效的抗震构造措施。

注：依据《建筑抗震设计规范》GB 50011—2010（2016 年版）第 6.1.3 条第 4 款规定。

甲、乙类建筑按本规程第 3.9.1 条提高一度确定抗震措施时，或Ⅲ、Ⅳ类场地且设计基本地震加速度为 0.15g 和 0.30g 的丙类建筑按本规程第 3.9.2 条提高一度确定抗震构造措施时，如果房屋高度超出提高一度后对应的房屋最大适用高度，则应采取比对应抗震等级更有效的抗震构造措施。

注：《高层建筑混凝土结构技术规程》JGJ 3—2010 第 3.9.7 条规定。

039 异形柱结构的抗震等级应该如何确定？

异形柱结构的抗震等级 表 039

结构类型		抗震设防烈度						
		6度	7度				8度	
		0.05g	0.10g		0.15g		0.20g	0.30g
框架结构	高度（m）	≤21	>21	≤21	>21	≤18	>18	≤12	
	框架	四	三	三	二	三（二）	二（二）	二	

续表

结构类型		抗震设防烈度								
		6 度		7 度					8 度		
		0.05g		0.10g		0.15g			0.20g		0.30g
	高度（m）	≤ 30	> 30	≤ 21	> 21 ~ ≤ 30	> 30	≤ 18	> 18 ~ ≤ 30	> 30	≤ 18	> 18 ~ ≤ 28	≤ 21
框架-剪力墙结构	框架	四	三	四	三	二	四（三）	三（二）	二（二）	二	二	一
	剪力墙	三	三	三	二	二	二（二）	二（二）	二（一）	二	一	一

注：1. 房屋高度指室外地面到主要屋面板板顶的高度（不包括局部突出屋顶部分）；
　　2. 对 7 度（0.15g）时建于Ⅲ、Ⅳ类场地的异形柱框架结构和异形柱框架-剪力墙结构，应按表中括号内所示的抗震等级采取抗震构造措施。建筑场地为Ⅰ类时，除 6 度外，应允许按本地区抗震设防烈度降低一度所对应的抗震等级采取抗震构造措施，但相应的计算要求不应降低。
　　3. 房屋高度接近或等于表中分界数值时，应允许结合房屋不规则程度及场地、地基条件适当确定抗震等级。
　　4. 依据《混凝土异形柱结构技术规程》JGJ 149—2017 第 3.3.1 条规定。

2.3　房屋高度分界

040　房屋高度在结构设计中有哪些重要的分界？

房屋高度为 15m、24m、28m、40m、60m、80m、100m、120m、150m 和 160m 是结构设计中的重要分界，具体详见表 040 的要求。

房屋高度分界　　　　表 040

房屋高度	内容	依据
15m	防震缝最小宽度为 100mm 时的房屋高度分界	GB 50011—2010（2016 年版）第 6.1.4 条
24m	除住宅外的民用建筑混凝土结构多、高层房屋高度分界	JGJ 3—2010 第 1.0.2 条
	不超过 8 层的一般民用框架和框架-抗震墙房屋，地基基础抗震承载力验算房屋高度分界	GB 50011—2010（2016 年版）第 4.2.1 条
	抗震墙结构底部加强部位可取底部一层分界	GB 50011—2010（2016 年版）第 6.1.10 条
	9 度框架结构的最大高度限值	GB 50011—2010（2016 年版）第 6.1.1 条
28m	住宅建筑多、高层房屋高度分界	JGJ 3—2010 第 1.0.2 条
40m	抗震计算采用底部剪力法、采用振型分解反应谱法房屋高度分界	GB 50011—2010（2016 年版）第 5.1.2 条
	8 度（0.2g）框架结构、8 度（0.30g）板柱-剪力墙结构的最大高度限值	GB 50011—2010（2016 年版）第 6.1.1 条
60m	对风荷载比较敏感的高层建筑房屋高度分界	JGJ 3—2010 第 4.2.2 条

房屋高度	内容	依据
60m	框架-核心筒结构按框架-剪力墙结构确定抗震等级的房屋高度分界	GB 50011—2010（2016 年版）第 6.1.2 条
	9 度采用时程分析的房屋高度分界	GB 50011—2010（2016 年版）第 5.1.2 条
	8 度（0.3g）较多短肢剪力墙结构的最大高度限值	JGJ 3—2010 第 7.1.8 条
	8 度剪力墙结构、框架-剪力墙结构错层高层建筑的房屋高度限值	JGJ 3—2010 第 10.1.3 条
	6 度框架结构、9 度抗震墙结构的最大高度限值	GB 50011—2010（2016 年版）第 6.1.1 条
80m	8 度Ⅲ、Ⅳ类场地采用时程分析的房屋高度分界	GB 50011—2010（2016 年版）第 5.1.2 条
	筒中筒结构的房屋高度的最低限值	JGJ 3—2010 第 9.1.2 条
	8 度（0.2g）较多短肢剪力墙结构的最大高度限值	JGJ 3—2010 第 7.1.8 条
	7 度剪力墙结构、框架-剪力墙结构错层高层建筑的房屋高度限值	JGJ 3—2010 第 10.1.3 条
	8 度（0.3g）框架-抗震墙结构、抗震墙结构、9 度筒中筒结构、6 度板柱-抗震墙结构、8 度（0.2g）部分框支抗震墙结构的最大高度限值	GB 50011—2010（2016 年版）第 6.1.1 条
	9 度大型公共建筑设置建筑结构的地震反应观测系统分界	GB 50011—2010（2016 年版）第 3.11.1 条
100m	8 度Ⅰ、Ⅱ类场地和 7 度采用时程分析的房屋分界	GB 50011—2010（2016 年版）第 5.1.2 条
	7 度较多短肢剪力墙结构的最大高度限值	JGJ 3—2010 第 7.1.8 条
	8 度（0.2g）框架-抗震墙、抗震墙、框架-核心筒、8 度（0.3g）筒中筒结构、7 度部分框支抗震墙结构的最大高度限值	GB 50011—2010（2016 年版）第 6.1.1 条
120m	6 度部分框支抗震墙、7 度框架-抗震墙、抗震墙、8 度（0.2g）筒中筒结构的最大高度限值	GB 50011—2010（2016 年版）第 6.1.1 条
	8 度大型公共建筑设置建筑结构的地震反应观测系统分界	GB 50011—2010（2016 年版）第 3.11.1 条
150m	6 度框架-核心筒、7 度筒中筒结构的最大高度限值	GB 50011—2010（2016 年版）第 6.1.1 条
	高层混凝土建筑结构应满足风振舒适度要求的房屋高度分界	JGJ 3—2010 第 3.7.6 条
160m	7 度大型公共建筑设置建筑结构的地震反应观测系统分界	GB 50011—2010（2016 年版）第 3.11.1 条

注：表中《建筑抗震设计规范》GB 50011—2010（2016 年版）简称为 GB 50011—2010（2016 年版），《高层建筑混凝土结构技术规程》JGJ 3—2010 简称为 JGJ 3—2010。

2.4 裙房与主楼的关系

041 裙房与主楼的抗震等级应该如何确定？

裙房与主楼相连，除应按裙房本身确定抗震等级外，相关范围不应低于主楼的抗震等级；主楼结构在裙房顶板对应的相邻上下各一层应适当加强抗震构造措施。裙房与主楼分离时，应按裙房本身确定抗震等级。

关于裙房的抗震等级。裙房与主楼相连，主楼结构在裙房顶板对应的上下各一层受刚度与承载力突变影响较大，抗震构造措施要适当加强。裙房与主楼之间设防震缝，在大震作用下可能发生碰撞，该部位也需要采取加强措施。

裙房与主楼相连的相关范围，一般可从主楼周边外延 3 跨且不小于 20m，相关范围以外的区域可按裙房自身的结构类型确定其抗震等级。裙房偏置时，其端部有较大扭转效应，也需要加强。

注：《建筑抗震设计规范》GB 50011—2010（2016 年版）第 6.1.3 条规定及条文说明。

042 裙房与主楼相连，应该如何根据裙房、主楼结构类型确定裙房、主楼的抗震等级及多塔分塔计算模型？

主楼、裙房结构类型、抗震等级、分塔计算模型　　　　　　表 042

结构类型		抗震等级			多塔分塔计算模型	
主楼	裙房	主楼		裙房	裙房以下	裙房以上
		裙房以下	裙房以上			
框架结构	框架结构	按框架结构的规定		除按裙房本身确定外，相关范围不应低于主楼的抗震等级	框架结构	
框架-剪力墙结构	框架结构	按抗框架-剪力墙结构的规定			框架-剪力墙结构	
	框架-剪力墙结构					
剪力墙结构	框架结构	按框架-剪力墙结构的规定	按剪力墙结构的规定		框架-剪力墙结构	剪力墙结构
	框架-剪力墙结构					
部分框支剪力墙结构	框架结构	按部分框支剪力墙结构的规定	按剪力墙结构的规定		部分框支剪力墙结构	剪力墙结构
	框架-剪力墙结构					
筒体结构	框架结构	按筒体结构的规定			筒体结构	
	框架-剪力墙结构					
板柱-剪力墙结构	框架结构	按板柱-剪力墙结构的规定			板柱-剪力墙结构	
	板柱-剪力墙结构					

35

2.5 地上结构与地下室的关系

043 地下室抗震等级应该如何确定？

当地下室顶板作为上部结构的嵌固部位时，地下一层的抗震等级应与上部结构相同，地下一层以下抗震构造措施的抗震等级可逐层降低一级，但不应低于四级。地下室中无上部结构的部分，抗震构造措施的抗震等级可根据具体情况采用三级或四级。

注：《建筑抗震设计规范》GB 50011—2010（2016 年版）第 6.1.3 条规定。

044 地下室顶板和地下一层的设计要求有哪些规定？

地下室顶板作为上部结构的嵌固部位时，应符合下列规定：

（1）地下室顶板应避免开设大洞口；地下室在地上结构相关范围的顶板应采用现浇梁板结构，相关范围以外的地下室顶板宜采用现浇梁板结构，其楼板厚度不宜小于 180mm，混凝土强度等级不宜小于 C30，应采用双层双向配筋，且每层每个方向的配筋率不宜小于 0.25%。

（2）结构地上一层的侧向刚度，不宜大于相关范围地下一层侧向刚度的 0.5 倍；地下室周边宜有与其顶板相连的抗震墙。

（3）地下室顶板对应于地上框架柱的梁柱节点除应满足抗震计算要求外，尚应符合下列规定之一：

① 地下一层柱截面每侧纵向钢筋不应小于地上一层柱对应纵向钢筋的 1.1 倍，且地下一层柱上端和节点左右梁端实配的抗震受弯承载力之和应大于地上一层柱下端实配的抗震受弯承载力的 1.3 倍。

② 地下一层梁刚度较大时，柱截面每侧的纵向钢筋面积应大于地上一层对应柱每侧纵向钢筋面积的 1.1 倍；同时梁端顶面和底面的纵向钢筋面积均应比计算增大 10% 以上。

（4）地下一层抗震墙墙肢端部边缘构件纵向钢筋的截面面积，不应少于地上一层对应墙肢端部边缘构件纵向钢筋的截面面积。

注：《建筑抗震设计规范》GB 50011—2010（2016 年版）第 6.1.14 条规定。

045 采用筏形基础带地下室的高层和低层建筑，地下室顶板和地下一层的设计要求有哪些规定？

采用筏形基础带地下室的高层和低层建筑、地下室四周外墙与土层紧密接触且土层为非松散填土、松散粉细砂土、软塑流塑黏性土，上部结构为框架、框剪或框架-核心筒结构，当地下一层结构顶板作为上部结构嵌固部位时，应符合下列规定：

（1）地下一层的结构侧向刚度大于或等于与其相连的上部结构底层楼层侧向刚度的 1.5 倍。

（2）地下一层结构顶板应采用梁板式楼盖，板厚不应小于 180mm，其混凝土强度等级不宜小于 C30；楼面应采用双层双向配筋，且每层每个方向的配筋率不宜小于 0.25%。

（3）地下室外墙和内墙边缘的板面不应有大洞口，以保证将上部结构的地震作用或水平力传递到地下室抗侧力构件中。

（4）当地下室内、外墙与主体结构墙体之间的距离符合表 045 的要求时，该范围内的地下室内、外墙可计入地下一层的结构侧向刚度，但此范围内的侧向刚度不能重叠使用于相邻建筑。当不符合上述要求时，建筑物的墙固部位可设在筏形基础的顶面，此时宜考虑基侧土和基底土对地下室的抗力。

地下室墙与主体结构墙之间的最大距离 d 　　　　　表 045

抗震设防烈度 7 度、8 度	抗震设防烈度 9 度
$d \leqslant 30\text{m}$	$d \leqslant 20\text{m}$

注：《建筑地基基础设计规范》GB 50007—2011 第 8.4.25 条规定，其中表 045 为该条文表格（表 8.4.25），以下均同此说明。

046　地下室剪力墙底部加强部位应该如何确定？

（1）当结构计算嵌固端位于地下一层的底板或以下时，底部加强部位尚宜向下延伸到计算嵌固端。

注：《建筑抗震设计规范》GB 50011—2010（2016 年版）第 6.1.10 条第 3 款规定。

（2）剪力墙底部加强部位的高度应从地下室顶板算起；当结构嵌固在基础顶面时，剪力墙底部加强部位的范围尚应延伸至基础顶面。

注：依据《建筑地基基础设计规范》GB 50007—2011 第 8.4.26 条规定。

2.6　地下建筑与高层建筑的地下室

047　如何区分地下建筑与高层建筑的地下室？

（1）地下建筑主要适用于地下车库、过街通道、地下变电站和地下空间综合体等单建式地下建筑。不包括地下铁道、城市公路隧道等。

注：《建筑抗震设计规范》GB 50011—2010（2016 年版）第 14.1.1 条规定。

（2）高层建筑的地下室（包括设置防震缝与主楼对应范围分开的地下室）属于附建式地下建筑，其性能要求通常与地面建筑一致，可按本规范有关章节所提出的要求设计。

注：《建筑抗震设计规范》GB 50011—2010（2016 年版）第 14.1.1 条文说明。

（3）高层建筑地下室设计，应综合考虑上部荷载、岩土侧压力及地下水的不利作用影响。地下室应满足整体抗浮要求，可采取排水、加配重或设置抗拔锚桩（杆）等措施。当地下水具有腐蚀性时，地下室外墙及底板应采取相应的防腐蚀措施。

注：《高层建筑混凝土结构技术规程》JGJ 3—2010 第 12.2.2 条规定。

048　地下建筑抗震设计要求主要有哪些规定？

（1）地下建筑宜建造在密实、均匀、稳定的地基上。当处于软弱土、液化土或断层破碎带等不利地段时，应分析其对结构抗震稳定性的影响，采取相应措施。

注：《建筑抗震设计规范》GB 50011—2010（2016 年版）第 14.1.2 条规定。

（2）地下建筑的建筑布置应力求简单、对称、规则、平顺；横剖面的形状和构造不宜沿纵向突变。

注：《建筑抗震设计规范》GB 50011—2010（2016 年版）第 14.1.3 条规定。

049 地下结构的抗震等级应该如何确定？

（1）关于钢筋混凝土结构的地下建筑的抗震等级（表 049-1），其要求略高于高层建筑的地下室，这是由于：

① 高层建筑地下室，在楼层倒塌后一般即弃之不用，单建式地下建筑则在附近房屋倒塌后仍常有继续服役的必要，其使用功能的重要性常高于高层建筑地下室；

② 地下结构一般不宜带缝工作，尤其是在地下水位较高的场合，其整体性要求高于地面建筑；

③ 地下空间通常是不可再生的资源，损坏后一般不能推倒重来，需原地修复，而难度较大。

地下建筑抗震等级   表 049-1

抗震设防类别	设防烈度	
	6、7 度	8、9 度
标准设防类（丙类）	不应低于四级	不宜低于三级
重点设防类（乙类）	不宜低于三级	不宜低于二级

注：依据《建筑抗震设计规范》GB 50011—2010（2016 年版）第 14.1.4 条规定及条文说明。

（2）高层建筑地下室的抗震等级，详见表 049-2。

高层建筑地下室的抗震等级（地下室顶板作为上部结构的嵌固部位时）   表 049-2

地下层部位	抗震等级	
	上部结构的地下室	地下室中无上部结构的部分
地下一层	应与上部结构相同	抗震构造措施的抗震等级可根据具体情况采用三级或四级
地下一层以下	抗震构造措施的抗震等级可逐层降低一级，但不应低于四级	

注：依据《建筑抗震设计规范》GB 50011—2010（2016 年版）第 6.1.3 条规定。

050 地下建筑抗震计算主要有哪些规定？

（1）按规定采取抗震措施不进行地震作用计算的地下建筑，详见表 050。

按规定采取抗震措施不进行地震作用计算的地下建筑   表 050

抗震设防类别	条件
标准设防类（丙类）	7 度 I、II 类场地
	8 度（0.20g）I、II 类场地时，不超过二层、体型规则的中小跨度

注：依据《建筑抗震设计规范》GB 50011—2010（2016 年版）第 14.2.1 条规定。

（2）带地下室的多层和高层建筑，当地下室结构的刚度和受剪承载力比上部楼层相对较大时（参见《建筑抗震设计规范》第 6.1.14 条），地下室顶板可视作嵌固部位，在地震作用下的屈服部位将发生在地上楼层，同时将影响到地下一层。地面以下地震影响逐渐减小，规定地下一层的抗震等级不能降低；而地下一层以下不要求计算地震作用，规定其抗震构造措施的抗震等级可逐层减低。

注：依据《建筑抗震设计规范》GB 50011—2010（2016 年版）第 6.1.3 条文说明。

051　如何确定地下建筑的抗震计算模型和相应的计算方法？

地下建筑的抗震计算模型，应能较准确地反映周围挡土结构和内部各构件的实际受力状况；与周围挡土结构分离的内部结构，可采用与地上建筑同样的计算模型，详见表 051。

地下建筑的抗震计算模型　　　　　　　　　　　表 051

计算模型	计算方法	适用范围
平面应变分析模型	反应位移法	周围地层分布均匀、规则且具有对称轴的纵向较长的地下建筑
	等效水平地震加速度法	
	等效侧力法	
空间结构分析计算模型	土层-结构时程分析法	长宽比和高宽比均小于 3 及本表上面一行以外的地下建筑

注：1. 反应位移法。采用反应位移法计算时，将土层动力反应位移的最大值作为强制位移施加于结构上，然后按静力原理计算内力。土层动力反应位移的最大值可通过输入地震波的动力有限元计算确定。
2. 等效水平地震加速度法。此法将地下结构的地震反应简化为沿垂直向线性分布的等效水平地震加速度的作用效应，计算采用的数值方法常为有限元法。
3. 等效侧力法将地下结构的地震反应简化为作用在节点上的等效水平地震惯性力的作用效应，从而可采用结构力学方法计算结构的动内力。
4. 时程分析法。根据软土地区的研究成果，平面应变问题时程分析法网格划分时，侧向边界宜取至离相邻结构边墙至少 3 倍结构宽度处，底部边界取至基岩表面，或经时程分析试算结果趋于稳定的深度处，上部边界取至地表。计算的边界条件，侧向边界可采用自由场边界，底部边界离结构底面较远时可取为输入地震加速度时程的固定边界，地表为自由变形边界。
5. 采用空间结构模型计算时，在横截面上的计算范围和边界条件可与平面应变问题的计算相同，纵向边界可取为离结构端部距离为 2 倍结构横断面面积当量宽度处的横剖面，边界条件均宜为自由场边界。

注：依据《建筑抗震设计规范》GB 50011—2010（2016 年版）第 14.2.2 条规定及条文说明。

052　地下建筑抗震计算有哪些主要设计参数？

地下建筑抗震计算的设计参数　　　　　　　　　表 052

设计参数		要求
地震作用的方向	按平面应变模型分析的地下结构	可仅计算横向的水平地震作用
	不规则的地下结构	宜同时计算结构横向和纵向的水平地震作用
	地下空间综合体等体型复杂的地下结构	宜同时计算结构横向和纵向的水平地震作用，8、9 度时尚宜计及竖向地震作用
地震作用的取值	基岩处	地震作用可取地面的一半
	地面至基岩的不同深度处	可按插入法确定

续表

设计参数		要求
地震作用的取值	地表、土层界面和基岩面较平坦时	也可采用一维波动法确定
	土层界面、基岩面或地表起伏较大时	宜采用二维或三维有限元法确定
结构的重力荷载代表值		应取结构、构件自重和水、土压力的标准值及各可变荷载的组合值之和
采用土层-结构时程分析法或等效水平地震加速度法时，土、岩石动力特性参数		可由试验确定

注：依据《建筑抗震设计规范》GB 50011—2010（2016 年版）第 14.2.3 条规定。

053　地下建筑的抗震验算主要有哪些内容？

地下建筑的抗震验算
表 053

类别	内容
一般地下建筑	应进行多遇地震作用下截面承载力和构件变形的抗震验算
对于不规则的地下建筑以及地下变电站和地下空间综合体等	尚应进行罕遇地震作用下的抗震变形验算。计算可采用简化方法，混凝土结构弹塑性层间位移角限值 $[\theta_p]$ 宜取 1/250
液化地基中的地下建筑	应验算液化时的抗浮稳定性。液化土层对地下连续墙和抗拔桩等的摩阻力，宜根据实测的标准贯入锤击数与临界标准贯入锤击数的比值确定其液化折减系数

注：依据《建筑抗震设计规范》GB 50011—2010（2016 年版）第 14.2.4 条规定。

054　地下建筑主要有哪些抗震构造措施？

地下建筑的抗震构造措施
表 054

项次		要求
结构类别		宜采用现浇结构。设置部分装配式构件时，应使其与周围构件有可靠的连接
框架结构构件的最小尺寸		应不低于同类地面结构构件的规定
中柱	纵筋最小总配筋率	应比地面框架结构的柱增加 0.2%
	箍筋加密	其范围和构造与地面框架结构的柱相同
顶板、底板和楼板		宜采用梁板结构。当采用板柱-剪力墙结构时，无柱帽的平板应在柱上板带中设构造暗梁，其暗梁宽度、纵向钢筋和箍筋构造要求与地面建筑相同
		负弯矩钢筋至少应有 50% 埋入地下连续墙，锚入长度按受力计算确定，正弯矩钢筋需锚入内衬，并均不小于规定的锚固长度
		楼板开孔时，孔洞宽度应不大于该层楼板宽度的 30%，洞口的布置宜使结构质量和刚度的分布仍较均匀、对称，避免局部突变。孔洞周围应设置满足构造要求的边梁和暗梁

注：依据《建筑抗震设计规范》GB 50011—2010（2016 年版）第 14.3.1 条、第 14.3.2 条规定。

055 地下建筑主要有哪些抗液化措施？

地下建筑的抗液化措施　　　　　　　　　　　　　　　　　　　表 055

序号	要求
1	对液化土层采取注浆加固和换土等消除或减轻液化影响的措施
2	进行地下结构液化上浮验算，必要时采取增设抗拔桩、配置压重等相应的抗浮措施
3	存在液化土薄夹层，或施工中深度大于 20m 的地下连续墙围护结构遇到液化土层时，可不做地基抗液化处理，但其承载力及抗浮稳定性验算应计入土层液化引起的土压力增加及摩阻力降低等因素的影响

注：依据《建筑抗震设计规范》GB 50011—2010（2016 年版）第 14.3.3 条规定。

2.7 框架－剪力墙结构的设计方法

056 框架－剪力墙结构应该如何进行设计？

抗震设计的框架-剪力墙结构，应根据在规定的水平力作用下结构底层框架部分承受的地震倾覆力矩与结构总倾覆力矩的比值 ρ，确定相应的设计方法，并应符合表 056 的规定。

（1）$\rho \leqslant 10\%$ 时，意味着结构中框架承担的地震作用较小，绝大部分均由剪力墙承担，工作性能接近于纯剪力墙结构；

（2）$10\% < \rho \leqslant 50\%$ 时，框架和剪力墙承担的地震作用合理范围，属于典型的框架-剪力墙结构；

（3）$50\% < \rho \leqslant 80\%$ 时，意味着结构中剪力墙的数量偏少，框架承担较大的地震作用；

（4）$\rho > 80\%$ 时，意味着结构中剪力墙的数量极少，属于少墙框剪结构，抗震性能较差，不主张采用。

框架-剪力墙结构的设计方法　　　　　　　　　　　　　　　　　表 056

ρ	整体结构设计	房屋最大高度	框架部分设计	剪力墙部分设计
$\rho \leqslant 10\%$	纯剪力墙结构（个别或少量框架）	框架-剪力墙结构	框架-剪力墙结构的框架进行设计	剪力墙抗震等级、侧向位移控制指标按剪力墙结构
$10\% < \rho \leqslant 50\%$	典型的框架-剪力墙结构	框架-剪力墙结构	框架-剪力墙结构的框架	框架-剪力墙结构的剪力墙
$50\% < \rho \leqslant 80\%$	偏少墙框架-剪力墙结构（少量剪力墙的框架结构）	比框架结构的要求适当提高	抗震等级和轴压比限值宜按框架结构的规定采用	高层剪力墙抗震等级和轴压比按框架-剪力墙结构，多层剪力墙抗震等级可与框架的抗震等级相同
$\rho > 80\%$	少墙框架-剪力墙结构（少量剪力墙的框架结构）	宜按框架结构	抗震等级和轴压比限值应按框架结构的规定采用	

注：依据《高层建筑混凝土结构技术规程》JGJ 3—2010 第 8.1.3 条规定及条文说明，《建筑抗震设计规范》GB 50011—2010（2016 年版）第 6.1.3 条规定。

057 设置少量抗震墙的框架结构其抗震等级应该如何确定？

设置少量抗震墙的框架结构，在规定的水平力作用下，底层框架部分所承担的地震倾覆力矩大于结构总倾覆力矩的 50% 时，其框架的抗震等级应按框架结构确定，抗震墙的抗震等级可与其框架的抗震等级相同。

注：《建筑抗震设计规范》GB 50011—2010（2016 年版）第 6.1.3 条规定。

058 设置少量抗震墙的框架结构，其框架部分的地震剪力值应该如何确定？

设置少量抗震墙的框架结构，其框架部分的地震剪力值，宜采用框架结构模型和框架-抗震墙结构模型二者计算结果的较大值。

注：《建筑抗震设计规范》GB 50011—2010（2016 年版）第 6.2.13 条规定。

2.8 复杂结构有关规定

059 如何理解复杂结构？对其计算的力学模型有什么要求？

（1）复杂结构指计算的力学模型十分复杂、难以找到完全符合实际工作状态的理想模型，只能依据各个软件自身的特点在力学模型上分别作某些程度不同的简化后才能运用该软件进行计算的结构。

注：《建筑抗震设计规范》GB 50011—2010（2016 年版）第 3.6.6 条文说明。

（2）复杂结构在多遇地震作用下的内力和变形分析时，应采用不少于两个合适的不同力学模型，并对其计算结果进行分析比较。

注：《建筑抗震设计规范》GB 50011—2010（2016 年版）第 3.6.6 条规定。

060 如何理解复杂高层建筑结构？

对复杂高层建筑结构的规定适用于带转换层的结构、带加强层的结构、错层结构、连体结构以及竖向体型收进、悬挑结构。

注：《高层建筑混凝土结构技术规程》JGJ 3—2010 第 10.1.1 条规定。

061 复杂高层建筑结构，整体结构计算分析有哪些规定？

抗震设计时，B 级高度的高层建筑结构、混合结构和本规程第 10 章规定的复杂高层建筑结构，尚应符合下列规定：

（1）宜考虑平扭耦联计算结构的扭转效应，振型数不应小于 15，对多塔楼结构的振型数不应小于塔楼数的 9 倍，且计算振型数应使各振型参与质量之和不小于总质量的 90%；

（2）应采用弹性时程分析法进行补充计算；

（3）宜采用弹塑性静力或弹塑性动力分析方法补充计算。

注：《高层建筑混凝土结构技术规程》JGJ 3—2010 第 5.1.13 条规定。

062 多塔楼结构整体结构计算分析有什么要求？

对多塔楼结构，宜按整体模型和各塔楼分开的模型分别计算，并采用较不利的结果进行结构设计。当塔楼周边的裙楼超过两跨时，分塔楼模型宜至少附带两跨的裙楼结构。

注：《高层建筑混凝土结构技术规程》JGJ 3—2010 第 5.1.14 条规定。

063　转换层结构、加强层结构、连体结构、竖向收进结构整体计算分析有什么要求？

在结构整体计算中，转换层结构、加强层结构、连体结构、竖向收进结构（含多塔楼结构）应选用合适的计算模型进行分析。在整体计算中对转换层、加强层、连接体等做简化处理的，宜对其局部进行更细致的补充计算分析。

注：《高层建筑混凝土结构技术规程》JGJ 3—2010 第 5.3.5 条规定。

064　复杂平面和立面的剪力墙整体计算分析有什么要求？

复杂平面和立面的剪力墙，应采用合适的计算模型进行分析。当采用有限元模型时，应在截面变化处合理地选择和划分单元；当采用杆系模型计算时，对错洞墙、叠合错洞墙可采用适当的模型化处理，并应在整体计算的基础上对结构局部进行更细致的补充计算分析。

注：《高层建筑混凝土结构技术规程》JGJ 3—2010 第 5.3.6 条规定。

065　体型复杂的高层建筑结构整体计算分析有什么要求？

带加强层的高层建筑结构、带转换层的高层建筑结构、错层结构、连体和立面开洞结构、多塔楼结构、立面有较大收进结构等，属于体型复杂的高层建筑结构，其竖向刚度和承载力变化大、受力复杂，宜形成薄弱部位；混合结构以及 B 级高度的高层建筑结构的房屋高度大、工程经验不多，因此整体计算分析时应从严要求。

注：《高层建筑混凝土结构技术规程》JGJ 3—2010 第 5.1.13 条文说明。

066　如何理解受力复杂的结构构件以及配筋设计有什么要求？

对受力复杂的结构构件，如竖向布置复杂的剪力墙、加强层构件、转换层构件、错层构件、连接体及其相关构件等，除结构整体分析外，尚应按有限元等方法进行更加仔细的局部应力分析，并可根据需要，按应力分析结果进行截面配筋设计校核。按应力进行截面配筋计算的方法，可按照现行国家标准《混凝土结构设计规范》GB 50010 的有关规定。

注：《高层建筑混凝土结构技术规程》JGJ 3—2010 第 5.1.15 条文说明。

第3章 结构布置

3.1 基本要求

067 抗震设计的建筑应该如何重视平、立、剖面及构件布置？

（1）建筑设计应重视其平面、立面和竖向剖面的规则性对抗震性能及经济合理性的影响，宜择优选用规则的形体，其抗侧力构件的平面布置宜规则对称，侧向刚度沿竖向宜均匀变化，竖向抗侧力构件的截面尺寸和材料强度宜自下而上逐渐减小，避免侧向刚度和承载力突变。

不规则建筑的抗震设计应符合本规范第3.4.4条的有关规定。

注：《建筑抗震设计规范》GB 50011—2010（2016年版）第3.4.2条规定。

（2）在高层建筑的一个独立结构单元内，结构平面形状宜简单、规则，质量、刚度和承载力分布宜均匀。不应采用严重不规则的平面布置。

注：《高层建筑混凝土结构技术规程》JGJ 3—2010第3.4.1条规定。

（3）高层建筑的竖向体型宜规则、均匀，避免有过大的外挑和收进。结构的侧向刚度宜下大上小，逐渐均匀变化。

注：《高层建筑混凝土结构技术规程》JGJ 3—2010第3.5.1条规定。

3.2 框架结构

068 框架结构应该如何布置？

框架结构和框架-抗震墙结构中，框架和抗震墙均应双向设置，柱中线与抗震墙中线、梁中线与柱中线之间偏心距大于柱宽的1/4时，应计入偏心的影响。

甲、乙类建筑以及高度大于24m的丙类建筑，不应采用单跨框架结构；高度不大于24m的丙类建筑不宜采用单跨框架结构。

注：《建筑抗震设计规范》GB 50011—2010（2016年版）第6.1.5条规定。

069 高层建筑框架结构应该如何布置？

（1）框架结构应设计成双向梁柱抗侧力体系。主体结构除个别部位外，不应采用铰接。

注：《高层建筑混凝土结构技术规程》JGJ 3—2010第6.1.1条规定。

（2）抗震设计的框架结构不应采用单跨框架。

注：《高层建筑混凝土结构技术规程》JGJ 3—2010第6.1.2条规定。

（3）框架结构按抗震设计时，不应采用部分由砌体墙承重之混合结构。框架结构中的楼、电梯间及局部出屋顶的电梯机房、楼梯间、水箱间等，应采用框架承重，不应采用砌体墙承重。

注：《高层建筑混凝土结构技术规程》JGJ 3—2010 第 6.1.6 条规定。

（4）框架梁、柱中心线宜重合。当梁柱中心线不能重合时，在计算中应考虑偏心对梁柱节点核心区受力和构造的不利影响，以及梁荷载对柱子的偏心影响。

梁、柱中心线之间的偏心距，9 度抗震设计时不应大于柱截面在该方向宽度的 1/4；非抗震设计和 6 ～ 8 度抗震设计时不宜大于柱截面在该方向宽度的 1/4，如偏心距大于该方向柱宽的 1/4 时，可采取增设梁的水平加腋（图 6.1.7）等措施。设置水平加腋后，仍须考虑梁柱偏心的不利影响。

注：《高层建筑混凝土结构技术规程》JGJ 3—2010 第 6.1.7 条规定，图 6.1.7 为该条文配图，以下均同此说明。

070 抗震设计时，框架结构的楼梯间应该如何布置？

抗震设计时，框架结构的楼梯间应符合下列规定：
（1）楼梯间的布置应尽量减小其造成的结构平面不规则。
（2）宜采用现浇钢筋混凝土楼梯，楼梯结构应有足够的抗倒塌能力。
（3）宜采取措施减小楼梯对主体结构的影响。
（4）当钢筋混凝土楼梯与主体结构整体连接时，应考虑楼梯对地震作用及其效应的影响，并应对楼梯构件进行抗震承载力验算。

注：《高层建筑混凝土结构技术规程》JGJ 3—2010 第 6.1.4 条规定。

071 框架结构的砌体填充墙应该如何布置？

框架结构的填充墙及隔墙宜选用轻质墙体。抗震设计时，框架结构如采用砌体填充墙，其布置应符合下列规定：
（1）避免形成上、下层刚度变化过大。
（2）避免形成短柱。
（3）减少因抗侧刚度偏心而造成的结构扭转。

注：《高层建筑混凝土结构技术规程》JGJ 3—2010 第 6.1.3 条规定。

072 填充墙应该如何进行分类？

（1）按建筑平面布置的位置可以分为围护墙、隔墙。
（2）按建筑防火分区可分为防火墙、防火隔墙、普通墙。
（3）按材料区分可分为轻集料混凝土砌块墙、轻质条板隔墙、轻钢龙骨隔墙等。

073 填充墙的设计功能要求有哪些？

填充墙应根据建筑、结构、设备专业的要求，进行保温隔热和节能设计，防水、防火、隔声和防潮设计，结构稳定性、受水平风荷载和抗震承载力设计等，填充墙的设计功能要求见表 073。

填充墙的设计功能要求   表 073

设计功能	围护墙	隔墙
保温	冬季保温设计：外墙、屋顶、直接接触室外空气的楼板和不采暖楼梯间的隔墙等围护结构，应进行保温验算，其传热阻应大于或等于建筑物所在地区要求的最小传热阻	
隔热	夏季隔热设计：建筑物的屋顶和东、西向外墙的内表面最高温度不大于夏季室外计算温度最高值	—
节能	建筑围护结构各部分的传热系数和热惰性指标不应大于规定的限值，当不符合规定时，必须按照有关规定进行建筑围护结构热工性能的综合判断	
防水	应具有阻止雨水、雪水侵入墙体的基本功能，并应具有抗冻融、耐高低温、承受风荷载等性能	—
防火	防火墙：防止火灾蔓延至相邻建筑或相邻水平防火分区且耐火极限不低于 3.00h 的不燃性墙体。防火墙应直接设置在建筑的基础或框架、梁等承重结构上，框架、梁等承重结构的耐火极限不应低于防火墙的耐火极限。防火墙应从楼地面基层隔断至梁、楼板或屋面板的底面基层。 防火隔墙：建筑内防止火灾蔓延至相邻区域且耐火极限不低于规定要求的不燃性墙体。建筑内的防火隔墙应从楼地面基层隔断至梁、楼板或屋面板的底面基层	
隔声	隔声减噪设计标准等级，应按建筑物实际使用要求确定，分特级、一级、二级、三级	
防潮	位于室内地面垫层处设置连续的水平防潮层；室内相邻地面有高差时，应在高差处墙身侧面加设防潮层；湿度大的房间的外墙或内墙内侧应设防潮层	
稳定性	高厚比验算	
受水平风荷载	可通过风荷载局部体型系数 μ_{sl} 和阵风系数 β_{gz} 来计算其风荷载	—
地震作用	一般情况下，非结构构件自身重力产生的地震作用可采用等效侧力法计算	

074 填充墙的构造设计，应符合哪些规定？

（1）填充墙宜采用轻质块体材料，其强度等级应符合本规范第 3.1.2 条的规定；

（2）填充墙砌筑砂浆的强度等级不宜低于 M5（Mb5、Ms5）；

（3）填充墙墙体墙厚不应小于 90mm；

（4）用于填充墙的夹心复合砌块，其两肢块体之间应有拉结。

注：《砌体结构设计规范》GB 50003—2011 第 6.3.3 条规定。

075 填充墙与框架的连接应该如何选取？

填充墙与框架的连接，可根据设计要求采用脱开或不脱开方法。有抗震设防要求时宜采用填充墙与框架脱开的方法。

（1）填充墙与框架采用脱开的方法，宜符合下列主要规定：

① 填充墙两端与框架柱，填充墙顶面与框架梁之间留出不小于 20mm 的间隙；

② 填充墙端部应设置构造柱，柱间距宜不大于 20 倍墙厚且不大于 4000mm，柱宽度不小于 100mm。柱竖向钢筋不宜小于 $\phi 10$，箍筋宜为 $\phi^R 5$，竖向间距不宜大于 400mm。竖向钢筋与框架梁或其挑出部分的预埋件或预留钢筋连接，绑扎接头时不小于 30d，焊接时（单面焊）不小于 10d（d 为钢筋直径）。柱顶与框架梁（板）应预留不小于 15mm 的缝

隙，用硅酮胶或其他弹性密闭材料封缝。当填充墙有宽度大于 2100mm 的洞口时，洞口两侧应加设宽度不小于 50mm 的单筋混凝土柱；

③ 填充墙两端宜卡入设在梁、板底及柱侧的卡口铁件内，墙侧卡口板的竖向间距不宜大于 500mm，墙顶卡口板的水平间距不宜大于 1500mm；

④ 墙体高度超过 4m 时宜在墙高中部设置与柱连通的水平系梁。水平系梁的截面高度不小于 60mm。填充墙高不宜大于 6m。

⑤ 填充墙与框架柱、梁的缝隙可采用聚苯乙烯泡沫塑料板条或聚氨酯发泡材料充填，并用硅酮胶或其他弹性密封材料封缝；

⑥ 所用连接用钢筋、金属配件、铁件、预埋件等均应作防腐防锈处理，并应符合本规范第 4.3 节的规定。嵌缝材料应能满足变形和防护要求。

（2）填充墙与框架采用不脱开的方法，宜符合下列主要规定：

① 沿柱高每隔 500mm 配置 2 根直径 6mm 的拉结钢筋（墙厚大于 240mm 时配置 3 根直径 6mm），钢筋伸入填充墙不宜小于 700mm，且拉结钢筋应错开截断，相距不宜小于 200mm。填充墙墙顶应与框架梁紧密结合。顶面与上部结构接触处宜用一皮砖或配砖斜砌楔紧；

② 当填充墙有洞口时，宜在窗洞口的上端或下端、门洞口的上端设置钢筋混凝土带，钢筋混凝土带应与过梁的混凝土同时浇筑，其过梁的断面及配筋由设计确定。钢筋混凝土带的混凝土强度等级不小于 C20。

当有洞口的填充墙尽端至门窗洞口边距离小于 240mm 时，宜采用钢筋混凝土门窗框；

③ 填充墙长度超过 5m 或墙长大于 2 倍层高时，墙顶与梁宜有拉接措施，墙体中部应加设构造柱；墙高度超过 4m 时宜在墙高中部设置与柱连接的水平系梁，墙高超过 6m 时，宜沿墙高每 2m 设置与柱连接的水平系梁，梁的截面高度不小于 60mm。

注：《砌体结构设计规范》GB 50003—2011 第 6.3.4 条规定。

076 填充墙的抗震设计，应符合哪些规定？

框架结构的围护墙和隔墙，应估计其设置对结构抗震的不利影响，避免不合理设置而导致主体结构的破坏。

注：《建筑抗震设计规范》GB 50011—2010（2016 年版）第 3.7.4 条规定，《非结构构件抗震设计规范》JGJ 339—2015 第 4.1.3 条规定。

1. 功能级别

非结构构件应根据所属建筑的抗震设防类别和非结构构件地震破坏的后果及其对整个建筑结构影响的范围，划分为表 076-1 所示功能级别。

功能级别划分

表 076-1

功能级别	内容
一级	地震破坏后可能导致甲类建筑使用功能的丧失或危及乙类、丙类建筑中的人员生命安全
二级	地震破坏后可能导致乙类、丙类建筑的使用功能丧失或危及丙类建筑中的人员安全
三级	除一、二级及丁类建筑以外的非结构构件

注：框架填充墙为建筑非结构构件。

注：《非结构构件抗震设计规范》JGJ 339—2015 第 1.0.4 条规定。

2. 类别系数和功能级别

建筑非结构构件的类别系数和功能级别可按表076-2采用。对下述情况，其功能级别应按下列规定调整：

（1）闹市区丙类建筑临街面的围护墙等，应提高一级，一级时不再提高。

（2）平时无人地段乙、丙类建筑的外墙及其连接件，可降低一级，三级时不再降低。

（3）房屋总高度超过12m的乙类框架结构的楼电梯间隔墙、天井隔墙和有防火要求的顶棚，应提高一级，一级时不再提高。

（4）丙类建筑内有易燃气体时，其天井隔墙宜提高一级。

（5）避难场所、人流密集处商场和门厅的顶棚，应提高一级。

建筑非结构构件的类别系数和功能级别　　　　　　　　　　表076-2

构件、部件名称		类别系数	功能级别		
			甲类建筑	乙类建筑	丙类建筑
非承重外墙	围护墙	1.0	一级	一级	二级
非承重内墙	楼梯间隔墙	1.2	一级	一级	一级
	电梯间隔墙	1.2	一级	二级	三级
	天井隔墙	1.2	一级	二级	二级
	到顶防火隔墙	0.9	一级	二级	二级
	其他隔墙	0.6	二级	三级	三级
顶棚	防火顶棚	0.9	一级	二级	二级
	非防火顶棚	0.6	二级	二级	三级
连接	墙体连接件	1.2	一级	一级	二级
	饰面连接件	1.0	二级	二级	二级
	防火顶棚连接件	0.9	一级	二级	二级
	非防火顶棚连接件	0.6	二级	二级	三级
高于2.4m储物柜连接	货架（柜）文件柜	0.6	二级	二级	三级
	文物柜	1.0	一级	一级	二级
附属构件	女儿墙、小烟囱等	1.2	一级	二级	三级
	标志或广告牌等	1.2	一级	二级	二级
	挑檐、雨棚等	1.0	一级	二级	二级

注：存放重要文件柜的功能级别和类别系数应专门研究确定。

注：《非结构构件抗震设计规范》JGJ 339—2015 第4.1.2条规定。

3. 非结构构件的抗震验算

非结构构件的抗震验算，应符合下列规定：

（1）8 度且功能级别为一级、9 度且功能级别为一、二级的非结构构件，以及本规范各章有具体规定时，应进行抗震承载力验算。

（2）框架结构、部分框支抗震墙结构的框支层中，符合本条第 1 款规定的非结构构件，尚应按本规范第 3.3 节的规定进行地震作用下的抗震变形验算。

（3）本款第 1、2 款以外的情况，可不进行抗震验算。

注：《非结构构件抗震设计规范》JGJ 339—2015 第 3.1.1 条规定。

非结构构件及其与建筑结构的连接可仅进行水平地震作用下的计算分析，9 度时宜计入竖向地震作用。

注：《非结构构件抗震设计规范》JGJ 339—2015 第 3.1.2 条规定。

非结构构件的地震作用应施加于其重心，水平地震力应沿任一水平方向。

注：《非结构构件抗震设计规范》JGJ 339—2015 第 3.1.3 条规定。

非承重墙应按本规范第 3 章的规定进行抗震承载力验算，并应符合下列规定：

（1）围护墙、隔墙宜进行构件平面外和连接的验算。

（2）8 度、9 度时，功能级别为一级的楼、电梯隔墙和人流通道两侧脆性材料的隔墙，宜进行构件平面外和连接的验算。

注：《非结构构件抗震设计规范》JGJ 339—2015 第 4.2.2 条规定。

4. **非承重墙的概念设计**

非承重墙体的材料、选型和布置，应根据烈度、房屋高度、建筑体型、结构层间变形、墙体自身抗侧力性能的利用等因素确定，并应符合下列规定：

（1）非承重墙体宜优先采用轻质材料；采用砌体墙时，应采取措施减少对主体结构的不利影响，并应设置拉结筋、水平系梁、圈梁、构造柱等与主体结构可靠连接。

（2）刚性连接的非承重墙体布置，应避免使结构形成刚度和强度分布上的突变；非对称均匀布置时，应考虑地震扭转效应对结构的不利影响。

（3）非承重墙体与主体结构应有可靠的拉结，应能满足主体结构不同方向的层间变形的能力，与悬挑构件相连接时，尚应具有满足节点转动引起的竖向变形的能力。

（4）外墙板的连接件应具有满足设防烈度地震作用下主体结构层间变形的延性和转动能力。

（5）圆弧形外墙应加密构造柱，墙高中部宜设置钢筋混凝土现浇带或腰梁。

（6）应避免设备管线的集中设置对填充墙的削弱。

注：《非结构构件抗震设计规范》JGJ 339—2015 第 4.2.1 条规定。

5. **填充墙抗震措施**

钢筋混凝土结构中的填充墙，应符合下列规定：

（1）层间变形较大的框架结构和高层建筑，宜采用钢材或木材为龙骨的隔墙及轻质隔墙。

（2）砌体填充墙宜与主体结构采用柔性连接，当采用刚性连接时应符合下列规定：

① 填充墙在平面和竖向的布置，宜均匀对称，避免形成薄弱层或短柱。

② 砌体的砂浆强度等级不应低于 M5；实心块体的强度等级不宜低于 MU2.5，空心块体的强度等级不宜低于 MU3.5；墙顶应与框架梁密切结合。

③ 填充墙应沿框架柱全高每隔 500mm ～ 600mm 设 2ϕ6 拉筋，拉筋伸入墙内的长度，6、7 度时宜沿墙全长贯通，8、9 度时应全长贯通。

④ 墙长大于 5m 时，墙顶与梁宜有拉结；墙长超过 8m 或层高 2 倍时，宜设置钢筋混凝土构造柱，构造柱间距不宜大于 4m，框架结构底部两层的钢筋混凝土构造柱宜加密，填充墙开有宽度大于 2m 的门洞或窗洞时，洞边宜设置钢筋混凝土构造柱；墙高超过 4m 时，墙体半高宜设置与柱连接且沿墙全长贯通的钢筋混凝土水平系梁。

注：《非结构构件抗震设计规范》JGJ 339—2015 第 4.2.3 条规定。

6. 楼电梯间和人流通道处的墙体和饰面

楼电梯间和人流通道处的墙体和饰面应符合下列规定：

（1）楼梯间和人流通道处的填充墙，应采用钢丝网砂浆面层加强。

（2）楼梯踏步板底的饰面层，应与板底有可靠的粘结性能。

（3）电梯隔墙不应对主体结构产生不利影响，应避免地震时破坏导致电梯轿厢和配重运行导轨的变形。

注：《非结构构件抗震设计规范》JGJ 339—2015 第 4.2.7 条规定。

077　填充墙的位置应该如何选取？

1. 围护墙

（1）围护墙的位置应固定在基础、框架梁或边梁上。

（2）围护墙的自重应按永久荷载考虑。自重应取每延米墙重作用在梁上。

2. 隔墙

（1）对固定隔墙的自重应按永久荷载考虑。布置在梁上的固定隔墙自重按每延米墙重计算；布置在楼板上的固定隔墙可能有以下几种情况：

① 建筑布置的固定隔墙为永久固定，在设计使用年限内不会变动位置，如楼梯间隔墙、卫生间隔墙等，建议在砌块隔墙位置布置次梁；

② 建筑布置的固定隔墙为暂时固定，业态入住、二次装修可能变动位置，建议按可灵活布置的隔墙处理；

③ 建筑布置较多的暂时固定隔墙且分布较均匀时，布置次梁时梁端会出现多重支承，建议按等效均布活荷载考虑。

（2）当隔墙位置可灵活自由布置时，非固定隔墙的自重应取不小于 1/3 的每延米长墙重 (kN/m) 作为楼面活荷载的附加值（kN/m²）计入，且附加值不应小于 1.0kN/m²，但对于楼面活荷载大于 4.0kN/m² 的情况，不小于 0.5kN/m²。

（3）当荷载分布比较均匀时，主梁上的等效均布活荷载可由全部荷载总和除以全部受荷面积求得。

3.3　剪力墙结构

078　抗震墙结构应该如何布置？

抗震墙结构和部分框支抗震墙结构中的抗震墙设置，应符合下列要求：

（1）抗震墙的两端（不包括洞口两侧）宜设置端柱或与另一方向的抗震墙相连；框支部分落地墙的两端（不包括洞口两侧）应设置端柱或与另一方向的抗震墙相连。

（2）较长的抗震墙宜设置跨高比大于 6 的连梁形成洞口，将一道抗震墙分成长度较均匀的若干墙段，各墙段的高宽比不宜小于 3。

（3）墙肢的长度沿结构全高不宜有突变；抗震墙有较大洞口时，以及一、二级抗震墙的底部加强部位，洞口宜上下对齐。

（4）矩形平面的部分框支抗震墙结构，其框支层的楼层侧向刚度不应小于相邻非框支层楼层侧向刚度的 50%；框支层落地抗震墙间距不宜大于 24m，框支层的平面布置宜对称，且宜设抗震筒体；底层框架部分承担的地震倾覆力矩，不应大于结构总地震倾覆力矩的 50%。

注：《建筑抗震设计规范》GB 50011—2010（2016 年版）第 6.1.9 条规定。

079 高层建筑剪力墙结构应该如何布置？

剪力墙结构应具有适宜的侧向刚度，其布置应符合下列规定：

（1）平面布置宜简单、规则，宜沿两个主轴方向或其他方向双向布置，两个方向的侧向刚度不宜相差过大。抗震设计时，不应采用仅单向有墙的结构布置。

（2）宜自下到上连续布置，避免刚度突变。

（3）门窗洞口宜上下对齐、成列布置，形成明确的墙肢和连梁；宜避免造成墙肢宽度相差悬殊的洞口设置。抗震设计时，一、二、三级剪力墙的底部加强部位不宜采用上下洞口不对齐的错洞墙，全高均不宜采用洞口局部重叠的叠合错洞墙。

注：《高层建筑混凝土结构技术规程》JGJ 3—2010 第 7.1.1 条规定。

080 剪力墙墙段长度应该如何确定？

剪力墙不宜过长，较长剪力墙宜设置跨高比较大的连梁将其分成长度较均匀的若干墙段，各墙段的高度与墙段长度之比不宜小于 3，墙段长度不宜大于 8m。

注：《高层建筑混凝土结构技术规程》JGJ 3—2010 第 7.1.2 条规定。

081 楼面梁不宜支承在连梁上吗？

楼面梁不宜支承在剪力墙或核心筒的连梁上。

楼面梁支承在连梁上时，连梁产生扭转，一方面不能有效约束楼面梁，另一方面连梁受力十分不利，因此要尽量避免。楼板次梁等截面较小的梁支承在连梁上时，次梁端部可按铰接处理。

注：《高层建筑混凝土结构技术规程》JGJ 3—2010 第 7.1.5 条规定及条文说明。

082 当剪力墙与平面外相交的楼面梁刚接布置时，需要布置与梁同方向剪力墙、扶壁柱或在墙内设置暗柱吗？

当剪力墙或核心筒墙肢与其平面外相交的楼面梁刚接时，可沿楼面梁轴线方向设置与梁相连的剪力墙、扶壁柱或在墙内设置暗柱，并应符合下列规定：

（1）设置沿楼面梁轴线方向与梁相连的剪力墙时，墙的厚度不宜小于梁的截面宽度；

（2）设置扶壁柱时，其截面宽度不应小于梁宽，其截面高度可计入墙厚；

（3）墙内设置暗柱时，暗柱的截面高度可取墙的厚度，暗柱的截面宽度可取梁宽加 2 倍墙厚。

注：《高层建筑混凝土结构技术规程》JGJ 3—2010 第 7.1.6 条规定。

083　墙肢的截面高度与厚度之比不大于 3（或 4）时，宜按柱的有关要求进行设计吗？

抗震墙的墙肢长度不大于墙厚 3 倍时，应按柱的有关要求进行设计；矩形墙肢的厚度不大于 300mm 时，尚宜全高加密箍筋。

注：《建筑抗震设计规范》GB 50011—2010（2016 年版）第 6.4.6 条规定，

当墙肢的截面高度与厚度之比不大于 4 时，宜按框架柱进行截面设计。

注：《高层建筑混凝土结构技术规程》JGJ 3—2010 第 7.1.7 条规定。

084　什么是短肢剪力墙？短肢剪力墙应该如何布置？

（1）抗震设计时，高层建筑结构不应全部采用短肢剪力墙；B 级高度高层建筑以及抗震设防烈度为 9 度的 A 级高度高层建筑，不宜布置短肢剪力墙，不应采用具有较多短肢剪力墙的剪力墙结构。当采用具有较多短肢剪力墙的剪力墙结构时，应符合下列规定：

① 在规定的水平地震作用下，短肢剪力墙承担的底部倾覆力矩不宜大于结构底部总地震倾覆力矩的 50%；

② 房屋适用高度应比本规程表 3.3.1-1 规定的剪力墙结构的最大适用高度适当降低，7 度、8 度（0.2g）和 8 度（0.3g）时分别不应大于 100m、80m 和 60m。

注：1. 短肢剪力墙是指截面厚度不大于 300mm、各肢截面高度与厚度之比的最大值大于 4 但不大于 8 的剪力墙；

　　2. 具有较多短肢剪力墙的剪力墙结构是指，在规定的水平地震作用下，短肢剪力墙承担的底部倾覆力矩不小于结构底部总地震倾覆力矩的 30% 的剪力墙结构。

注：《高层建筑混凝土结构技术规程》JGJ 3—2010 第 7.1.8 条规定。

（2）不宜采用一字形短肢剪力墙，不宜在一字形短肢剪力墙上布置平面外与之相交的单侧楼面梁。

注：《高层建筑混凝土结构技术规程》JGJ 3—2010 第 7.2.2 条第 6 款规定。

3.4　框架 - 剪力墙结构

085　框架 - 抗震墙结构应该如何布置？

（1）框架-抗震墙结构和板柱-抗震墙结构中的抗震墙设置，宜符合下列要求：

① 抗震墙宜贯通房屋全高。

② 楼梯间宜设置抗震墙，但不宜造成较大的扭转效应。

③ 抗震墙的两端（不包括洞口两侧）宜设置端柱或与另一方向的抗震墙相连。

④ 房屋较长时，刚度较大的纵向剪力墙不宜设置在房屋的端开间。

⑤ 抗震墙洞口宜上下对齐，洞边距端柱不宜小于 300mm。

注：《建筑抗震设计规范》GB 50011—2010（2016 年版）第 6.1.8 条规定。

（2）楼面梁与抗震墙平面外连接时，不宜支承在洞口连梁上；沿梁轴线方向宜设置与梁连接的抗震墙，梁的纵筋应锚固在墙内；也可在支承梁的位置设置扶壁柱或暗柱，并应按计算确定其截面尺寸和配筋。

注：《建筑抗震设计规范》GB 50011—2010（2016 年版）第 6.5.3 条规定。

086 高层建筑框架 - 剪力墙结构应该如何布置？

（1）框架-剪力墙结构应设计成双向抗侧力体系；抗震设计时，结构两主轴方向均应布置剪力墙。

注：《高层建筑混凝土结构技术规程》JGJ 3—2010 第 8.1.5 条。

（2）框架-剪力墙结构中，主体结构构件之间除个别节点外不应采用铰接；梁与柱或柱与剪力墙的中线宜重合；框架梁、柱中心线之间有偏离时，应符合本规程第 6.1.7 条的有关规定。

注：《高层建筑混凝土结构技术规程》JGJ 3—2010 第 8.1.6 条规定。

（3）框架-剪力墙结构中剪力墙的布置宜符合下列规定：

① 剪力墙宜均匀布置在建筑物的周边附近、楼梯间、电梯间、平面形状变化及恒载较大的部位，剪力墙间距不宜过大；

② 平面形状凹凸较大时，宜在凸出部分的端部附近布置剪力墙；

③ 纵、横剪力墙宜组成 L 形、T 形和 [形等形式；

④ 单片剪力墙底部承担的水平剪力不应超过结构底部总水平剪力的 30%；

⑤ 剪力墙宜贯通建筑物的全高，宜避免刚度突变；剪力墙开洞时，洞口宜上下对齐；

⑥ 楼、电梯间等竖井宜尽量与靠近的抗侧力结构结合布置；

⑦ 抗震设计时，剪力墙的布置宜使结构各主轴方向的侧向刚度接近。

注：《高层建筑混凝土结构技术规程》JGJ 3—2010 第 8.1.7 条规定。

（4）长矩形平面或平面有一部分较长的建筑中，其剪力墙的布置尚宜符合下列规定：

① 横向剪力墙沿长度方向的间距宜满足表 086 的要求，当这些剪力墙之间的楼盖有较大开洞时，剪力墙的间距应适当减小；

② 纵向剪力墙不宜集中布置在房屋的两尽端。

剪力墙间距（m） 表 086

楼盖形式	非抗震设计（取较小值）	抗震设防烈度		
		6 度、7 度（较小值）	8 度（取较小值）	9 度（取较小值）
现浇	5.0B，60	4.0B，50	3.0B，40	2.0B，30
装配整体	3.5B，50	3.0B，40	2.5B，30	—

注：1. 表中 B 为剪力墙之间的楼盖宽度（m）；
　　2. 装配整体式楼盖的现浇层应符合本规程第 3.6.2 条的有关规定；
　　3. 现浇层厚度大于 60mm 的叠合楼板可作为现浇板考虑；
　　4. 当房屋端部未布置剪力墙时，第一片剪力墙与房屋端部的距离，不宜大于表中剪力墙间距的 1/2；
　　5. 依据《高层建筑混凝土结构技术规程》JGJ 3—2010 第 8.1.8 条规定。

3.5 板柱－剪力墙结构

087 板柱－抗震墙结构应该如何布置？

板柱-抗震墙的结构布置，尚应符合下列规定：

（1）抗震墙厚度不应小于 180mm，且不宜小于层高或无支长度的 1/20；房屋高度大于 12m 时，墙厚不应小于 200mm。

（2）房屋的周边应采用有梁框架，楼、电梯洞口周边宜设置边框梁。

（3）8 度时宜采用有托板或柱帽的板柱节点，托板或柱帽根部的厚度（包括板厚）不宜小于柱纵筋直径的 16 倍，托板或柱帽的边长不宜小于 4 倍板厚和柱截面对应边长之和。

（4）房屋的地下一层顶板，宜采用梁板结构。

注：《建筑抗震设计规范》GB 50011—2010（2016 年版）第 6.6.2 条规定。

088 高层建筑板柱－剪力墙结构应该如何布置？

板柱-剪力墙结构的布置应符合下列规定：

（1）应同时布置筒体或两主轴方向的剪力墙以形成双向抗侧力体系，并应避免结构刚度偏心，其中剪力墙或筒体应分别符合本规程第 7 章和第 9 章的有关规定，且宜在对应剪力墙或筒体的各楼层处设置暗梁。

（2）抗震设计时，房屋的周边应设置边梁形成周边框架，房屋的顶层及地下室顶板宜采用梁板结构。

（3）有楼、电梯间等较大开洞时，洞口周围宜设置框架梁或边梁。

（4）无梁板可根据承载力和变形要求采用无柱帽（柱托）板或有柱帽（柱托）板形式。柱托板的长度和厚度应按计算确定，且每方向长度不宜小于板跨度的 1/6，其厚度不宜小于板厚度的 1/4。7 度时宜采用有柱托板，8 度时应采用有柱托板，此时托板每方向长度尚不宜小于同方向柱截面宽度和 4 倍板厚之和，托板总厚度尚不应小于柱纵向钢筋直径的 16 倍。当无柱托板且无梁板受冲切承载力不足时，可采用型钢剪力架（键），此时板的厚度并不应小于 200mm。

（5）双向无梁板厚度与长跨之比，不宜小于表 088 的规定。

双向无梁板厚度与长跨的最小比值 　　　　　　　　　表 088

非预应力楼板		预应力楼板	
无柱托板	有柱托板	无柱托板	有柱托板
1/30	1/35	1/40	1/45

注：《高层建筑混凝土结构技术规程》JGJ 3—2010 第 8.1.9 条规定。

3.6 筒体结构

089 框架－核心筒结构应该如何布置？

框架-核心筒结构应符合下列要求：

（1）核心筒与框架之间的楼盖宜采用梁板体系;部分楼层采用平板体系时应有加强措施。

（2）除加强层及其相邻上下层外，按框架-核心筒计算分析的框架部分各层地震剪力的最大值不宜小于结构底部总地震剪力的 10%。当小于 10% 时，核心筒墙体的地震剪力应适当提高，边缘构件的抗震构造措施应适当加强;任一层框架部分承担的地震剪力不应小于结构底部总地震剪力的 15%。

（3）加强层设置应符合下列规定:

① 9 度时不应采用加强层;

② 加强层的大梁或桁架应与核心筒内的墙肢贯通;大梁或桁架与周边框架柱的连接宜采用铰接或半刚性连接;

③ 结构整体分析应计入加强层变形的影响;

④ 施工程序及连接构造上，应采取措施减小结构竖向温度变形及轴向压缩对加强层的影响。

注:《建筑抗震设计规范》GB 50011—2010（2016 年版）第 6.7.1 条规定。

090　框架-核心筒结构的核心筒、筒中筒结构的内筒应该如何布置?

框架-核心筒结构的核心筒、筒中筒结构的内筒，其抗震墙除应符合本规范第 6.4 节的有关规定外，尚应符合下列要求:

（1）抗震墙的厚度、竖向和横向分布钢筋应符合本规范第 6.5 节的规定;筒体底部加强部位及相邻上一层，当侧向刚度无突变时不宜改变墙体厚度。

（2）框架-核心筒结构一、二级筒体角部的边缘构件宜按下列要求加强:底部加强部位，约束边缘构件范围内宜全部采用箍筋，且约束边缘构件沿墙肢的长度宜取墙肢截面高度的 1/4，底部加强部位以上的全高范围内宜按转角墙的要求设置约束边缘构件。

（3）内筒的门洞不宜靠近转角。

注:《建筑抗震设计规范》GB 50011—2010（2016 年版）第 6.7.2 条规定。

091　楼面大梁不宜支承内筒连梁上吗?

（1）楼面大梁不宜支承在内筒连梁上。楼面大梁与内筒或核心筒墙体平面外连接时，应符合本规范第 6.5.3 条的规定。

注:《建筑抗震设计规范》GB 50011—2010（2016 年版）第 6.7.3 条规定。

（2）楼盖主梁不宜搁置在核心筒或内筒的连梁上。

注:《高层建筑混凝土结构技术规程》JGJ 3—2010 第 9.1.10 条规定。

092　核心筒或内筒的外墙与外框柱间的中距有要求吗?

核心筒或内筒的外墙与外框柱间的中距，非抗震设计大于 15m、抗震设计大于 12m 时，宜采取增设内柱等措施。

注:《高层建筑混凝土结构技术规程》JGJ 3—2010 第 9.1.5 条规定。

093　核心筒或内筒的外墙应该如何布置?

核心筒或内筒的外墙不宜在水平方向连续开洞，洞间墙肢的截面高度不宜小于 1.2m，当洞间墙肢的截面高度与厚度之比小于 4 时，宜按框架柱进行截面设计。

注：依据《高层建筑混凝土结构技术规程》JGJ 3—2010 第 9.1.8 条规定。

094　核心筒的宽度有要求吗？

核心筒宜贯通建筑物全高。核心筒的宽度不宜小于筒体总高的 1/12，当筒体结构设置角筒、剪力墙或增强结构整体刚度的构件时，核心筒的宽度可适当减小。

注：《高层建筑混凝土结构技术规程》JGJ 3—2010 第 9.2.1 条规定。

095　框架－核心筒结构必须形成周边框架吗？

框架-核心筒结构的周边柱间必须设置框架梁。

注：《高层建筑混凝土结构技术规程》JGJ 3—2010 第 9.2.3 条规定。

096　对内筒偏置的框架－核心筒结构应该如何设计？

对内筒偏置的框架-筒体结构，应控制结构在考虑偶然偏心影响的规定地震力作用下，最大楼层水平位移和层间位移不应大于该楼层平均值的 1.4 倍，结构扭转为主的第一自振周期 T_t 与平动为主的第一自振周期 T_1 之比不应大于 0.85，且 T_1 的扭转成分不宜大于 30%。

注：《高层建筑混凝土结构技术规程》JGJ 3—2010 第 9.2.5 条规定。

097　什么条件下宜采用框架－双筒结构？

当内筒偏置、长宽比大于 2 时，宜采用框架-双筒结构。

注：《高层建筑混凝土结构技术规程》JGJ 3—2010 第 9.2.6 条规定。

098　框架－双筒结构对楼板开洞有哪些要求？

当框架-双筒结构的双筒间楼板开洞时，其有效楼板宽度不宜小于楼板典型宽度的 50%，洞口附近楼板加厚，并应采用双层双向配筋，每层单向配筋率不应小于 0.25%；双筒间楼板宜按弹性板进行细化分析。

注：《高层建筑混凝土结构技术规程》JGJ 3—2010 第 9.2.7 条规定。

099　筒中筒结构的平面外形应该如何选取？

筒中筒结构的平面外形宜选用圆形、正多边形、椭圆形或矩形等，内筒宜居中。

注：《高层建筑混凝土结构技术规程》JGJ 3—2010 第 9.3.1 条规定。

100　筒中筒结构矩形平面的长宽比有要求吗？

矩形平面的长宽比不宜大于 2。

注：《高层建筑混凝土结构技术规程》JGJ 3—2010 第 9.3.2 条规定。

101　筒中筒结构内筒的宽度应该如何选取？

内筒的宽度可为高度的 1/12 ～ 1/15，如有另外的角筒或剪力墙时，内筒平面尺寸可适当减小。内筒宜贯通建筑物全高，竖向刚度宜均匀变化。

注：《高层建筑混凝土结构技术规程》JGJ 3—2010 第 9.3.3 条规定。

102　筒中筒结构三角形平面宜切角吗？

三角形平面宜切角，外筒的切角长度不宜小于相应边长的 1/8，其角部可设置刚度较大的角柱或角筒；内筒的切角长度不宜小于相应边长的 1/10，切角处的筒壁宜适当加厚。三角形平面切角后，空间受力性质会相应改善。

注：《高层建筑混凝土结构技术规程》JGJ 3—2010 第 9.3.4 条规定及条文说明。

103　外框筒应该如何布置？

外框筒应符合下列规定：

（1）柱距不宜大于 4m，框筒柱的截面长边应沿筒壁方向布置，必要时可采用 T 形截面；

（2）洞口面积不宜大于墙面面积的 60%，洞口高宽比宜与层高和柱距之比值相近；

（3）外框筒梁的截面高度可取柱净距的 1/4；

（4）角柱截面面积可取中柱的 1 ～ 2 倍。

注：《高层建筑混凝土结构技术规程》JGJ 3—2010 第 9.3.5 条规定。

104　筒体结构转换层应该如何进行抗震设计？

（1）筒体结构转换层的抗震设计应符合本规范附录 E 第 E.2 节的规定。

注：《建筑抗震设计规范》GB 50011—2010（2016 年版）第 6.7.5 条规定。

（2）当相邻层的柱不贯通时，应设置转换梁等构件。转换构件的结构设计应符合本规程第 10 章的有关规定。

注：《高层建筑混凝土结构技术规程》JGJ 3—2010 第 9.1.3 条规定。

（3）抗震设计时，带托柱转换层的筒体结构的外围转换柱与内筒、核心筒外墙的中距不宜大于 12m。

注：《高层建筑混凝土结构技术规程》JGJ 3—2010 第 10.2.26 条规定。

3.7　部分框支剪力墙结构

105　转换层的位置应该如何选取？

部分框支剪力墙结构在地面以上设置转换层的位置，8 度时不宜超过 3 层，7 度不宜超过 5 层，6 度时可适当提高。

注：《高层建筑混凝土结构技术规程》JGJ 3—2010 第 10.2.5 条规定。

106　部分框支剪力墙结构应该如何布置？

部分框支剪力墙结构的布置应符合下列规定：

（1）落地剪力墙和筒体底部墙体应加厚；

（2）框支柱周围楼板不应错层布置；

（3）落地剪力墙和筒体的洞口宜布置在墙体的中部；

（4）框支梁上一层墙体内不宜设置边门洞，也不宜在框支中柱上方设置门洞；

（5）落地剪力墙的间距 l 应符合下列规定：

① 非抗震设计时，l 不宜大于 3B 和 36m；

② 抗震设计时，当底部框支层为 1～2 层时，l 不宜大于 2B 和 24m；当底部框支层为 3 层及 3 层以上时，l 不宜大于 1.5B 和 20m；此处，B 为落地墙之间楼盖的平均宽度。

（6）框支柱与相邻落地剪力墙的距离，1～2 层框支层时不宜大于 12m，3 层及 3 层以上框支层时不宜大于 10m；

（7）框支框架承担的地震倾覆力矩应小于结构总地震倾覆力矩的 50%；

（8）当框支梁承托剪力墙并承托转换次梁及其上剪力墙时，应进行应力分析，按应力校核配筋，并加强构造措施。B 级高度部分框支剪力墙高层建筑的结构转换层，不宜采用框支主、次梁方案。

注：《高层建筑混凝土结构技术规程》JGJ 3—2010 第 10.2.16 条规定。

107 落地剪力墙墙肢不应出现小偏心受拉吗？

部分框支抗震墙结构的落地抗震墙墙肢不应出现小偏心受拉。

注：《建筑抗震设计规范》GB 50011—2010（2016 年版）第 6.2.7 条第 2 款规定。

108 部分框支剪力墙结构的落地剪力墙基础应该如何设计？

部分框支剪力墙结构的落地剪力墙基础应有良好的整体性和抗转动的能力。

注：《高层建筑混凝土结构技术规程》JGJ 3—2010 第 10.2.21 条规定。

3.8 上部结构的嵌固部位

109 底层应该如何选取？

（1）底层指计算嵌固端所在的层。

注：《建筑抗震设计规范》GB 50011—2010（2016 年版）第 6.1.3 条注。

（2）底层指无地下室的基础以上或地下室以上的首层。

注：《混凝土结构设计规范》GB 50010—2010（2015 年版）第 11.4.2 条注。

110 底部应该如何选取？

延性抗震墙一般控制在其底部即计算嵌固端以上一定高度范围内屈服、出现塑性铰。设计时，将墙体底部可能出现塑性铰的高度范围作为底部加强部位，提高其受剪承载力，加强其抗震构造措施，使其具有大的弹塑性变形能力，从而提高整个结构的抗地震倒塌能力。

注：《建筑抗震设计规范》GB 50011—2010（2016 年版）第 6.1.10 条文说明。

111 上部结构的嵌固部位应该如何选取？

上部结构的嵌固部位   表111

上部结构的嵌固部位		计算嵌固端	底层
地下室顶板		地下室顶板	首层
地下一层底板或以下		地下一层的底板或以下 / 地下室顶板包络	地下一层或以下 / 首层
基础顶面（有地下室）		基础顶面 / 地下室顶板包络	基础层 / 首层
基础顶面（无地下室）	埋置较浅	基础顶面	首层
	埋置较深	基础顶面 / 地下框架梁顶面包络	基础层 / 首层

112 柱根应该如何选取？

（1）柱根指底层柱下端箍筋加密区。

注:《建筑抗震设计规范》GB 50011—2010（2016年版）第6.3.7条注。

（2）柱根系指底层柱下端的箍筋加密区范围。

注:《混凝土结构设计规范》GB 50010—2010（2015年版）第11.4.12条注。

（3）柱根指框架柱底部嵌固部位。

注:《高层建筑混凝土结构技术规程》JGJ 3—2010第6.4.3条注。

113 柱根、底部嵌固层应该如何选取？

柱根、底部嵌固层   表113

上部结构的嵌固部位	柱根（底层柱下端箍筋加密区）	底部嵌固层
地下室顶板时	首层	地下一层
地下一层的底板或以下时	地下一层或以下 / 首层（实际存在嵌固作用）	地下二层或以下
基础顶面时（有地下室）	基础顶 / 首层（实际存在嵌固作用）	—
基础顶面时（无地下室）	基础顶 / 拉梁顶（实际存在嵌固作用）	—

注: 依据《建筑抗震设计规范》GB 50011—2010（2016年版）第6.3.7条、第6.1.14条规定，《高层建筑混凝土结构技术规程》JGJ 3—2010第3.5.2条、第6.4.3条规定，《混凝土结构设计规范》GB 50010—2010（2015年版）第11.4.12条。

3.9 结构缝

114 防震缝应该如何设置？

体型复杂、平立面不规则的建筑，应根据不规则程度、地基基础条件和技术经济等因素的比较分析，确定是否设置防震缝，并分别符合下列要求：

（1）当不设置防震缝时，应采用符合实际的计算模型，分析判明其应力集中、变形集中或地震扭转效应等导致的易损部位，采取相应的加强措施。

（2）当在适当部位设置防震缝时，宜形成多个较规则的抗侧力结构单元。防震缝应根据抗震设防烈度、结构材料种类、结构类型、结构单元的高度和高差以及可能的地震扭转效应的情况，留有足够的宽度，其两侧的上部结构应完全分开。

（3）当设置伸缩缝和沉降缝时，其宽度应符合防震缝的要求。

注：《建筑抗震设计规范》GB 50011—2010（2016 年版）第 3.4.5 条规定。

抗震设计时，高层建筑宜调整平面形状和结构布置，避免设置防震缝。体型复杂、平立面不规则的建筑，应根据不规则程度、地基基础条件和技术经济等因素的比较分析，确定是否设置防震缝。

注：《高层建筑混凝土结构技术规程》JGJ 3—2010 第 3.4.9 条规定。

115　防震缝宽度应该如何确定？

1. 钢筋混凝土房屋需要设置防震缝时

（1）防震缝宽度应分别符合下列要求：

① 框架结构（包括设置少量抗震墙的框架结构）房屋的防震缝宽度，当高度不超过 15m 时不应小于 100mm；高度超过 15m 时，6 度、7 度、8 度和 9 度分别每增加高度 5m、4m、3m 和 2m，宜加宽 20mm；

② 框架-抗震墙结构的防震缝宽度不应小于本款①项规定数值的 70%，抗震墙结构房屋的防震缝宽度不应小于本款①项规定数值的 50%，且均不宜小于 100mm；

③ 防震缝两侧结构类型不同时，宜按需要较宽防震缝的结构类型和较低房屋高度确定缝宽。

（2）8、9 度框架结构房屋防震缝两侧结构层高相差较大时，防震缝两侧框架柱的箍筋应沿房屋全高加密，并可根据需要在缝两侧沿房屋全高各设置不少于两道垂直于防震缝的抗撞墙。抗撞墙的布置宜避免加大扭转效应，其长度可不大于 1/2 层高，抗震等级可同框架结构；框架构件的内力应按设置和不设置抗撞墙两种计算模型的不利情况取值。

注：《建筑抗震设计规范》GB 50011—2010（2016 年版）第 6.1.4 条规定。

2. 高层建筑设置防震缝时

（1）防震缝宽度应符合下列规定：

① 框架结构房屋，高度不超过 15m 时不应小于 100mm；超过 15m 时，6 度、7 度、8 度和 9 度分别每增加高度 5m、4m、3m 和 2m，宜加宽 20mm；

② 框架-剪力墙结构的房屋不应小于本款①项规定数值的 70%，剪力墙结构房屋不应小于本款①项规定数值的 50%，且二者均不宜小于 100mm；

（2）防震缝两侧结构体系不同时，防震缝宽度应按不利的结构类型确定；

（3）防震缝两侧的房屋高度不同时，防震缝宽度可按较低的房屋高度确定；

（4）8、9 度抗震设计的框架结构房屋，防震缝两侧结构层高相差较大时，防震缝两侧框架柱的箍筋应沿房屋全高加密，并可根据需要沿房屋全高在缝两侧各设置不少于两道垂直于防震缝的抗撞墙；

（5）当相邻结构的基础存在较大沉降差时，宜增大防震缝的宽度；

（6）防震缝宜沿房屋全高设置，地下室、基础可不设防震缝，但在与上部防震缝对应处应加强构造和连接。

（7）结构单元之间或主楼与裙房之间不宜采用牛腿托梁的做法设置防震缝，否则应采取可靠措施。

注：《高层建筑混凝土结构技术规程》JGJ 3—2010 第3.4.10条规定。

116 防震缝宽度应该如何选取？

防震缝净宽度原则上应大于两侧结构允许的地震水平位移之和。

注：《高层建筑混凝土结构技术规程》JGJ 3—2010 第3.4.10条文说明。

（1）房屋高度不超过15m时防震缝宽度计算见表116-1。

高度不超过15m时防震缝宽度计算表　　　　　　　　　表116-1

结构类型	层间位移角限值	层间位移（$H \leqslant 15m$）	计算防震缝宽度（防碰撞间隙50mm）	规范限值
框架结构	1/550	27.3mm	104.6mm	100mm
框架-剪力墙结构	1/800	18.8mm	87.6mm	100mm
剪力墙结构	1/1000	15.0mm	80.0mm	100mm

（2）房屋高度超过15m时，设防烈度6度防震缝宽度计算见表116-2。

设防烈度6度防震缝宽度计算表　　　　　　　　　表116-2

房屋高度 H（m）	结构类型							
	框架结构		框架-剪力墙结构			剪力墙结构		
	计算值（mm）	规范值（mm）	计算值（mm）	规范值1（mm）	规范值2（mm）	计算值（mm）	规范值1（mm）	规范值2（mm）
15	104.5	100.0	87.5	100.0	100.0	80.0	100.0	100.0
20	122.7	120.0	100.0	100.0	114.0	90.0	100.0	110.0
25	140.9	140.0	112.5	100.0	128.0	100.0	100.0	120.0
30	159.1	160.0	125.0	112.0	142.0	110.0	100.0	130.0
35	177.3	180.0	137.5	126.0	156.0	120.0	100.0	140.0
40	195.5	200.0	150.0	140.0	170.0	130.0	100.0	150.0
45	213.6	220.0	162.5	154.0	184.0	140.0	110.0	160.0
50	231.8	240.0	175.0	168.0	198.0	150.0	120.0	170.0
55	250.0	260.0	187.5	182.0	212.0	160.0	130.0	180.0
60	268.2	280.0	200.0	196.0	226.0	170.0	140.0	190.0

注：1. 计算值为按层间位移角计算层间位移加防碰撞间隙50mm。
　　2. 规范值1为框架-剪力墙结构和剪力墙结构的防震缝宽度分别按框架规定的70%和50%，且均不宜小于100mm。
　　3. 规范值2为15m以下防震缝宽度100mm为定值，超过15m高度框架-剪力墙结构的防震缝宽度按框架规定的70%增加，剪力墙结构的防震缝宽度按框架规定的50%增加。

（3）房屋高度超过 15m 时，设防烈度 7 度防震缝宽度计算见表 116-3。

设防烈度 7 度防震缝宽度计算表（mm）　　　　　　表 116-3

房屋高度 H（m）	结构类型							
	框架结构		框架-剪力墙结构			剪力墙结构		
	计算值	规范值	计算值	规范值 1	规范值 2	计算值	规范值 1	规范值 2
15	104.5	100.0	87.5	100.0	100.0	80.0	100.0	100.0
19	119.1	120.0	97.5	100.0	114.0	88.0	100.0	110.0
23	133.6	140.0	107.5	100.0	128.0	96.0	100.0	120.0
27	148.2	160.0	117.5	112.0	142.0	104.0	100.0	130.0
31	162.7	180.0	127.5	126.0	156.0	112.0	100.0	140.0
35	177.3	200.0	137.5	140.0	170.0	120.0	100.0	150.0
39	191.8	220.0	147.5	154.0	184.0	128.0	110.0	160.0
43	206.4	240.0	157.5	168.0	198.0	136.0	120.0	170.0
47	220.9	260.0	167.5	182.0	212.0	144.0	130.0	180.0
50	231.8	280.0	175.0	196.0	226.0	150.0	140.0	190.0

（4）房屋高度超过 15m 时，设防烈度 8 度防震缝宽度计算见表 116-4。

设防烈度 8 度防震缝宽度计算表（mm）　　　　　　表 116-4

房屋高度 H（m）	结构类型							
	框架结构		框架-剪力墙结构			剪力墙结构		
	计算值	规范值	计算值	规范值 1	规范值 2	计算值	规范值 1	规范值 2
15	104.5	100.0	87.5	100.0	100.0	80.0	100.0	100.0
18	115.5	120.0	95.0	100.0	114.0	86.0	100.0	110.0
21	126.4	140.0	102.5	100.0	128.0	92.0	100.0	120.0
24	137.3	160.0	110.0	112.0	142.0	98.0	100.0	130.0
27	148.2	180.0	117.5	126.0	156.0	104.0	100.0	140.0
30	159.1	200.0	125.0	140.0	170.0	110.0	100.0	150.0
33	170.0	220.0	132.5	154.0	184.0	116.0	110.0	160.0
35	177.3	233.3	137.5	163.3	193.3	120.0	116.7	166.7
36	180.9	240.0	140.0	168.0	198.0	122.0	120.0	170.0
39	191.8	260.0	147.5	182.0	212.0	128.0	130.0	180.0
40	195.5	266.7	150.0	186.7	216.7	130.0	133.3	183.3

（5）房屋高度超过 15m 时，设防烈度 9 度防震缝宽度计算见表 116-5。

设防烈度 9 度防震缝宽度计算表（mm）　　　　　　　表 116-5

房屋高度 H （m）	结构类型							
	框架结构		框架-剪力墙结构			剪力墙结构		
	计算值	规范值	计算值	规范值 1	规范值 2	计算值	规范值 1	规范值 2
15	104.5	100.0	87.5	100.0	100.0	80.0	100.0	100.0
17	111.8	120.0	92.5	100.0	114.0	84.0	100.0	110.0
19	119.1	140.0	97.5	100.0	128.0	88.0	100.0	120.0
21	126.4	160.0	102.5	112.0	142.0	92.0	100.0	130.0
23	133.6	180.0	107.5	126.0	156.0	96.0	100.0	140.0
24	137.3	190.0	110.0	133.0	163.0	98.0	100.0	145.0

117　伸缩缝应该如何设置？

（1）混凝土结构的伸（膨胀）缝、缩（收缩）缝合称伸缩缝。伸缩缝是结构缝的一种，目的是为了减小由于温差（早期水化热或使用期季节温差）和体积变化（施工期或使用早期的混凝土收缩）等间接作用效应积累的影响，将混凝土结构分割为较小的单元，避免引起较大的约束应力和开裂。

（2）伸缩缝的最大间距见表 117。

现浇混凝土结构伸缩缝的最大间距　　　　　　　　表 117

结构体系	最大间距	伸缩缝间距适当减小情况	伸缩缝间距适当增大措施
框架结构	55m	1. 位于气候干燥地区、夏季炎热且暴雨频繁地区的结构或经常处于高温作用下的结构； 2. 采用滑模类工艺施工的各类墙体结构； 3. 混凝土材料收缩较大，施工外露时间较长的结构	1. 采取减小混凝土收缩或温度变化的措施； 2. 采用专门的预加应力或增配构造钢筋的措施； 3. 采用低收缩混凝土材料，采用跳仓浇筑、后浇带、控制缝等施工方法，并加强施工养护
框架-剪力墙结构、框架-核心筒结构	50m		
剪力墙结构	45m		

注：现浇挑檐、雨罩等外露结构的局部伸缩缝间距不宜大于 12m。

当伸缩缝间距增大较多时，尚应考虑温度变化和混凝土收缩对结构的影响。

（3）当设置伸缩缝时，框架、排架结构的双柱基础可不断开。

注：依据《混凝土结构设计规范》GB 50010—2010（2015 年版）第 8.1.1 条、第 8.1.2 条、第 8.1.3 条、第 8.1.4 条规定。

118　沉降缝应该如何设置？

（1）建筑物的下列部位，宜设置沉降缝：

①建筑平面的转折部位；

②高度差异或荷载差异处；

③ 长高比过大的砌体承重结构或钢筋混凝土框架结构的适当部位；

④ 地基土的压缩性有显著差异处；

⑤ 建筑结构或基础类型不同处；

⑥ 分期建造房屋的交界处。

（2）沉降缝应有足够的宽度，沉降缝宽度可按表 118 选用。

房屋沉降缝的宽度 表 118

房屋层数	沉降缝宽度（mm）
二～三	50～80
四～五	80～120
五层以上	不小于 120

注：依据《建筑地基基础设计规范》GB 50007—2011 第 7.3.2 条规定。

119 相邻建筑物基础间的净距应该如何确定？

相邻建筑物基础间的净距，可按表 119 选用。

相邻建筑物基础间的净距（m） 表 119

影响建筑的预估平均沉降量 s（mm）	$2.0 \leqslant \frac{L}{H_f} < 3.0$	$3.0 \leqslant \frac{L}{H_f} < 5.0$
70～150	2～3	3～6
160～250	3～6	6～9
260～400	6～9	9～12
＞400	9～12	不小于 12

注：1. 表中 L 为建筑物长度或沉降缝分隔的单元长度（m）；H_f 为自基础底面标高算起的建筑物高度（m）；
2. 当被影响建筑的长高比为 $1.5 < L/H_f < 2.0$ 时，其间净距可适当缩小。
3. 依据《建筑地基基础设计规范》GB 50007—2011 第 7.3.3 条规定。

第4章　结构构件截面构造和纵向钢筋构造

4.1　柱的截面尺寸

120　柱截面的最小宽度和高度应该如何选取？

柱截面的最小宽度和高度　　　　　　　表 120

层数及柱截面类型		抗震等级	
		一、二、三级	四级
≤2 层	矩形柱	不宜小于 300mm	
	圆柱	不宜小于 350mm	
>2 层	矩形柱	不宜小于 400mm	不宜小于 300mm
	圆柱	不宜小于 450mm	不宜小于 350mm
转换柱		柱截面宽度，非抗震设计时不宜小于 400mm，抗震设计时不应小于 450mm；截面高度，非抗震设计时（抗震设计时）不宜小于 $l/15$（12）（l 为转换梁跨度）	
端柱（边框柱）		端柱（边框柱）截面宜与同层框架柱（该榀框架其他柱的截面）相同	
当剪力墙或核心筒墙肢与平面外相交的楼面梁刚接时	扶壁柱	截面宽度不应小于梁宽，其截面高度可计入墙厚	
	暗柱	截面宽度可取梁宽加 2 倍墙厚，截面高度可取墙的厚度	

注：依据《建筑抗震设计规范》GB 50011—2010（2016 年版）第 6.3.5 条、第 6.5.1 条规定，《混凝土结构设计规范》GB 50010—2010（2015 年版）第 11.4.11 条规定，《高层建筑混凝土结构技术规程》JGJ 3—2010 第 6.4.1 条、第 7.1.6 条、第 8.2.2 条、第 10.2.11 条规定。

121　柱剪跨比应该如何选取？

柱剪跨比宜大于 2，详见表 121。

柱剪跨比　　　　　　　表 121

剪跨比	柱净高与截面高度的比值
$\lambda > 2$	$H_n/(2h_0) > 2$，长柱，一般发生弯曲破坏
$1.5 \leqslant \lambda \leqslant 2$	$1.5 \leqslant H_n/(2h_0) \leqslant 2$，短柱，发生粘结型剪切破坏和对角斜拉型剪切破坏，减少这种脆性破坏，需采取构造措施
$\lambda < 1.5$	$H_n/(2h_0) < 1.5$，极短柱，发生对角斜拉型剪切破坏，减少这种脆性破坏，需采取特殊构造措施

注：依据《建筑抗震设计规范》GB 50011—2010（2016 年版）第 6.3.5 条规定，《混凝土结构设计规范》GB 50010—2010（2015 年版）第 11.4.11 条规定和第 11.4.13 条文说明，《高层建筑混凝土结构技术规程》JGJ 3—2010 第 6.4.1 条规定。

122 柱截面的高宽比应该如何选取？

柱截面的长边与短边比（高宽比）不宜大于3。

注：依据《建筑抗震设计规范》GB 50011—2010（2016 年版）第 6.3.5 条规定，《混凝土结构设计规范》GB 50010—2010（2015 年版）第 11.4.11 条规定，《高层建筑混凝土结构技术规程》JGJ 3—2010 第 6.4.1 条规定。

4.2 梁的截面尺寸

123 梁截面最小宽度应该如何选取？

梁截面最小宽度　　　　　　　　　　表123

分类		最小宽度
框架梁		不宜小于 200mm
柱下独立承台连系梁		不应小于 250mm
转换梁	托柱转换梁	不应小于其上所托柱在梁宽方向的截面宽度
	框支转换梁	不宜大于框支柱相应方向的截面宽度，且不宜小于其上墙体厚度的 2 倍和 400mm 的较大值
深梁		不应小于 140mm
暗梁	框架-剪力墙	与墙厚相同
	板柱-剪力墙	无柱帽平板应在柱上板带中设构造暗梁，暗梁宽度可取柱宽及柱两侧各不大于 1.5 倍板厚

注：依据《建筑抗震设计规范》GB 50011—2010（2016 年版）第 6.3.1 条、第 6.6.4 条规定，《高层建筑混凝土结构技术规程》JGJ 3—2010 第 6.3.1 条、第 8.2.2 条、第 10.2.8 条规定，《混凝土结构设计规范》GB 50010—2010（2015 年版）第 11.3.5 条、第 G.0.7 条规定，《建筑地基基础设计规范》GB 50007—2011 第 8.5.23 条规定。

124 梁截面的高宽（厚）比应该如何选取？

梁截面高宽（厚）比　　　　　　　　表124

分类		截面高宽（厚）比
框架梁		截面高宽比不宜大于 4
深梁	$1 \leqslant l_0/h < 2$（简支单跨）、$1 \leqslant l_0/h < 2.5$（多跨连续）	h/b 不宜大于 25（高厚比）
	$l_0/h < 1$	l_0/b 不宜大于 25（跨厚比）

注：依据《建筑抗震设计规范》GB 50011—2010（2016 年版）第 6.3.1 条规定，《混凝土结构设计规范》GB 50010—2010（2015 年版）第 2.1.12 条、第 11.3.5 条、第 G.0.7 条规定，《高层建筑混凝土结构技术规程》JGJ 3—2010 第 6.3.1 条规定。

125　梁的截面高度或跨高比应该如何选取？

梁截面高度或跨高比　　　　　　　　　表 125

分类		梁截面高度或跨高比
框架梁		主梁截面高度可按计算跨度的 1/10 ～ 1/18 确定
外框筒梁		截面高度可取柱净距的 1/4
柱下独立承台连系梁		梁的高度可取承台中心距的 1/10 ～ 1/15，且不小于 400mm
转换梁		截面高度不宜小于计算跨度的 1/8
深梁		跨高比小于 2 的简支单跨梁或跨高比小于 2.5 的多跨连续梁
连梁		跨高比小于 5 的连梁，跨高比不小于 5 的连梁（宜按框架梁设计），弱连梁其跨高比一般宜大于 6
暗梁（框架-剪力墙结构）	多层	截面高度不宜小于墙厚和 400mm 的较大值
	高层	截面高度可取墙厚的 2 倍或与该榀框架梁截面等高

注：依据《高层建筑混凝土结构技术规程》JGJ 3—2010 第 6.3.1 条、第 7.1.3 条、第 8.2.2 条、第 9.3.5 条、第 10.2.8 条规定，《混凝土结构设计规范》GB 50010—2010（2015 年版）第 2.1.12 条规定，《建筑地基基础设计规范》GB 50007—2011 第 8.5.23 条规定，《建筑抗震设计规范》GB 50011—2010（2016 年版）第 6.5.1 条规定。

126　梁的净跨高比应该如何选取？

净跨与截面高度之比不宜小于 4。

注：《建筑抗震设计规范》GB 50011—2010（2016 年版）第 6.3.1 条规定，《混凝土结构设计规范》GB 50010—2010（2015 年版）第 11.3.5 条规定，《高层建筑混凝土结构技术规程》JGJ 3—2010 第 6.3.1 条规定。

4.3　剪力墙的厚度、类型、厚高比和边缘构件截面尺寸

127　剪力墙结构剪力墙的最小厚度应该如何选取？

剪力墙结构剪力墙的最小厚度（mm）　　　　　表 127

抗震等级	有端柱或翼墙		无端柱或翼墙		高层建筑一字形独立剪力墙	
	底部加强部位	其他部位	底部加强部位	其他部位	底部加强部位	其他部位
一、二级	不应小于 200 且不宜小于层高或无支长度的 1/16	不应小于 160 且不宜小于层高或无支长度的 1/20	不宜小于层高或无支长度的 1/12	不宜小于层高或无支长度的 1/16	不应小于 220mm	不应小于 180mm
三、四级	不应小于 160 且不宜小于层高或无支长度的 1/20	不应小于 140（高层建筑 160）且不宜小于层高或无支长度的 1/25	不宜小于层高或无支长度的 1/16	不宜小于层高或无支长度的 1/20	尚不应小于 180	不应小于 160

注：依据《建筑抗震设计规范》GB 50011—2010（2016 年版）第 6.4.1 条规定，《混凝土结构设计规范》GB 50010—2010（2015 年版）第 11.7.12 条规定，《高层建筑混凝土结构技术规程》JGJ 3—2010 第 7.2.1 条规定。

128 高层建筑电梯井或管道井的分隔墙厚度应该如何选取？

剪力墙井筒中，分隔电梯井或管道井的墙肢截面厚度可适当减小，但不宜小于160mm。

注：依据《高层建筑混凝土结构技术规程》JGJ 3—2010 第7.2.1 条规定。

129 短肢剪力墙截面最小厚度应该如何选取？

短肢剪力墙截面最小厚度 表129

抗震等级	短肢剪力墙		一字形短肢剪力墙（不宜采用）	
	底部加强部位	其他部位	底部加强部位	其他部位
一、二级	尚不应小于200mm	尚不应小于180mm	不应小于220mm	不应小于180mm
三、四级	尚不应小于200mm	尚不应小于180mm	尚不应小于200mm	尚不应小于180mm

注：依据《高层建筑混凝土结构技术规程》JGJ 3—2010 第7.2.1 条、第7.2.2 条规定。

130 框架–剪力墙、板柱–剪力墙、框架–核心筒、筒中筒结构剪力墙的最小厚度应该如何选取？

框架-剪力墙、板柱-剪力墙、框架-核心筒、筒中筒结构剪力墙的最小厚度 表130

结构类型	底部加强部位	其他部位
框架-剪力墙结构 框架-核心筒结构 筒中筒结构	不应小于200mm且不宜小于层高或无支长度的1/16。筒体底部加强部位及其上一层（当侧向刚度无突变时）不宜改变墙体厚度	不应小于160mm且不宜小于层高或无支长度的1/20。筒体外墙厚度不应小于200mm，内墙厚度不应小于160mm，必要时可设置扶壁柱或扶壁墙
板柱-剪力墙结构	不应小于180mm，且不宜小于层高或无支长度的1/20；房屋高度大于12m时，墙厚不应小于200mm	

注：依据《建筑抗震设计规范》GB 50011—2010（2016 年版）第6.5.1 条、第6.6.2 条、第6.7.2 条规定，《混凝土结构设计规范》GB 50010—2010（2015 年版）11.7.12 条规定，《高层建筑混凝土结构技术规程》JGJ 3—2010 第8.2.2 条、第9.1.7 条规定。

131 竖向构件应该如何进行分类？

竖向构件分类 表131

长边与短边比（截面高度与厚度比）a		竖向构件类别
$a \leqslant 3$		柱
$a > 4$	$4 < a \leqslant 8$（$b_w \leqslant 300$）	剪力墙 短肢剪力墙
	$a > 8$	一般剪力墙
$a \leqslant 3$ 多层（$a \leqslant 4$ 高层）	小墙肢	应按柱的有关要求进行（宜按框架柱进行截面）设计。核心筒或内筒的小墙肢应控制最小截面高度，并按柱的抗震构造要求配置箍筋和纵向钢筋

注：依据《建筑抗震设计规范》GB 50011—2010（2016 年版）第6.3.5 条、第6.4.6 条规定，《混凝土结构设计规范》GB 50010—2010（2015 年版）9.4.1 条规定，《高层建筑混凝土结构技术规程》JGJ 3—2010 第7.1.7 条、第7.1.8 条、第9.1.8 条规定。

132　剪力墙应该如何进行分类？

剪力墙的类型　　　　　　　　　　　表132-1

剪力墙的类型		按以下条件进行判别
墙面开洞大小分类	整截面墙	墙面洞口面积与墙面积之比≤0.16，洞口之间或洞口边至墙边的距离大于洞口长边尺寸
	整体小开口墙	剪力墙由成列洞口划分成若干墙肢，各列墙肢和连梁的刚度比较均匀，整体性系数 $\alpha \geqslant 10$，$I_n/I \leqslant \zeta$
	壁式框架	剪力墙开洞较大，整体性系数 $\alpha \geqslant 10$ 和 $I_n/I > \zeta$
	联肢墙	整体性系数 $\alpha < 10$ 和 $I_n/I \leqslant \zeta$
墙肢分类	一般剪力墙	截面高度与厚度之比大于8
	短肢剪力墙	截面厚度不大于300mm，各肢截面高度与厚度之比的最大值大于4但不大于8
	一字形独立剪力墙	当墙肢的两端无端柱或翼墙、墙肢两端为非连梁（$l/h \geqslant 5$）、墙肢一端为连梁（$l/h < 5$）另一端无翼墙或端柱时
	一字形短肢剪力墙	同时满足短肢剪力墙和一字形独立剪力墙
	小墙肢	墙肢的截面高度与厚度之比不大于3，或4（高层建筑）
高宽比分类	细高的剪力墙	墙段的高度与墙段的长度之比大于3
	矮剪力墙	墙段的高度与墙段的长度之比小于2
结构类型分类	带边框剪力墙	框架-剪力墙结构中，剪力墙端带边框柱并在楼层带边框梁或暗梁
	框支剪力墙	部分框支剪力墙结构中，有框支梁上承托的上部剪力墙
洞口位置分类	错洞剪力墙	上下洞口位置不对齐的剪力墙，一般洞口错开不小于2m
	叠合错洞剪力墙	上下洞口位置局部重叠的剪力墙
房屋高度分类	多层建筑	房屋高度不大于24m
	高层建筑	房屋高度大于28m的住宅建筑以及房屋高度大于24m的其他高层民用建筑

注：1. 依据《高层建筑混凝土结构技术规程》JGJ 3—2010第7.1.1条、第7.1.2条、第7.1.7条、第7.1.8条、第7.2.1条、第8.2.2条、第10.2.1条规定。
2. 墙面开洞大小分类参考《建筑结构设计资料集3（混凝土结构分册）》第8章。
3. I 为剪力墙对组合截面形心的惯性，I_n 为扣除墙肢惯性矩后的剪力墙惯性矩，ζ 为系数，可根据建筑层数 n 和整体性系数 α 从表132-2查得。

系数 ζ 的数值　　　　　　　　　　　表132-2

整体性系数 α	层数 n					
	8	10	12	16	20	$\geqslant 30$
10	0.886	0.948	0.975	1.000	1.000	1.000

续表

整体性系数 α	层数 n					
	8	10	12	16	20	≥30
12	0.886	0.924	0.950	0.994	1.000	1.000
14	0.853	0.908	0.934	0.978	1.000	1.000
16	0.844	0.896	0.923	0.964	0.988	1.000
18	0.836	0.888	0.914	0.952	0.978	1.000
20	0.831	0.880	0.906	0.945	0.970	1.000
22	0.827	0.875	0.901	0.940	0.965	1.000
24	0.824	0.871	0.897	0.936	0.960	0.989
26	0.822	0.867	0.894	0.932	0.955	0.986
28	0.820	0.864	0.890	0.929	0.952	0.982
≥30	0.818	0.861	0.887	0.926	0.950	0.979

注：选自《建筑结构设计资料集3（混凝土结构分册）》第8章表8.1.1。

（1）整体性系数

① 双肢剪力墙 $\alpha = H\sqrt{\dfrac{12I_b a^2}{h(I_1+I_2)L_b^3} \times \dfrac{I}{I_n}}$

② 多肢剪力墙 $\alpha = H\sqrt{\dfrac{12}{\tau h \sum\limits_{j=1}^{m+1} I_j} \sum\limits_{j=1}^{m} \dfrac{I_{bj} a_j^2}{L_j^3}}$，其中 $I_n = I - \sum\limits_{j=1}^{m} I_j$，$I_{bj} = \dfrac{I_{bj0}}{1 + \dfrac{30\mu I_{bj0}}{A_{bj} L_j^2}}$

（2）符号

I_1、I_2——墙肢1、墙肢2的惯性矩；

I_{bj0}（I_b）——第 j 列（双肢）连梁截面惯性矩；

μ——梁截面形状系数，矩形截面时 $\mu = 1.2$；

I_j——第 j 墙肢的惯性矩；

m——洞口列数；

h——层高；

a_j（a）——第 j 列洞口两侧墙肢（双肢）形心间距离；

H——剪力墙总高度；

L_j（L_b）——第 j 列洞口（双肢）连梁计算跨度；

A_{bj}——j 列连梁的截面面积；

τ——系数，当 $3 \sim 4$ 个墙肢时取 0.8，$5 \sim 7$ 个墙肢时取 0.85，8 个以上墙肢时取 0.9。

133 剪力墙最小厚高比应该如何选取？

剪力墙最小厚高比 表133

墙肢轴压比 λ	墙肢计算长度系数 β	混凝土强度等级							
		C25	C30	C35	C40	C45	C50	C55	C60
0.20	≤1	1/34	1/32	1/31	1/29	1/28	1/27	1/26	1/26
0.25	≤1	1/31	1/29	1/27	1/26	1/25	1/24	1/24	1/23
0.30	≤1	1/28	1/26	1/25	1/24	1/23	1/22	1/22	1/21
0.35	≤1	1/26	1/24	1/23	1/22	1/21	1/21	1/20	1/19
0.40	≤1	1/24	1/23	1/22	1/21	1/20	1/19	1/19	1/18
0.45	≤1	1/23	1/22	1/20	1/19	1/19	1/18	1/18	1/17
0.50	≤1	1/22	1/20	1/19	1/18	1/18	1/17	1/17	1/16
0.55	≤1	1/21	1/20	1/19	1/18	1/17	1/16	1/16	1/15
0.60	≤1	1/20	1/19	1/18	1/17	1/16	1/16	1/15	1/15

注：1. 等效竖向均布荷载设计值：$q \leqslant E_c t^3 / 10 l_0{}^2$；墙肢轴压比 $\lambda = q/f_c t$；墙肢计算长度：$l_0 = \beta h$；剪力墙最小厚高比：$t/h = \beta/(E_c/10 f_c \lambda)^{0.5}$。
2. 依据《高层建筑混凝土结构技术规程》JGJ 3—2010 附录 D 第 D.0.1 条规定。

134 构造边缘构件截面尺寸应该如何选取？

构造边缘构件截面尺寸 表134

分类	截面尺寸	
	宽度	高度
暗柱	$\geqslant b_w$ 且 $\geqslant 400mm$	b_w
转角墙	$\geqslant b_f + 200mm$，$\geqslant 400mm$（$\geqslant b_f + 300mm$ 高层）	$\geqslant b_w + 200mm$，$\geqslant 400mm$（$\geqslant b_w + 300mm$ 高层）
翼墙	$\geqslant b_w$，$\geqslant b_f$，且 $\geqslant 400mm$（$\geqslant b_f + 300mm$ 高层）	b_w
端柱	b_c	h_c

注：依据《建筑抗震设计规范》GB 50011—2010（2016 年版）第 6.4.5 条，《混凝土结构设计规范》GB 50010—2010（2015 年版）第 11.7.19 条规定，《高层建筑混凝土结构技术规程》JGJ 3—2010 第 7.2.16 条规定。

135 约束边缘构件的截面尺寸应该如何选取？

约束边缘构件截面尺寸 表135

分类	截面尺寸			
	阴影区宽度	沿墙肢长度	阴影区高度	沿墙肢长度
暗柱	（b_w，$l_c/2$）且 $\geqslant 400mm$	l_c	b_w	—

续表

分类	截面尺寸			
	阴影区宽度	沿墙肢长度	阴影区高度	沿墙肢长度
转角墙	b_f+（b_w 且 $\geqslant 300mm$）	l_c	b_w+（b_f 且 $\geqslant 300mm$）	l_c
翼墙	b_f+（b_w 且 $\geqslant 300mm$）	l_c	（b_f 且 $\geqslant 300mm$）$+b_w+$（b_f 且 $\geqslant 300mm$）	$2b_f+b_w+2b_f$
端柱	$b_c+300mm$，$b_c \geqslant 2b_w$	l_c	$h_c \geqslant 2b_w$	—

注：依据《建筑抗震设计规范》GB 50011—2010（2016 年版）第 6.4.5 条，《混凝土结构设计规范》GB 50010—2010（2015 年版）第 11.7.18 条规定，《高层建筑混凝土结构技术规程》JGJ 3—2010 第 7.2.15 条规定。

136 地下室外墙和内墙厚度应该如何选取？

地下室外墙和内墙厚度 表 136

分类			厚度或截面高厚比
筏形基础	外墙	墙下设基础梁	不应小于 250mm
		墙下不设基础梁（深梁）：$1 \leqslant l_0/h < 2$（简支单跨）、$1 \leqslant l_0/h < 2.5$（多跨连续）	$h/b \leqslant 25$ 且 $\geqslant 250mm$
	内墙	墙下设基础梁	不宜小于 200mm
		墙下不设基础梁（深梁）：$1 \leqslant l_0/h < 2$（简支单跨）、$1 \leqslant l_0/h < 2.5$（多跨连续）	$h/b \leqslant 25$ 且 $\geqslant 200mm$
箱形基础	外墙		不应小于 250mm
	内墙		不应小于 200mm

注：1. 依据《建筑地基基础设计规范》GB 50007—2011 第 8.4.5 条规定，《高层建筑混凝土结构技术规程》JGJ 3—2010 第 12.3.18 条规定及第 12.3.9 条文说明，《混凝土结构设计规范》GB 50010—2010（2015 年版）第 2.1.12 条、第 G.0.7 条规定。
2. b 为矩形截面宽度（T 形、I 形截面为腹板厚度），h 为截面高度，l_0 计算跨度。

4.4 楼板的厚度和跨厚比

137 楼板的最小厚度应该如何选取？

楼板的最小厚度 表 137

类别		最小厚度（mm）
一般楼层现浇板	板内无预埋暗管	不应小于 80
	板内有预埋暗管	不宜小于 100

续表

类别		最小厚度（mm）
顶层楼板		不宜小于 120
转换层楼板		不宜小于 180
作为上部结构嵌固部位的地下室顶板		不应小于 180
普通地下室顶板		不宜小于 160
密肋楼盖	面板	不应小于 50
	肋高	不应小于 250
悬臂板	悬臂长度不大于 500mm	不应小于 60
	悬臂长度 1200mm	不应小于 100
无梁楼板		不应小于 150
现浇空心楼盖		不应小于 200

注：依据《高层建筑混凝土结构技术规程》JGJ 3—2010 第 3.6.3 条、第 10.2.23 条规定，《建筑抗震设计规范》GB 50011—2010（2016 年版）第 6.1.14 条规定，《混凝土结构设计规范》GB 50010—2010（2015 年版）第 9.1.2 条规定，《建筑地基基础设计规范》GB 50007—2011 第 8.4.25 条规定。

138　楼板的跨厚比应该如何选取？

楼板的跨厚比　　　　　　　表 138

条件			跨厚比
两对边支承		应按单向板计算	不大于 30
四边支承	$l_1/l_2 \leqslant 2$	应按双向板计算	不大于 40
	$2 < l_1/l_2 < 3$	宜按双向板计算 / 仍可按沿短边方向受力的单向板计算，但沿长边方向应适当增大配筋量	计算确定 / 不大于 30
	$l_1/l_2 \geqslant 3$	宜按沿短边方向受力的单向板计算，并应沿长边方向布置构造钢筋	不大于 30
有柱帽或托板（柱帽的高度 $\geqslant h$，托板的厚度 $\geqslant h/4$，柱帽或托板长度 $\geqslant b+4h$）			不大于 35
无柱帽或托板			不大于 30

注：1. 依据《混凝土结构设计规范》GB 50010—2010（2015 年版）第 9.1.1 条、第 9.1.2 条规定及第 9.1.1 条文说明，《高层建筑混凝土结构技术规程》JGJ 3—2010 第 8.1.9 条规定。
2. l_1 为长向跨度，l_2 为短向跨度，h 为板的厚度，b 为柱截面宽度。

4.5　基础构件

139　基础梁高度、筏板厚度应该如何进行选取？

基础梁高度、筏板厚度　　　　　　　　　表 139

分类	基础梁高度或平板厚度	筏板厚跨比或筏板的最小厚度
梁板式筏形基础	不宜小于平均柱距的 1/6	其底板厚度与最大双向板格的短边净跨之比不应小于 14 且板厚不应小于 400mm
平板式筏形基础	应满足柱下、内筒下受冲切承载力的要求	不应小于 500mm

注：依据《建筑地基基础设计规范》GB 50007—2011 第 8.4.7 条、第 8.4.8 条、第 8.4.12 条规定，《高层建筑混凝土结构技术规程》JGJ 3—2010 第 12.3.8 条规定，《高层建筑筏形基础与箱形基础技术规范》JGJ 6—2011 第 6.2.5 条规定。

140　梁板式筏形基础底板厚度应该如何选取？

梁板式筏形基础底板厚度参考值　　　　　　　表 140

基础底板平均反力（kPa）	底板厚度	基础底板平均反力（kPa）	底板厚度
150 ~ 200	$(1/14 \sim 1/10) L_0$	300 ~ 400	$(1/8 \sim 1/6) L_0$
200 ~ 300	$(1/10 \sim 1/8) L_0$	400 ~ 500	$(1/7 \sim 1/5) L_0$

注：1. 依据《北京地区建筑地基基础勘察设计规范（2016 版）》DBJ 11—501—2009 表 8.6.2 条规定。
　　2. L_0 为底板计算板块短向净跨尺寸。

141　箱形基础的顶板、底板的厚度应该如何选取？

箱形基础的顶板、底板的厚度　　　　　　　表 141

类别	厚度（mm）
顶板	不应小于 200
底板	不应小于 400 且板厚与最大双向板格的短边净跨之比不应小于 1/14

注：依据《高层建筑筏形与箱形基础技术规范》JGJ 6—2011 第 6.3.4 条规定，《高层建筑混凝土结构技术规程》JGJ 3—2010 第 12.3.18 条规定。

142　独立基础和桩基承台截面尺寸应该如何选取？

独立基础和桩基承台截面尺寸　　　　　　　表 142

类别		截面尺寸
独立基础（台阶的高宽比≤2.5 且偏心距≤1/6）	锥形	边缘高度不宜小于 200mm，顶面坡度不宜大于 1：3
	阶梯形	每阶高度宜为 300mm ~ 500mm

续表

类别		截面尺寸
承台	独立承台	宽度不应小于 500mm，厚度不应小于 300mm
	条形承台梁	宽度不应小于桩径或边长加 150mm，厚度不应小于 300mm

注：《建筑地基基础设计规范》GB 50007—2011 第 8.2.1 条、第 8.5.17 条规定，《建筑桩基技术规范》JGJ 94–2008 第 4.2.1 条规定。

4.6　构件中纵向钢筋构造

143　梁中纵向钢筋构造应该如何选取？

（1）框架梁、框筒梁

框架梁、框筒梁纵向受力钢筋的最小直径　　表 143-1

抗震等级	框架梁纵筋最小直径	抗震等级	框架梁纵筋最小直径	抗震等级	框筒梁纵筋最小直径
一、二级	不应小于 14mm	三、四级	不应小于 12mm	一、二、三级	不应小于 16mm

注：依据《建筑抗震设计规范》GB 50011—2010（2016 年版）第 6.3.4 条规定，《高层建筑混凝土结构技术规程》JGJ 3—2010 第 6.3.3 条、第 9.3.7 条规定，《混凝土结构设计规范》GB 50010—2010（2015 年版）第 11.3.7 条规定。

（2）非框架梁

非框架梁纵向受力钢筋的最小直径　　表 143-2

梁高 h	最小直径 d	梁高 h	最小直径 d
h < 300mm	不应小于 8mm	h ≥ 300mm	不应小于 10mm

注：依据《混凝土结构设计规范》GB 50010—2010（2015 年版）第 9.2.1 条规定。

（3）梁架立钢筋

梁架立钢筋最小直径　　表 143-3

梁跨度 l	最小直径 d
l < 4m	不宜小于 8mm
4m ≤ l ≤ 6m	不应小于 10mm
l > 6m	不宜小于 12mm

注：依据《混凝土结构设计规范》GB 50010—2010（2015 年版）第 9.2.6 条规定。

（4）梁纵向构造钢筋（腰筋）

梁纵向构造钢筋（腰筋）最小直径　　表 143-4

类别	最小直径 d
偏心受拉的转换梁	不小于 16mm

续表

类别	最小直径 d
托柱转换梁	不宜小于 12mm
框筒梁	不应小于 10mm

注：依据《高层建筑混凝土结构技术规程》JGJ 3—2010 第 9.3.7 条、第 10.2.7 条、第 10.2.8 条规定。

（5）连系梁

连系梁内上下纵向钢筋直径不应小于 12mm。

注：依据《建筑地基基础设计规范》GB 50007—2011 第 8.5.23 条规定。

144 柱中纵向钢筋构造应该如何选取？

柱中纵向钢筋的最小直径　　表 144

纵向受力钢筋（柱宜采用大直径钢筋作纵向受力钢筋）	不宜小于 12mm
侧面纵向构造钢筋（偏心受压柱的截面高度＞600m 时）	不小于 10mm

注：依据《混凝土结构设计规范》GB 50010—2010（2015 年版）第 9.3.1 条规定。

145 墙中钢筋构造应该如何选取？

（1）剪力墙墙身

剪力墙分布钢筋的最小直径　　表 145-1

结构类型	水平分布钢筋最小直径	竖向分布钢筋最小直径
剪力墙结构	不应小于 8mm	不宜小于 10mm
框架-剪力墙结构	不宜小于 10mm	不宜小于 10mm
框架-核心筒结构、筒中筒结构	不宜小于 10mm	不宜小于 10mm

注：依据《建筑抗震设计规范》GB 50011—2010（2016 年版）第 6.4.4 条、第 6.5.2 条、第 6.7.2 条规定，《混凝土结构设计规范》GB 50010—2010（2015 年版）第 11.7.15 条规定，《高层建筑混凝土结构技术规程》JGJ 3—2010 第 7.2.18 条规定。

（2）构造边缘构件

构造边缘构件纵向钢筋的最小直径　　表 145-2

部位	抗震等级			
	一级	二级	三级	四级
底部加强部位	16mm	14mm	12mm	12mm
其他部位	14mm	12mm	12mm	12mm

注：依据《建筑抗震设计规范》GB 50011—2010（2016 年版）第 6.4.5 条规定，《混凝土结构设计规范》GB 50010—2010（2015 年版）第 11.7.19 条规定，《高层建筑混凝土结构技术规程》JGJ 3—2010 第 7.2.16 条规定。

（3）约束边缘构件

约束边缘构件纵向钢筋的最小直径　　　　表 145-3

抗震等级			
一级（9度）	一级（7、8度）	二级	三级
16mm	16mm	16mm	14mm

注：依据《建筑抗震设计规范》GB 50011—2010（2016 年版）第 6.4.5 条规定，《高层建筑混凝土结构技术规程》JGJ 3—2010 第 7.2.15 条规定。

（4）连梁

连梁纵筋、斜筋的最小直径　　　　表 145-4

纵向钢筋最小直径	侧面纵向构造钢筋	交叉斜筋、折线筋	对角斜筋、对角暗撑
12mm	不应小于 8mm	12mm	不小于 14mm

注：依据《混凝土结构设计规范》GB 50010—2010（2015 年版）第 11.7.11 条规定。

（5）地下室墙体

地下室墙体水平和竖向钢筋的最小直径　　　　表 145-5

水平钢筋的最小直径	竖向钢筋的最小直径
不应小于 12mm	不应小于 10mm

注：依据《建筑地基基础设计规范》GB 50007—2011 第 8.4.5 条规定。

146　板构造钢筋应该如何选取？

（1）楼板

楼板构造钢筋最小直径　　　　表 146-1

板面构造钢筋	分布钢筋	板柱节点弯起钢筋	装配整体式楼盖现浇层
不宜小于 8mm	不宜小于 6mm	不宜小于 12mm	不小于 6mm

注：依据《混凝土结构设计规范》GB 50010—2010（2015 年版）第 9.1.6 条、第 9.1.7 条、第 9.1.11 条规定，《高层建筑混凝土结构技术规程》JGJ 3—2010 第 3.6.2 条规定。

（2）基础筏板、外扩地下室顶板

基础筏板受力钢筋最小直径、构造钢筋最小直径　　　　表 146-2

基础筏板受力钢筋直径	板厚大于 2m 的基础筏板中部构造钢筋网片（≤1m）	外扩地下室顶板上部构造钢筋
不宜小于 12mm	不宜小于 12mm	不应小于 10mm

注：1. 外扩地下室顶板上部构造钢筋位于角隅处的楼板板角、与基础整体弯曲方向一致的垂直于外墙的楼板上部以及主裙楼交界处的楼板上部。
　　2. 依据《高层建筑混凝土结构技术规程》JGJ 3—2010 第 12.3.6 条规定，《建筑地基基础设计规范》GB 50007—2011 第 8.4.10 条、第 8.4.23 条规定，《混凝土结构设计规范》GB 50010—2010（2015 年版）第 9.1.9 条规定。

147 扩展基础钢筋构造应该如何选取？

扩展基础受力钢筋最小直径、纵向分布钢筋最小直径　　　　表 147

扩展基础受力钢筋	墙下条形基础纵向分布钢筋
不应小于 10mm	不应小于 8mm

注：依据《建筑地基基础设计规范》GB 50007—2011 第 8.2.1 条规定。

148 构件中纵向受力钢筋的保护层厚度应该如何选取？

最外层钢筋混凝土保护层的最小厚度 c（mm）　　　　表 148-1

构件类别		板、墙、壳			梁、柱、杆			基础	地下室外墙
设计使用年限、混凝土强度等级		50 年		100 年	50 年		100 年	50 年	50 年
		≤ C25	> C25	≥ C30	≤ C25	> C25	≥ C30	≥ C25	≥ C25
环境类别	一	20	15	21	25	20	28	—	—
	二 a	25	20	—	30	25	—	40	50
	二 b	—	25		—	35			
	三 a	—	30		—	40			
	三 b	—	40		—	50			
腐蚀性等级	强腐蚀	35（≥ C40）			40（≥ C40）			50	50
	中腐蚀	30（≥ C35）		—	35（≥ C35）		—		
	弱腐蚀	30（≥ C30）		—	35（≥ C30）		—		

注：1. 构件中受力钢筋的保护层厚度不应小于钢筋的公称直径 d。
　　2. 当对地下室墙体采取可靠的建筑防水做法或保护措施时，与土层接触一侧钢筋的保护层厚度可适当减少，但不应小于 25mm。钢筋混凝土基础宜设置混凝土垫层。
　　3. 当梁、柱、墙中纵向受力钢筋的保护层厚度大于 50mm 时，宜对保护层采取有效的构造措施。当在保护层内配置防裂、防剥落的钢筋网片时，网片钢筋的保护层厚度不应小于 25mm。
　　4. 依据《混凝土结构设计规范》GB 50010—2010（2015 年版）第 3.5.5 条、第 8.2.1 条、第 8.2.2 条、第 8.2.3 条规定，《工业建筑防腐蚀设计规范》GB 50045—2008 第 4.2.5 条规定，《地下工程防水技术规范》GB 50108—2008 第 1.4.7 条规定。

构件中钢筋并筋等效直径 D、保护层的最小厚度 c　　　　表 148-2

钢筋直径 d（mm）	并筋数量（根）	布置方式	等效直径 D（mm）	保护层厚度 c（mm）
22	3	按品字形布置	38	38
25	3		43	43
28	3		48	48
32	2	按纵向或横向布置	45	45

注：依据《混凝土结构设计规范》GB 50010—2010（2015 年版）第 4.2.7 条规定及条文说明。

149　受拉钢筋基本锚固长度应该如何选取？

受拉钢筋基本锚固长度 l_{ab}（mm）　　　　　表 149-1

钢筋牌号	混凝土强度等级								
	C20	C25	C30	C35	C40	C45	C50	C55	≥C60
HPB300	39d	34d	30d	28d	25d	24d	23d	22d	21d
HRB335	38d	33d	29d	27d	25d	23d	22d	21d	21d
HRB400、HRBF400、RRB400	—	40d	35d	32d	30d	28d	27d	26d	25d
HRB500、HRBF500	—	48d	43d	39d	36d	34d	32d	31d	30d

注：1. 受拉钢筋的基本锚固长度计算公式为 $l_{ab}=\alpha\dfrac{f_y}{f_t}d$，其中 α 为锚固钢筋的外形系数，光圆钢筋取 0.16，带肋钢筋取 0.14。

2. 依据《混凝土结构设计规范》GB 50010—2010（2015 年版）第 8.3.1 条规定。

抗震设计时受拉钢筋基本锚固长度 l_{abE}（mm）　　　　　表 149-2

钢筋牌号	抗震等级	混凝土强度等级								
		C20	C25	C30	C35	C40	C45	C50	C55	≥C60
HPB300	一、二级	45d	39d	35d	32d	29d	28d	26d	25d	24d
	三级	41d	36d	32d	29d	27d	25d	24d	23d	22d
HRB335	一、二级	44d	38d	34d	31d	28d	27d	26d	25d	24d
	三级	40d	35d	31d	28d	26d	25d	23d	23d	22d
HRB400、HRBF400	一、二级	—	46d	41d	37d	34d	32d	31d	30d	28d
	三级	—	42d	37d	34d	31d	29d	28d	27d	26d
HRB500、HRBF500	一、二级	—	55d	49d	45d	41d	39d	37d	36d	34d
	三级	—	50d	45d	41d	37d	36d	34d	33d	31d

注：依据《混凝土结构设计规范》GB 50010—2010（2015 年版）第 8.3.1 条、第 11.6.7 条规定。

150　受拉钢筋的锚固长度应该如何选取？

受拉钢筋锚固长度 l_a（mm）　　　　　表 150-1

钢筋牌号	混凝土强度等级及钢筋直径 d								
	C20	C25		C30		C35		C40	
	≤14	≤25	>25	≤25	>25	≤25	>25	≤25	>25
HPB300	39d	34d	—	30d	—	28d	—	25d	—
HRB335	38d	33d	—	29d	—	27d	—	25d	—
HRB400、HRBF400、RRB400	—	40d	44d	35d	39d	32d	35d	30d	32d
HRB500、HRBF500	—	48d	53d	43d	47d	39d	43d	36d	39d

续表

钢筋牌号	混凝土强度等级及钢筋直径 d							
	C45		C50		C55		$\geqslant$ C60	
	$\leqslant$ 25	> 25	$\leqslant$ 25	> 25	$\leqslant$ 25	> 25	$\leqslant$ 25	> 25
HPB300	24d	—	23d	—	22d	—	21d	—
HRB335	23d	—	22d	—	21d	—	21d	—
HRB400、HRBF400、RRB400	28d	31d	27d	29d	26d	28d	25d	27d
HRB500、HRBF500	34d	37d	32d	35d	31d	34d	30d	33d

注：依据《混凝土结构设计规范》GB 50010—2010（2015 年版）第 8.3.1 条规定。

受拉钢筋抗震锚固长度 l_{aE}（mm） 表 150-2

钢筋牌号	抗震等级	混凝土强度等级及钢筋直径 d									
		C20	C25		C30		C35		C40		
		$\leqslant$ 14	$\leqslant$ 25	> 25	$\leqslant$ 25	> 25	$\leqslant$ 25	> 25	$\leqslant$ 25	> 25	
HPB300	一、二级	45d	39d	—	35d	—	32d	—	29d	—	
	三级	41d	36d	—	32d	—	29d	—	27d	—	
HRB335	一、二级	44d	38d	—	34d	—	31d	—	28d	—	
	三级	40d	35d	—	31d	—	28d	—	26d	—	
HRB400、HRBF400	一、二级	—	46d	50d	41d	45d	37d	41d	34d	37d	
	三级	—	42d	46d	37d	41d	34d	37d	31d	34d	
HRB500、HRBF500	一、二级	—	55d	61d	49d	54d	45d	49d	41d	45d	
	三级	—	50d	55d	45d	49d	41d	45d	37d	41d	

钢筋牌号	抗震等级	混凝土强度等级及钢筋直径 d							
		C45		C50		C55		$\geqslant$ C60	
		$\leqslant$ 25	> 25	$\leqslant$ 25	> 25	$\leqslant$ 25	> 25	$\leqslant$ 25	> 25
HPB300	一、二级	28d	—	26d	—	25d	—	24d	—
	三级	25d	—	24d	—	23d	—	22d	—
HRB335	一、二级	27d	—	26d	—	25d	—	24d	—
	三级	25d	—	23d	—	23d	—	22d	—
HRB400、HRBF400	一、二级	32d	35d	31d	34d	30d	33d	28d	31d
	三级	29d	32d	28d	31d	27d	30d	26d	29d
HRB500、HRBF500	一、二级	39d	43d	37d	41d	36d	39d	34d	38d
	三级	36d	39d	34d	37d	33d	36d	31d	35d

注：依据《混凝土结构设计规范》GB 50010—2010（2015 年版）第 8.3.1 条、第 11.6.7 条规定。

151　钢筋弯钩和机械锚固的形式、技术要求和锚固长度应该如何选取？

钢筋弯钩和机械锚固的形式、技术要求和锚固长度　　　　表 151

锚固形式	技术要求	受拉钢筋锚固长度	受拉钢筋抗震锚固长度
90°弯钩	末端 90°弯钩，弯钩内径 4d，弯后直段长度 12d		
135°弯钩	末端 135°弯钩，弯钩内径 4d，弯后直段长度 5d		
一侧贴焊锚筋	末端一侧贴焊长 5d 同直径钢筋	$0.6l_{ab}$	$0.6l_{abE}$
两侧贴焊锚筋	末端两侧贴焊长 3d 同直径钢筋		
焊端锚板	末端与厚度 d 的锚板穿孔塞焊		
锚栓锚头	末端旋入螺栓锚头		

注：1. 焊缝和螺纹长度应满足承载力要求。
2. 螺栓锚头和焊接锚板的承压净面积不应小于锚固钢筋截面面积的 4 倍。
3. 螺栓锚头的规格应符合相关标准的要求。
4. 螺栓锚头和焊接锚板的钢筋净间距不宜小于 4d，否则应考虑群锚效应的不利影响。
5. 截面角部的弯钩和一侧贴焊锚筋的布筋方向宜向截面内侧偏置。
6. 依据《混凝土结构设计规范》GB 50010—2010（2015 年版）第 8.3.3 条规定。

152　钢筋的连接应该如何选取？

钢筋的连接　　　　表 152

钢筋的连接	连接接头位置	接头数量	接头避开位置	同一连接区段长度	受拉钢筋接头面积百分率
绑扎搭接				1.3l_l	梁、板及墙25%，柱50%
机械连接	宜设置在受力较小处	限制钢筋在构件同一跨度或同一层高内的接头数量	柱端、梁端的箍筋加密区	35d	50%
焊接				35d 且不小于 500mm	50%

注：1. 在同一根受力钢筋上宜少设接头。在结构的重要构件和关键传力部位，纵向受力钢筋不宜设置连接接头。
2. 轴心受拉及小偏心受拉杆件的纵向受力钢筋不得采用绑扎搭接；其他构件中的钢筋采用绑扎搭接时，受拉钢筋直径不宜大于 25mm，受压钢筋直径不宜大于 28mm。
3. 在梁、柱类构件的纵向受力钢筋搭接长度范围内的横向构造钢筋保护层厚度不大于 5d 时，其直径不应小于 $d/4$；对梁、柱、斜撑等构件间距不应大于 5d，对板、墙等平面构件间距不应大于 10d，且均不应大于 100mm，此处 d 为锚固钢筋的直径；当受压钢筋直径大于 25mm 时，尚应在搭接接头两个端面外 100mm 的范围内各设置两道箍筋。
4. 细晶粒热轧带肋钢筋（HRBF）以及直径大于 28mm 的带肋钢筋，其焊接应经试验确定；余热处理钢筋（RRB）不宜焊接。
5. 依据《混凝土结构设计规范》GB 50010—2010（2015 年版）第 8.4.1 条、第 8.4.2 条、第 8.4.3 条、第 8.4.4 条、第 8.4.7 条、第 8.4.8 条规定。

153　纵向受拉钢筋搭接长度应该如何选取？

纵向受拉钢筋搭接长度 l_l（mm）　　　　表 153-1

钢筋种类及同一区段内搭接钢筋面积百分率		混凝土强度等级及钢筋直径 d								
		C20	C25		C30		C35		C40	
		≤ 14	≤ 25	> 25	≤ 25	> 25	≤ 25	> 25	≤ 25	> 25
HPB300	≤ 25%	47d	41d	—	36d	—	33d	—	30d	—

续表

钢筋种类及同一区段内搭接钢筋面积百分率		混凝土强度等级及钢筋直径 d								
		C20	C25		C30		C35		C40	
		$\leqslant 14$	$\leqslant 25$	> 25	$\leqslant 25$	> 25	$\leqslant 25$	> 25	$\leqslant 25$	> 25
HPB300	50%	$55d$	$48d$	—	$42d$	—	$39d$	—	$35d$	—
	100%	$63d$	$54d$	—	$48d$	—	$44d$	—	$40d$	—
HRB335	$\leqslant 25\%$	$46d$	$40d$	—	$35d$	—	$32d$	—	$29d$	—
	50%	$53d$	$46d$	—	$41d$	—	$37d$	—	$34d$	—
	100%	$61d$	$53d$	—	$47d$	—	$43d$	—	$39d$	—
HRB400、HRBF400、RRB400	$\leqslant 25\%$	—	$48d$	$52d$	$42d$	$47d$	$39d$	$42d$	$35d$	$39d$
	50%	—	$56d$	$61d$	$49d$	$54d$	$45d$	$49d$	$41d$	$45d$
	100%	—	$63d$	$70d$	$56d$	$62d$	$51d$	$56d$	$47d$	$52d$
HRB500、HRBF500	$\leqslant 25\%$	—	$58d$	$63d$	$51d$	$56d$	$47d$	$51d$	$43d$	$47d$
	50%	—	$67d$	$74d$	$60d$	$66d$	$54d$	$60d$	$50d$	$55d$
	100%	—	$77d$	$84d$	$68d$	$75d$	$62d$	$68d$	$57d$	$63d$

钢筋种类及同一区段内搭接钢筋面积百分率		混凝土强度等级及钢筋直径 d							
		C45		C50		C55		$\geqslant$ C60	
		$\leqslant 25$	> 25	$\leqslant 25$	> 25	$\leqslant 25$	> 25	$\leqslant 25$	> 25
HPB300	$\leqslant 25\%$	$29d$	—	$27d$	—	$26d$	—	$25d$	—
	50%	$34d$	—	$32d$	—	$31d$	—	$30d$	—
	100%	$38d$	—	$37d$	—	$35d$	—	$34d$	—
HRB335	$\leqslant 25\%$	$28d$	—	$27d$	—	$26d$	—	$25d$	—
	50%	$33d$	—	$31d$	—	$30d$	—	$29d$	—
	100%	$37d$	—	$36d$	—	$34d$	—	$33d$	—
HRB400、HRBF400、RRB400	$\leqslant 25\%$	$34d$	$37d$	$32d$	$35d$	$31d$	$34d$	$30d$	$33d$
	50%	$39d$	$43d$	$37d$	$41d$	$36d$	$40d$	$35d$	$38d$
	100%	$45d$	$49d$	$43d$	$47d$	$41d$	$45d$	$40d$	$43d$
HRB500、HRBF500	$\leqslant 25\%$	$41d$	$45d$	$39d$	$43d$	$37d$	$41d$	$36d$	$39d$
	50%	$47d$	$52d$	$45d$	$50d$	$44d$	$48d$	$42d$	$46d$
	100%	$54d$	$60d$	$52d$	$57d$	$50d$	$55d$	$48d$	$53d$

注：依据《混凝土结构设计规范》GB 50010—2010（2015年版）第8.3.1条、第8.4.4条规定。

纵向受拉钢筋抗震搭接长度 l_{lE}（mm）　　　　　表 153-2

钢筋种类及同一区段内搭接钢筋面积百分率			混凝土强度等级及钢筋直径 d								
			C20	C25		C30		C35		C40	
			≤14	≤25	>25	≤25	>25	≤25	>25	≤25	>25
一、二级抗震等级	HPB300	≤25%	54d	47d	—	42d	—	38d	—	35d	—
		50%	63d	55d	—	49d	—	44d	—	41d	—
	HRB335	≤25%	53d	46d	—	41d	—	37d	—	34d	—
		50%	61d	53d	—	47d	—	43d	—	40d	—
	HRB400、HRBF400	≤25%	—	55d	60d	49d	54d	44d	49d	41d	45d
		50%	—	64d	70d	57d	62d	52d	57d	47d	52d
	HRB500、HRBF500	≤25%	—	66d	73d	59d	65d	54d	59d	49d	54d
		50%	—	77d	85d	69d	75d	62d	69d	57d	63d
三级抗震等级	HPB300	≤25%	49d	43d	—	38d	—	35d	—	32d	—
		50%	58d	50d	—	44d	—	40d	—	37d	—
	HRB335	≤25%	48d	42d	—	37d	—	34d	—	31d	—
		50%	56d	49d	—	43d	—	39d	—	36d	—
	HRB400、HRBF400	≤25%	—	50d	55d	44d	49d	40d	44d	37d	41d
		50%	—	58d	64d	52d	57d	47d	52d	43d	48d
	HRB500、HRBF500	≤25%	—	60d	66d	54d	59d	49d	54d	45d	49d
		50%	—	70d	78d	63d	69d	57d	63d	52d	58d

钢筋种类及同一区段内搭接钢筋面积百分率			混凝土强度等级及钢筋直径 d							
			C45		C50		C55		≥C60	
			≤25	>25	≤25	>25	≤25	>25	≤25	>25
一、二级抗震等级	HPB300	≤25%	33d	—	32d	—	30d	—	29d	—
		50%	39d	—	37d	—	35d	—	34d	—
	HRB335	≤25%	32d	—	31d	—	30d	—	28d	—
		50%	38d	—	36d	—	35d	—	33d	—
	HRB400 HRBF400	≤25%	39d	43d	37d	40d	35d	39d	34d	38d
		50%	45d	50d	43d	47d	41d	46d	40d	44d
	HRB500 HRBF500	≤25%	47d	51d	44d	49d	43d	47d	41d	45d
		50%	54d	60d	52d	57d	50d	55d	48d	53d

续表

钢筋种类及同一区段内搭接钢筋面积百分率			混凝土强度等级及钢筋直径 d							
			C45		C50		C55		≥ C60	
			≤ 25	> 25	≤ 25	> 25	≤ 25	> 25	≤ 25	> 25
三级抗震等级	HPB300	≤ 25%	30d	—	29d	—	28d	—	27d	—
		50%	35d	—	34d	—	32d	—	31d	—
	HRB335	≤ 25%	29d	—	28d	—	27d	—	26d	—
		50%	34d	—	33d	—	32d	—	30d	—
	HRB400 HRBF400	≤ 25%	35d	39d	34d	37d	32d	36d	31d	34d
		50%	41d	45d	39d	43d	38d	42d	36d	40d
	HRB500 HRBF500	≤ 25%	43d	47d	41d	45d	39d	43d	38d	41d
		50%	50d	55d	47d	52d	46d	50d	44d	48d

注：依据《混凝土结构设计规范》GB 50010—2010（2015 年版）第 8.3.1 条、第 8.4.4 条、第 11.6.7 条规定。

第5章 框架结构构造

5.1 框架梁

154 框架梁纵向受拉钢筋的最小配筋率应该如何选取？

框架梁纵向受拉钢筋的最小配筋率 ρ_{min}（%）　　　　　　表 154

混凝土强度等级（f_t,N/mm^2）			C25（1.27）	C30（1.43）	C35（1.57）	C40（1.71）
一级	支 座（0.40 和 80f_t/f_y 中的较大值）	HRB400（f_y=360N/mm^2）	0.40	0.40	0.40	0.40
		HRB500（f_y=435N/mm^2）	0.40	0.40	0.40	0.40
	跨 中（0.30 和 65f_t/f_y 中的较大值）	HRB400（f_y=360N/mm^2）	0.30	0.30	0.30	0.31
		HRB500（f_y=435N/mm^2）	0.30	0.30	0.30	0.30
二级	支 座（0.30 和 65f_t/f_y 中的较大值）	HRB400（f_y=360N/mm^2）	0.30	0.30	0.30	0.31
		HRB500（f_y=435N/mm^2）	0.30	0.30	0.30	0.30
	跨 中（0.25 和 55f_t/f_y 中的较大值）	HRB400（f_y=360N/mm^2）	0.25	0.25	0.25	0.26
		HRB500（f_y=435N/mm^2）	0.25	0.25	0.25	0.25
三、四级	支 座（0.25 和 55f_t/f_y 中的较大值）	HRB400（f_y=360N/mm^2）	0.25	0.25	0.25	0.26
		HRB500（f_y=435N/mm^2）	0.25	0.25	0.25	0.25
	跨 中（0.20 和 45f_t/f_y 中的较大值）	HRB400（f_y=360N/mm^2）	0.20	0.20	0.20	0.21
		HRB500（f_y=435N/mm^2）	0.20	0.20	0.20	0.20
次梁	0.20 和 45f_t/f_y 中的较大值	HRB400（f_y=360N/mm^2）	0.20	0.20	0.20	0.21
		HRB500（f_y=435N/mm^2）	0.20	0.20	0.20	0.20
人防受弯构件		HRB400（f_d=432N/mm^2）	0.25	0.25	0.25	0.30

注：1. 依据《混凝土结构设计规范》GB 50010—2010（2015 年版）第 8.5.1 条、第 11.3.6 条规定，《高层建筑混凝土结构技术规程》JGJ 3—2010 第 6.3.2 条规定，《人民防空地下室设计规范》GB 50038—2005 第 4.11.7 条规定。

2. 纵向受拉钢筋的最小配筋率为 $\rho_{min}=A_s/(bh)$。

155 框架梁纵向受拉钢筋的最大配筋率应该如何选取？

框架梁纵向受拉钢筋的最大配筋率 ρ_{max}（%）　　　　　　表155

混凝土强度等级（f_c，N/mm²）			C25（11.9）	C30（14.3）	C35（16.7）	C40（19.1）
抗震等级	一级梁端（$\rho_{max} \leq 50f_c/f_y$）	HRB400（$f_y=360$ N/mm²）	1.65	1.99	2.32	2.50（2.65）
	二、三级梁端（$\rho_{max} \leq 50f_c/f_y$）		1.65（2.31）	1.99（2.75）	2.32（2.75）	2.50（2.75）
	一级梁端（$\rho_{max} \leq 47f_c/f_y$）	HRB500（$f_y=435$ N/mm²）	1.29	1.55	1.80	2.06
	二、三级梁端（$\rho_{max} \leq 49f_c/f_y$）		1.34（2.18）	1.61（2.62）	1.88（2.75）	2.15（2.75）
	四级梁端（$\rho_{max} \leq 69f_c/f_y$）	HRB400（$f_y=360$ N/mm²）	2.28（2.75）	2.50（2.75）	2.50（2.75）	2.50（2.75）
	四级梁端（$\rho_{max} \leq 63f_c/f_y$）	HRB500（$f_y=435$ N/mm²）	1.72（2.49）	2.07（2.75）	2.42（2.75）	2.50（2.75）
顶层端节点（$\rho_{max} \leq 35f_c/f_y$）		HRB400（$f_y=360$ N/mm²）	1.16	1.39	1.62	1.86
		HRB500（$f_y=435$N/mm²）	0.96	1.15	1.34	1.54
跨中	（$\rho_{max} \leq 51.8f_c/f_y$，$\xi_b=0.518$）	HRB400（$f_y=360$ N/mm²）	1.71	2.06	2.40	2.75
	（$\rho_{max} \leq 48.2f_c/f_y$，$\xi_b=0.482$）	HRB500（$f_y=435$ N/mm²）	1.32	1.58	1.85	2.12
人防受弯构件		HRB400（$f_d=432$ N/mm²）	2.00	2.40	2.40	2.40

注：1. 依据《建筑抗震设计规范》GB 50011—2010（2016年版）第6.3.3条、第6.3.4条规定，《混凝土结构设计规范》GB 50010—2010（2015年版）第6.2.10条、第9.3.8条规定，《高层建筑混凝土结构技术规程》JGJ 3—2010第6.3.3条规定，《人民防空地下室设计规范》GB 50038—2005第4.11.8条规定。
2. 梁端计入受压钢筋一级为$0.5A_s$，二、三级为$0.3A_s$，当梁端纵向受拉钢筋的配筋率大于2.5%时，受压钢筋的配筋率不应小于受拉钢筋的一半。纵向受拉钢筋的最大配筋率为$\rho_{max}=A_s/(bh_0)$。

156 梁内受扭纵向钢筋的最小配筋率应该如何选取？

梁内受扭纵向钢筋的最小配筋率 $\rho_{tl,min}$（%）　　　　　　表156

T/Vb	$\rho_{tl,min}$	混凝土强度等级（f_t，N/mm²），HRB400（$f_y=360$N/mm²）				混凝土强度等级（f_t，N/mm²），HRB500（$f_y=435$N/mm²）			
		C25（1.27）	C30（1.43）	C35（1.57）	C40（1.71）	C25（1.27）	C30（1.43）	C35（1.57）	C40（1.71）
0.20	$27f_t/f_y$	0.09	0.11	0.12	0.13	0.08	0.09	0.10	0.11
0.30	$33f_t/f_y$	0.12	0.13	0.14	0.16	0.10	0.11	0.12	0.13
0.40	$38f_t/f_y$	0.13	0.15	0.17	0.18	0.11	0.12	0.14	0.15

续表

T/Vb	$\rho_{tl,min}$	混凝土强度等级（f_t,N/mm^2），HRB400（f_y=360N/mm^2）				混凝土强度等级（f_t,N/mm^2），HRB500（f_y=435N/mm^2）			
		C25(1.27)	C30(1.43)	C35(1.57)	C40(1.71)	C25(1.27)	C30(1.43)	C35(1.57)	C40(1.71)
0.50	$42f_t/f_y$	0.15	0.17	0.19	0.20	0.12	0.14	0.15	0.17
0.60	$46f_t/f_y$	0.16	0.18	0.20	0.22	0.14	0.15	0.17	0.18
0.70	$50f_t/f_y$	0.18	0.20	0.22	0.24	0.15	0.17	0.18	0.20
0.80	$54f_t/f_y$	0.19	0.21	0.23	0.25	0.16	0.18	0.19	0.21
0.90	$57f_t/f_y$	0.20	0.23	0.25	0.27	0.17	0.19	0.21	0.22
1.00	$60f_t/f_y$	0.21	0.24	0.26	0.29	0.18	0.20	0.22	0.24
1.10	$63f_t/f_y$	0.22	0.25	0.27	0.30	0.18	0.21	0.23	0.25
1.20	$66f_t/f_y$	0.23	0.26	0.29	0.31	0.19	0.22	0.24	0.26
1.30	$68f_t/f_y$	0.24	0.27	0.30	0.32	0.20	0.22	0.25	0.27
1.40	$71f_t/f_y$	0.25	0.28	0.31	0.34	0.21	0.23	0.26	0.28
1.50	$73f_t/f_y$	0.26	0.29	0.32	0.35	0.21	0.24	0.27	0.29
1.60	$76f_t/f_y$	0.27	0.30	0.33	0.36	0.22	0.25	0.27	0.30
1.70	$78f_t/f_y$	0.28	0.31	0.34	0.37	0.23	0.26	0.28	0.31
1.80	$80f_t/f_y$	0.28	0.32	0.35	0.38	0.24	0.26	0.29	0.32
1.90	$83f_t/f_y$	0.29	0.33	0.36	0.39	0.24	0.27	0.30	0.33
≥2.00	$85f_t/f_y$	0.30	0.34	0.37	0.40	0.25	0.28	0.31	0.33

注：依据《混凝土结构设计规范》GB 50010—2010（2015年版）第9.2.5条规定,《高层建筑混凝土结构技术规程》JGJ—2010第6.3.4条规定。

157 梁宽内允许布置钢筋根数应该如何选取？

梁宽内允许布置钢筋根数　　　　　表157

梁宽 b_b（mm）	钢筋位置	钢筋直径 d（mm）								
		12	14	16	18	20	22	25	28	32
200	上部／下部	4/4	3/4	3/4	3/3	3/3	3/3	2/3	2/2	2/2
250	上部／下部	5/5	5/5	4/5	4/5	4/4	4/4	3/4	3/3	2/3
300	上部／下部	6/7	6/6	5/6	5/6	5/5	4/5	4/5	3/4	3/3
350	上部／下部	7/8	7/8	7/7	6/7	6/7	5/6	5/6	4/5	3/4

续表

梁宽 b_b (mm)	钢筋位置	钢筋直径 d (mm)								
		12	14	16	18	20	22	25	28	32
400	上部 / 下部	8/9	8/9	8/8	7/8	7/8	6/7	5/7	5/6	4/5
450	上部 / 下部	10/11	9/10	9/10	8/9	8/9	7/8	6/8	5/7	5/6
500	上部 / 下部	11/12	10/11	10/11	9/10	9/10	8/9	7/9	6/8	5/7
550	上部 / 下部	12/13	11/13	11/12	10/12	10/11	9/10	8/10	7/9	6/7
600	上部 / 下部	13/15	13/14	12/13	11/13	11/12	10/11	9/11	8/9	7/8

注: 1. 根据《混凝土结构设计规范》GB 50010—2010（2015年版）第8.2.1条、第9.2.1条规定。
   2. 计算公式（保护层厚度 c=20mm，箍筋直径 d_g=10mm）：①上部：$d \leqslant 20$ 时 $n=(b-2\times(c+d_g)+30)/(d+30)$；$d > 20$ 时 $n=(b-2\times(c+d_g)+1.5d)/2.5d$。 ②下部：$d \leqslant 25$ 时 $n=(b-2\times(c+d_g)+25)/(d+25)$；$d > 25$ 时 $n=(b-2\times(c+d_g)+d)/2d$。

158 基础梁宽内允许布置钢筋根数应该如何选取？

基础梁宽内允许布置钢筋根数　　　　　表158

梁宽 b_b (mm)	钢筋位置	钢筋直径 d (mm)								
		12	14	16	18	20	22	25	28	32
600	上部 / 下部	12/14	12/13	11/13	11/12	10/11	9/11	8/10	7/9	6/8
700	上部 / 下部	15/17	14/16	13/15	13/14	12/14	11/13	10/12	9/11	8/10
800	上部 / 下部	17/19	16/18	16/17	15/17	14/16	13/15	11/14	10/13	9/11
900	上部 / 下部	19/22	19/21	18/20	17/19	16/18	15/17	13/16	12/14	10/13
1000	上部 / 下部	22/25	21/23	20/22	19/21	18/20	17/19	15/18	13/16	11/14
1100	上部 / 下部	24/27	23/26	22/25	21/24	20/22	18/21	16/20	15/18	13/16
1200	上部 / 下部	27/30	25/29	24/27	23/26	22/25	20/24	18/22	16/20	14/17

注: 根据《混凝土结构设计规范》GB 50010—2010（2015年版）第8.2.1条、第9.2.1条规定。计算取 c=35mm，d_g=12mm。

159 纵向受拉钢筋的锚固长度应该如何选取？

纵向受拉钢筋锚固长度 l_a (l_{aE})　　　　　表159

抗震等级	钢筋级别		混凝土强度等级 f_t (N/mm²)			
			C25 (1.27)	C30 (1.43)	C35 (1.57)	C40 (1.71)
一、二级 (l_{aE}=1.15×0.14 (f_y/f_t) d)	HRB400 (f_y=360N/mm²)	$d \leqslant 25$ (mm)	46d	41d	37d	34d
		$d > 25$ (mm)	50d	45d	41d	37d

续表

抗震等级	钢筋级别		混凝土强度等级 f_t（N/mm²）			
			C25（1.27）	C30（1.43）	C35（1.57）	C40（1.71）
一、二级 （$l_{aE}=1.15×0.14（f_y/f_t）d$）	HRB500 （$f_y=435$N/mm²）	$d≤25$（mm）	$55d$	$49d$	$45d$	$41d$
		$d≤25$（mm）	$61d$	$54d$	$49d$	$45d$
三级 （$l_{aE}=1.05×0.14（f_y/f_t）d$）	HRB400 （$f_y=360$N/mm²）	$d≤25$（mm）	$42d$	$37d$	$34d$	$31d$
		$d>25$（mm）	$46d$	$41d$	$37d$	$34d$
	HRB500 （$f_y=435$N/mm²）	$d≤25$（mm）	$50d$	$45d$	$41d$	$37d$
		$d>25$（mm）	$55d$	$49d$	$45d$	$41d$
四级、非抗震 （$l_{aE}=1.00×0.14（f_y/f_t）d$） （$l_a=0.14（f_y/f_t）d$）	HRB400 （$f_y=360$N/mm²）	$d≤25$（mm）	$40d$	$35d$	$32d$	$29d$
		$d>25$（mm）	$44d$	$39d$	$35d$	$32d$
	HRB500 （$f_y=435$N/mm²）	$d≤25$（mm）	$48d$	$43d$	$39d$	$36d$
		$d>25$（mm）	$53d$	$47d$	$43d$	$39d$

注：根据《混凝土结构设计规范》GB 50010—2010（2015 年版）第 8.3.1 条、第 8.3.2 条、第 11.1.7 条规定。

160　纵向受拉钢筋的水平投影锚固长度应该如何选取？

纵向受拉钢筋的水平投影锚固长度 $0.4l_{ab}$、$0.4l_{abE}$、$0.6l_{ab}$　　　表 160

抗震等级	钢筋级别	混凝土强度等级 f_t（N/mm²）			
		C25（1.27）	C30（1.43）	C35（1.57）	C40（1.71）
一、二级水平投影锚固 长度（$0.4l_{abE}$）	HRB400（$f_y=360$N/mm²）	$18d$	$16d$	$15d$	$14d$
	HRB500（$f_y=435$N/mm²）	$22d$	$20d$	$18d$	$16d$
三级水平投影锚固长度 （$0.4l_{abE}$）	HRB400（$f_y=360$N/mm²）	$17d$	$15d$	$13d$	$12d$
	HRB500（$f_y=435$N/mm²）	$20d$	$18d$	$16d$	$15d$
四级、非抗震水平投影 锚固长度（$0.4l_{abE}$、$0.4l_{ab}$）	HRB400（$f_y=360$N/mm²）	$16d$	$14d$	$13d$	$12d$
	HRB500（$f_y=435$N/mm²）	$19d$	$17d$	$16d$	$14d$
非抗震水平投影锚固长 度（$0.6l_{ab}$）	HRB400（$f_y=360$N/mm²）	$24d$	$21d$	$19d$	$18d$
	HRB500（$f_y=435$N/mm²）	$29d$	$26d$	$23d$	$21d$

注：1. 依据《混凝土结构设计规范》GB 50010—2010（2015 年版）第 8.3.1 条、第 11.1.7 条、第 11.6.7 条规定。
　　2. 计算公式为：纵向受拉钢筋的基本锚固长度 $l_{ab}=α（f_y/f_t）d$，$l_{abE}=ζ_{aE}l_{ab}$，其中 $α=0.14$，$ζ_{aE}$ 对一、二级抗震等级取 1.15，对三级抗震等级取 1.05，对四级抗震等级取 1.00。
　　3. 框架梁纵向钢筋 90°弯折锚固时水平投影锚固长度 $≥0.4l_{ab}$（$0.4l_{abE}$）。

161 框架梁纵向钢筋90°弯折锚固时满足水平投影长度的适用边柱截面尺寸应该如何选取？

框架梁纵向钢筋 **90°** 弯折锚固时满足水平投影长度的适用边柱截面尺寸　　　表 **161**

抗震等级	边柱截面尺寸 b_c（mm）	梁纵向钢筋直径 d（mm）								
		12	14	16	18	20	22	25	28	32
一、二级	300	√	√	√						
三、四级		√	√	√	√					
一、二、三级	350	√	√	√	√	√				
四级		√	√	√	√	√	√			
一、二级	400	√	√	√	√	√	√			
三级		√	√	√	√	√	√			
四级		√	√	√	√	√	√	√		
一、二级	450	√	√	√	√	√	√			
三、四级		√	√	√	√	√	√	√		
一、二级	500	√	√	√	√	√	√	√	√	
三、四级		√	√	√	√	√	√	√	√	
一、二级	550	√	√	√	√	√	√	√		
三、四级		√	√	√	√	√	√	√	√	√
一、二、三级	600	√	√	√	√	√	√	√	√	√
四级		√	√	√	√	√	√	√	√	√
一、二级	650	√	√	√	√	√	√	√	√	
三、四级		√	√	√	√	√	√	√	√	√
一、二级	≥700	√	√	√	√	√	√	√	√	
三、四级		√	√	√	√	√	√	√	√	√

注：1. 依据《混凝土结构设计规范》GB 50010—2010（2015 年版）第 9.3.4 条、第 11.6.7 条规定，《高层建筑混凝土结构技术规程》JGJ 3—2010 第 6.5.5 条规定。

2. 表中混凝土强度等级为 C30，右上角第一条折线内用于 HRB400 级钢筋，右上角第二条折线内用于 HRB500 级钢筋。

162 一、二、三级抗震等级，框架梁纵向钢筋贯通中柱的适用截面尺寸应该如何选取？

框架梁纵向钢筋贯通中柱的适用截面尺寸（一）　　　表162

抗震等级	中柱截面尺寸 b_c（圆柱直径 d_c，梁宽 b）（mm）	梁纵向钢筋直径 d（mm）								
		12	14	16	18	20	22	25	28	32
一、二、三级	300（350，200）	√	√							
	350（400，200）	√	√	√						
	400（450，200）	√	√	√	√					
	450（500，250）	√	√	√	√	√				
	500（550，250）	√	√	√	√	√	√	√		
	550（600，300）	√	√	√	√	√	√	√		
	600（650，300）	√	√	√	√	√	√	√	√	
	≥650（700，300）	√	√	√	√	√	√	√	√	√

注：1. 依据《建筑抗震设计规范》GB 50011—2010（2016年版）第6.3.4条规定，《混凝土结构设计规范》GB 50010—2010（2015年版）第11.6.7条规定，《高层建筑混凝土结构技术规程》JGJ 3—2010第6.3.3条规定。
　　2. 对框架结构不应大于表中数值，对其他结构类型的框架不宜大于表中数值。

163 对于9度设防烈度的各类框架和一级抗震等级的框架结构，框架梁纵向钢筋贯通中柱的适用截面尺寸应该如何选取？

框架梁纵向钢筋贯通中柱的适用截面尺寸（二）　　　表163

抗震等级	中柱截面尺寸 b_c，（圆柱直径 d_c，梁宽 b）（mm）	梁纵向钢筋直径 d（mm）							
		14	16	18	20	22	25	28	32
9度设防烈度的各类框架和一级抗震等级的框架结构	350（400，200）	√							
	400（450，200）	√	√						
	450（500，250）	√	√	√					
	500（550，250）	√	√	√	√				
	550（600，300）	√	√	√	√	√			
	600（650，300）	√	√	√	√	√			
	650（700，300）	√	√	√	√	√			
	700（750，350）	√	√	√	√	√	√	√	
	750（800，350）	√	√	√	√	√	√	√	
	≥800（900，400）	√	√	√	√	√	√	√	√

注：依据《混凝土结构设计规范》GB 50010—2010（2015年版）第11.6.7条规定。

164 简支梁和连续梁简支端纵向钢筋锚固的适用端支座宽度应该如何选取？

简支梁和连续梁简支端纵向钢筋锚固的适用端支座宽度　　　表 164

支座宽度（mm）	纵筋位置	钢筋级别	梁纵向钢筋直径（mm），C30					梁纵向钢筋直径（mm），C35					梁纵向钢筋直径（mm），C40				
			12	14	16	18	22	12	14	16	18	22	12	14	16	18	22
200	梁顶	HRB400 HRB500	直锚入楼板内 l_a					直锚入楼板内 l_a					直锚入楼板内 l_a				
	梁底		√	√				√	√				√	√			
250	梁顶	HRB400 HRB500	直锚入楼板内 l_a				√	直锚入楼板内 l_a					直锚入楼板内 l_a				
	梁底		√	√	√	√		√	√	√	√		√	√	√	√	
300	梁顶	HRB400	直锚入楼板内 l_a					直锚入楼板内 l_a				√	直锚入楼板内 l_a				
	梁底		√	√	√	√		√	√	√	√		√	√	√	√	
	梁顶	HRB500	直锚入楼板内 l_a					直锚入楼板内 l_a					直锚入楼板内 l_a				
	梁底		√	√	√	√		√	√	√	√		√	√	√	√	

注：依据《混凝土结构设计规范》GB 50010—2010（2015 年版）第 8.3.1 条、第 9.2.2 条规定。

165 简支梁和连续梁简支端纵向钢筋采用弯钩或机械锚固措施的适用端支座宽度应该如何选取？

简支梁和连续梁简支端纵向钢筋采用弯钩或机械锚固措施的适用端支座宽度（HRB400）　表 165-1

支座宽度（mm）	纵筋锚固位置	梁纵向钢筋直径 d（mm），C30						梁纵向钢筋直径 d（mm），C35						梁纵向钢筋直径 d（mm），C40					
		12	14	16	18	20	22	12	14	16	18	20	22	12	14	16	18	20	22
200	梁顶	√	√	梁端伸出梁头				√	√	梁端伸出梁头				√	√	√	梁端伸出梁头		
	梁底	$d \leqslant 22$（单层）						$d \leqslant 22$（单层）						$d \leqslant 22$（单层）					
250	梁顶	√	√	√	√			√	√	√	√			√	√	√	√	√	
	梁底	$d \leqslant 28$（单层）						$d \leqslant 28$（单层）						$d \leqslant 28$（单层）					
300	梁顶	√	√	√	√	√	√	√	√	√	√	√	√	√	√	√	√	√	√
	梁底	$d \leqslant 36$（单层）						$d \leqslant 36$（单层）						$d \leqslant 36$（单层）					

注：1. 依据《混凝土结构设计规范》GB 50010—2010（2015 年版）第 8.3.1 条、第 8.3.3 条、第 9.2.2 条、第 9.2.6 条规定。
　　2. 梁端按铰接，上部钢筋伸入支座的水平投影锚固长度不小于 $0.6l_{ab}$ 的 60%，且总锚固长度不应小于 l_a；梁下部钢筋末端 135°弯钩，伸入支座的水平投影锚固长度不小于 12d 的 60%。

简支梁和连续梁简支端纵向钢筋采用弯钩或机械锚固措施的适用端支座宽度（HRB500）　表 165-2

支座宽度（mm）	纵筋锚固位置	梁纵向钢筋直径 d（mm），C30						梁纵向钢筋直径 d（mm），C35						梁纵向钢筋直径 d（mm），C40					
		12	14	16	18	20	22	12	14	16	18	20	22	12	14	16	18	20	22
200	梁顶	梁端伸出梁头						√	梁端伸出梁头					√	√	梁端伸出梁头			
	梁底	$d \leqslant 22$（单层）						$d \leqslant 22$（单层）						$d \leqslant 22$（单层）					
250	梁顶	√	√					√	√	√				√	√	√			
	梁底	$d \leqslant 28$（单层）						$d \leqslant 28$（单层）						$d \leqslant 28$（单层）					

续表

支座宽度(mm)	纵筋锚固位置	梁纵向钢筋直径 d (mm)，C30						梁纵向钢筋直径 d (mm)，C35						梁纵向钢筋直径 d (mm)，C40					
		12	14	16	18	20	22	12	14	16	18	20	22	12	14	16	18	20	22
300	梁顶	√	√	√	√			√	√	√	√	√		√	√	√	√	√	
	梁底	d≤36（单层）						d≤36（单层）						d≤36（单层）					

166　框架梁端箍筋加密区的长度、箍筋的最大间距和最小直径、箍筋肢距应该如何选取？

框架梁端箍筋加密区的长度、箍筋的最大间距和最小直径、箍筋肢距　　　　表166

抗震等级	加密区长度 (mm)		箍筋最大间距（mm）				箍筋最小直径 (mm)		箍筋肢距（mm）	
	$h_b \geqslant 250$ (350)	$h_b < 250$ (350)	$h_b \geqslant 400$ (600)	$h_b < 400$ (600)	$d > [12]16(18)$	$d \leqslant [12]16(18)$	$\rho \leqslant 2\%$	$\rho > 2\%$	$d_g \leqslant 10$ (12)	$d_g = 12$, 14 (14)
一级	$2h_b$	500	100	$h_b/4$	100	6d	10	12	200	$20d_g$
	$2h_b$	500	≤150				>12		≤150（不少于4肢）	
二级	$(1.5h_b)$	(500)	100	$h_b/4$	[100]	[8d]	8	10	(250)	$(20d_g)$
	$(1.5h_b)$	(500)	≤150				>12		≤150（不少于4肢）	
三级	$(1.5h_b)$	(500)	(150)	$(h_b/4)$	(150)	(8d)	8	10	(250)	$(20d_g)$
四级	$(1.5h_b)$	(500)	(150)	$(h_b/4)$	(150)	(8d)	6	8	300	

注：1. 依据《建筑抗震设计规范》GB 50011—2010（2016年版）第6.3.3条、第6.3.4条规定，《混凝土结构设计规范》GB 50010—2010（2015年版）第11.3.6条规定，《高层建筑混凝土结构技术规程》JGJ 3—2010第6.3.2条、第6.3.4条规定。

2. d 为纵向钢筋直径，d_g 为箍筋直径，h_b 为梁截面高度，ρ 为梁端纵向受拉钢筋配筋率。

167　梁箍筋的最大间距和最小直径、箍筋肢距应该如何选取？

梁箍筋的最大间距和最小直径、箍筋肢距　　　　表167

非框架梁截面高度（mm）	箍筋最大间距（mm）	箍筋最小直径（mm）	箍筋肢距（mm）
$150 < h_b \leqslant 300$	≤150，15d	≥6，d/4	$b > 400mm$ 且一层内纵向受压筋 > 3 根时，或 $b \leqslant 400mm$ 但一层内纵向受压筋 > 4 根时，应设置复合箍筋
$300 < h_b \leqslant 500$	≤200，15d	≥6，d/4	
$500 < h_b \leqslant 800$	≤250，15d	≥6，d/4	
$h_b > 800$	≤300，15d	≥8，d/4	

注：1. 依据《混凝土结构设计规范》GB 50010—2010（2015年版）第9.2.9条规定，《高层建筑混凝土结构技术规程》JGJ 3—2010第6.3.4条规定。

2. d 为纵向受压钢筋直径（确定箍筋间距取受压筋最小直径，箍筋直径取受压钢筋最大直径），h_b 为梁截面高度。

3. 当一层内的纵向受压钢筋多于5根且 $d > 18mm$ 时，箍筋间距不应大于10d。

168 在弯剪扭构件中，箍筋应该如何选取？

箍筋间距应符合本规范表9.2.9的规定，其中受扭所需的箍筋应做成封闭式，且应沿截面周边布置。当采用复合箍筋时，位于截面内部的箍筋不应计入受扭所需的箍筋面积。受扭所需箍筋的末端应做成135°弯钩，弯钩端头平直段长度不应小于10d，d为箍筋直径。

在超静定结构中，考虑协调扭转而配置的箍筋，其间距不宜大于0.75b，此处b按本规范第6.4.1条的规定取用，但对箱形截面构件，b均应以b_h代替。

注：依据《混凝土结构设计规范》GB 50010—2010（2015年版）第9.2.10条规定。

169 梁的两个侧面沿高度配置的纵向构造钢筋应该如何选取？

梁的单侧沿高度配置的纵向构造钢筋根数 n、直径 d　　　　表169

梁宽 b_b (mm)	梁的腹板高度 h_w (mm)											
	450	500	550	600	650	700	750	800	850	900	950	1000
200	2φ10	2φ10	2φ10	2φ10	3φ10	3φ10	3φ10	3φ10	—	—	—	—
250	2φ10	2φ10	2φ10	2φ10	3φ10	3φ10	3φ10	3φ10	4φ10	4φ10	4φ10	4φ10
300	2φ10	2φ10	2φ10	2φ12	3φ10	3φ10	3φ10	3φ10	4φ10	4φ10	4φ10	4φ10
350	2φ10	2φ12	2φ12	2φ12	3φ10	3φ10	3φ12	3φ12	4φ10	4φ10	4φ10	4φ12
400	2φ12	2φ12	2φ12	2φ12	3φ12	3φ12	3φ12	3φ12	4φ12	4φ12	4φ12	4φ12
450	2φ12	2φ12	2φ12	2φ14	3φ12	3φ12	3φ12	3φ12	4φ12	4φ12	4φ12	4φ12
500	2φ12	2φ14	2φ14	2φ14	3φ12	3φ14	3φ14	3φ14	4φ12	4φ12	4φ12	4φ14
550	2φ14	2φ14	2φ14	2φ14	3φ14	3φ14	3φ14	3φ14	4φ14	4φ14	4φ14	4φ14
600	2φ14	2φ14	2φ14	2φ16	3φ14	3φ14	3φ14	3φ14	4φ14	4φ14	4φ14	4φ14
650	2φ14	2φ16	2φ16	2φ16	3φ14	3φ14	3φ14	3φ16	4φ14	4φ14	4φ14	4φ14
700	2φ14	2φ16	2φ16	2φ16	3φ14	3φ14	3φ16	3φ16	4φ14	4φ14	4φ16	4φ16
750	2φ16	2φ16	2φ16	2φ18	3φ14	3φ16	3φ16	3φ16	4φ16	4φ16	4φ16	4φ16
800	2φ16	2φ16	2φ18	2φ18	3φ16	3φ16	3φ16	3φ16	4φ16	4φ16	4φ16	4φ16

注：1. 依据《混凝土结构设计规范》GB 50010—2010（2015年版）第9.2.13条规定。
　　2. 每侧纵向构造钢筋面积：$A_s=0.1\% bh_w$，钢筋配置面积：$A_s=n\pi d^2/4$，h_w取有效高度减去受拉及受压翼缘高度。

170 梁截面高度范围内有集中荷载作用时，其附加横向钢筋应该如何选取？

作用在梁截面高度范围内的集中荷载设计值 F（kN）　　　　表170

箍筋直径、肢数 HRB400	每侧附加箍筋配置数量			箍筋直径、箍筋肢数 HRB400	每侧附加箍筋配置数量		
	2	3	4		2	3	4
Φ6（2）	81.5	122.3	163.0	Φ6（4）	163.0	244.5	326.0
Φ6（3）	122.3	183.4	244.5	Φ8（2）	144.9	217.3	289.7

箍筋直径、肢数 HRB400	每侧附加箍筋配置数量			箍筋直径、箍筋肢数 HRB400	每侧附加箍筋配置数量		
	2	3	4		2	3	4
Φ8（3）	217.3	325.9	434.6	Φ10（4）	452.2	678.2	904.3
Φ8（4）	289.7	434.6	579.5	Φ12（2）	325.7	488.6	651.5
Φ10（2）	226.1	339.1	452.2	Φ12（3）	488.6	732.9	977.2
Φ10（3）	339.1	508.7	678.2	Φ12（4）	651.5	977.2	1302.9

注：1. 依据《混凝土结构设计规范》GB 50010—2010（2015 年版）第 9.2.11 条规定。
　　2. 计算公式 $F=A_{sv}f_{yv}$，A_{sv} 为承受集中荷载所需的附加横向钢筋总截面面积，f_{yv} 为箍筋的抗拉强度设计值。

171　梁沿全长箍筋的面积配筋率应该如何选取？

梁沿全长箍筋的面积配筋率 ρ_{sv}（%）　　　　表 171-1

混凝土强度等级（f_t, N/mm^2）	钢筋级别	C25（1.27）	C30（1.43）	C35（1.57）	C40（1.71）
一级（$\rho_{sv}=0.30f_t/f_{yv}$）	HPB300（$f_y=270$N/mm^2）	0.141	0.159	0.174	0.190
	HRB400（$f_y=360$N/mm^2）	0.106	0.119	0.131	0.143
二级、弯剪扭构件（$\rho_{sv}=0.28f_t/f_{yv}$）	HPB300（$f_y=270$N/mm^2）	0.132	0.148	0.163	0.177
	HRB400（$f_y=360$N/mm^2）	0.099	0.111	0.122	0.133
三、四级（$\rho_{sv}=0.26f_t/f_{yv}$）	HPB300（$f_y=270$N/mm^2）	0.122	0.138	0.151	0.165
	HRB400（$f_y=360$N/mm^2）	0.092	0.103	0.113	0.124
次梁（$\rho_{sv}=0.24f_t/f_{yv}$）	HPB300（$f_y=270$N/mm^2）	0.113	0.127	0.140	0.152
	HRB400（$f_y=360$N/mm^2）	0.085	0.095	0.105	0.114

注：依据《混凝土结构设计规范》GB 50010—2010（2015 年版）第 11.3.9 条、第 9.2.9 条、第 9.2.10 条规定，《高层建筑混凝土结构技术规程》JGJ 3—2010 第 6.3.4 条、第 6.3.5 条规定。

梁沿全长箍筋的面积配筋率计算表　　　　表 171-2

梁宽（mm）	箍筋直径（mm）	箍筋肢数					梁宽（mm）	箍筋直径（mm）	箍筋肢数				
		2	3	4	5	6			3	4	5	6	7
200	6	0.141	0.212	0.283	—	—	450	6	0.094	0.126	0.157	0.188	0.220
	8	0.251	0.377	0.503	—	—		8	0.168	0.223	0.279	0.335	0.391
	10	0.393	0.589	0.785	—	—		10	0.262	0.349	0.436	0.524	0.611
	12	0.565	0.848	1.131	—	—		12	0.377	0.503	0.628	0.754	0.880
250	6	0.113	0.170	0.226	0.283	—	500	6	0.085	0.113	0.141	0.170	0.198
	8	0.201	0.302	0.402	0.503	—		8	0.151	0.201	0.251	0.302	0.352

续表

梁宽 (mm)	箍筋 直径 (mm)	箍筋肢数				
		2	3	4	5	6
250	10	0.314	0.471	0.628	0.785	—
	12	0.452	0.679	0.905	1.131	—
300	6	0.094	0.141	0.188	0.236	0.283
	8	0.168	0.251	0.335	0.419	0.503
	10	0.262	0.393	0.524	0.655	0.785
	12	0.377	0.565	0.754	0.942	1.131
350	6	—	0.121	0.162	0.202	0.242
	8	—	0.215	0.287	0.359	0.431
	10	—	0.337	0.449	0.561	0.673
	12	—	0.485	0.646	0.808	0.969
400	6	—	0.106	0.141	0.177	0.212
	8	—	0.188	0.251	0.314	0.377
	10	—	0.295	0.393	0.491	0.589
	12	—	0.424	0.565	0.707	0.848

梁宽 (mm)	箍筋 直径 (mm)	箍筋肢数				
		3	4	5	6	7
500	10	0.236	0.314	0.393	0.471	0.550
	12	0.339	0.452	0.565	0.679	0.792
550	6	0.077	0.103	0.129	0.154	0.180
	8	0.137	0.183	0.228	0.274	0.320
	10	0.214	0.286	0.357	0.428	0.500
	12	0.308	0.411	0.514	0.617	0.720
600	6	0.071	0.094	0.118	0.141	0.165
	8	0.084	0.126	0.168	0.209	0.251
	10	0.131	0.196	0.262	0.327	0.393
	12	0.188	0.283	0.377	0.471	0.565
650	6	0.065	0.087	0.109	0.130	0.152
	8	0.116	0.155	0.193	0.232	0.271
	10	0.181	0.242	0.302	0.362	0.423
	12	0.261	0.348	0.435	0.522	0.609

注: 计算公式: $\rho_{sv} = A_{sv}/bs$, 采用的钢筋级别为 HRB400, 箍筋间距为 200mm。

172 梁配筋设计重点有哪些?

梁配筋设计重点　　　　　　　　　　　　　　　表172

纵向钢筋	箍筋
(1) 中节点:梁纵向钢筋直径 $d \leqslant b/20$(一、二、三级),端节点: 满足水平投影锚固长度 $\geqslant 0.4 l_{abE}$ 选纵筋直径 d	(1) 肢距: 一级 $\leqslant 200mm$ 和 $20d_g$ 的较大值, 二、三级 $\leqslant 250mm$ 和 $20d_g$ 的较大值, 四级 $\leqslant 300mm$
(2) 梁上部钢筋净距: $\geqslant 30mm$, $\geqslant 1.5d$; 梁下部钢筋净距: $\geqslant 25mm$, $\geqslant d$, 多于2层时, 2层以上钢筋的中距应比下面2层的中距增大一倍; 层间钢筋净距 $\geqslant 25mm$, $\geqslant d$	(2) 间距: 梁端箍筋加密区一级 $h_b/4$, $6d$, $100mm$ 最小值, 二级 $h_b/4$, $8d$, $100mm$ 最小值, 三级、四级 $h_b/4$, $8d$, $150mm$ 最小值, 非加密区的箍筋间距 $\leqslant$ 加密区箍筋间距的两倍
(3) 梁端受压区高度: 一级 $x \leqslant 0.25h_0$, 二、三级 $x \leqslant 0.35h_0$	(3) 箍筋形式: 外箍、内箍
(4) 梁端底面和顶面的配筋比值: 一级 $\geqslant 0.5$, 二、三级 $\geqslant 0.3$	(4) 直径: 一级 $\geqslant \phi 10$, 二、三级 $\geqslant \phi 8$, 四级 $\geqslant \phi 6$, 梁端纵向受拉钢筋配筋率 $\rho > 2\%$ 时, 箍筋最小直径数值应增大 2mm

纵向钢筋	箍筋
（5）通长钢筋：一、二级 $\geq 2\Phi14$，且 $\geq A_s'/4$ 或 $\geq A_s/4$，三、四级 $\geq 2\Phi12$	（5）一、二级抗震等级框架梁，当箍筋直径大于 12mm，肢数不少于 4 肢且肢距不大于 150mm，箍筋加密区间距 $\leq$ 150mm
（6）最大配筋率 ρ_{max}，最小配筋率 ρ_{min}，$\rho_{tl,min}$（受扭）	（6）箍筋的面积配筋率 ρ_{sv}
（7）梁端受拉钢筋配筋率 $2.5\% < \rho \leq 2.75\%$ 时，$A_s'/A_s \geq 0.5$;	（7）梁端设置的第一个箍筋距柱边 $\leq$ 50mm
（8）每侧纵向构造钢筋（腰筋）	（8）箍筋应有 $135°$ 弯钩，弯钩端头直段长度 $\geq 10d_g$，75mm

173 框架梁上开洞位置和截面承载力验算应该如何进行？

框架梁上开洞位置和截面承载力验算　　　　　　　　表173

洞口位置	宜位于梁跨中 1/3 区段	在梁两端接近支座处
洞口高度	$h_d \leq 0.4h_b$	
洞口上、下边高度	$h_1 \geq 200mm$、$h_2 \geq 200mm$	
截面受弯承载力验算	$h_1 \geq x = f_y A_s/\alpha_1 f_c b_b$	$h_2 \geq x = (f_y A_s - f_y' A_s')/\alpha_1 f_c b_b$，且 $x \leq 0.25h_0$（一级）、$x \leq 0.35h_0$（二、三级）
截面受剪承载力验算	$V \leq 0.25f_c b_b h_1$，$V \leq V_{cs} = \alpha_{cv} f_t b_b h_1 + f_{yv} (A_{sv}/s) h_1$	$V \leq 0.25f_c b_b h_2$，$V \leq V_{cs} = \alpha_{cv} f_t b_b h_2 + f_{yv} (A_{sv}/s) h_2$

注：洞口受拉边开裂不考虑其对受剪承载力的贡献。

174 框架梁洞口允许高度应该如何选取？

框架梁上开洞时，洞口位置宜位于梁跨中 1/3 区段，洞口高度不应大于梁高的 40%；开洞较大时应进行承载力验算。梁上洞口周边应配置附加纵向钢筋和箍筋（图 6.3.7），并应符合计算及构造要求。

注：依据《高层建筑混凝土结构技术规程》JGJ 3—2010 第 6.3.7 规定。

框架梁洞口最大高度见表 174-1。

框架梁洞口最大高度　　　　　　　　表174-1

梁截面高度 h_b（mm）	450	500	550	600	650	700	750	800
洞口上边高度 h_1、洞口下边高度 h_2（mm）	200	200	200	200	225	250	250	275
洞口最大高度 h_d（mm）	50	100	150	200	200	200	250	250

【算例】 框架梁截面尺寸为 300mm×600mm，纵向受拉钢筋上、下分别配置为 8Φ25、4Φ25，箍筋配置为 Φ10@100/200（2），混凝土强度为 C30，抗震等级为二级，支座处最大剪力为 300kN，跨中最大剪力为 180kN，洞口尺寸为 200mm×200mm，分别验算洞口位于跨中、支座的截面受弯、受剪承载力。

（1）洞口位于跨中

① 截面受弯承载力验算

$x = f_y A_s / \alpha_1 f_c b_b = 1964 \times 360 / 1.0 \times 14.3 \times 300 = 164.8mm < h_1 = 200mm$，满足。

② 截面受剪承载力验算

$0.25 f_c b_b h_1 = 0.25 \times 14.3 \times 300 \times 200 = 214.5kN > 180kN$，受剪截面满足；

$\alpha_{cv} f_t b_b h_1 + f_{yv}(A_{sv}/s) h_1 = 0.7 \times 1.43 \times 300 \times 200 + 360 \times (157 \times 2/100) \times 200 = 286.10kN > 180kN$，满足，洞口上边箍筋配置为 $\Phi10@100$（4）。

（2）洞口位于支座

① 截面受弯承载力验算

$x = (f_y A_s - f_y' A_s') / \alpha_1 f_c b_b = (3927 - 1964) \times 360 / 1.0 \times 14.3 \times 300 = 164.7mm < h_2 = 200mm$，满足；

$x = 0.35 h_0 = 0.35 \times 527.5 = 184.6mm < h_2 = 200mm$，满足。

② 截面受剪承载力验算

$0.25 f_c b_b h_2 = 0.25 \times 14.3 \times 300 \times 200 = 214.5kN < 300kN$，受剪截面不满足，梁端加腋保证洞口下边最小高度为 300mm；

$0.25 f_c b_b h_2 = 0.25 \times 14.3 \times 300 \times 300 = 321.8kN > 300kN$，受剪截面满足；

$\alpha_{cv} f_t b_b h_2 + f_{yv}(A_{sv}/s) h_2 = 0.7 \times 1.43 \times 300 \times 300 + 360 \times (157 \times 2/100) \times 300 = 429.2kN > 300kN$，满足，洞口下边箍筋配置为 $\Phi10@100$（4）。

不同洞口尺寸梁的承载能力比较见表 174-2。

不同洞口尺寸梁的承载能力比较表 表 174-2

洞口尺寸（mm）	洞口上、下边高度 h_1/h_2	洞口位于跨中		洞口位于支座	
100×100	300/300	$x=164.8mm$	$\Phi10@100$（2）	$x=164.7mm$	$\Phi10@100$（4）
150×150	250/250	$x=164.8mm$	$\Phi10@100$（2）	$x=164.7mm$	$\Phi10@100$（4）
200×200	200/200	$x=164.8mm$	$\Phi10@100$（4）	$x=164.7mm$	加腋，$\Phi10@100$（4）

5.2 框架柱

175 柱纵向钢筋的最小总配筋率应该如何选取？

柱纵向钢筋的最小总配筋率 $\rho_{min} = A_s/(bh)$（%） 表 175-1

类别	混凝土强度等级	钢筋级别	抗震等级				类别	混凝土强度等级	钢筋级别	抗震等级			
			一级	二级	三级	四级				一级	二级	三级	四级
中柱和边柱A	≤ C60	HRB400	1.05	0.85	0.75	0.65	角柱	≤ C60	HRB400	1.15	0.95	0.85	0.75
		HRB500	1.00	0.80	0.70	0.60			HRB500	1.10	0.90	0.80	0.70
	> C60	HRB400	1.15	0.95	0.85	0.75		> C60	HRB400	1.25	1.05	0.95	0.85

续表

类别	混凝土强度等级	钢筋级别	抗震等级				类别	混凝土强度等级	钢筋级别	抗震等级			
			一级	二级	三级	四级				一级	二级	三级	四级
中柱和边柱A	>C60	HRB500	1.10	0.90	0.80	0.70	角柱	>C60	HRB500	1.20	1.00	0.90	0.80
中柱和边柱	≤C60	HRB400	0.95	0.75	0.65	0.55	框支柱	≤C60	HRB400	1.15	0.95	—	—
		HRB500	0.90	0.70	0.60	0.50			HRB500	1.10	0.90	—	—
	>C60	HRB400	1.05	0.85	0.75	0.65		>C60	HRB400	1.25	1.05	—	—
		HRB500	1.00	0.80	0.70	0.60			HRB500	1.20	1.00	—	—

注：1. 依据《建筑抗震设计规范》GB 50011—2010（2016 年版）第 6.3.7 条规定，《混凝土结构设计规范》GB 50010—2010（2015 年版）第 11.4.12 条规定，《高层建筑混凝土结构技术规程》JGJ 3—2010 第 6.4.3 条规定。
　　2. 中柱和边柱 A 适用于框架结构。

IV 类场地上较高的高层建筑柱纵向钢筋的最小总配筋率 $\rho_{min}=A_S/(bh)$（%）　　表 175-2

类别	混凝土强度等级	钢筋级别	抗震等级				类别	混凝土强度等级	钢筋级别	抗震等级			
			一级	二级	三级	四级				一级	二级	三级	四级
中柱和边柱A	≤C60	HRB400	1.15	0.95	0.85	0.75	角柱	≤C60	HRB400	1.25	1.05	0.95	0.85
		HRB500	1.10	0.90	0.80	0.70			HRB500	1.20	1.00	0.90	0.80
	>C60	HRB400	1.25	1.05	0.95	0.85		>C60	HRB400	1.35	1.15	1.05	0.95
		HRB500	1.20	1.00	0.90	0.80			HRB500	1.30	1.10	1.00	0.90
中柱和边柱	≤C60	HRB400	1.05	0.85	0.75	0.65	框支柱	≤C60	HRB400	1.25	1.05	—	—
		HRB500	1.00	0.80	0.70	0.60			HRB500	1.20	1.00	—	—
	>C60	HRB400	1.15	0.95	0.85	0.75		>C60	HRB400	1.35	1.15	—	—
		HRB500	1.10	0.90	0.80	0.70			HRB500	1.30	1.10	—	—

176　柱纵向钢筋最小每侧配筋率及对应最小总配筋率应该如何选取？

柱纵向钢筋最小每侧配筋率及对应最小总配筋率 $\rho_{min}=A_S/(bh)$（%）　　表 176

框架柱	柱每侧纵筋根数 n（等直径）											
	4	5	6	7	8	9	10	11	12	13	14	15
最小总配筋率	0.60	0.64	0.67	0.69	0.70	0.71	0.72	0.73	0.73	0.74	0.74	0.75
最小每侧配筋率	不应小于 0.20											

注：依据《混凝土结构设计规范》GB 50010—2010（2015 年版）第 8.5.1 条规定。

177 框架柱纵向钢筋的最大配筋率应该如何选取？

柱纵向钢筋的最大每侧配筋率、最大总配筋率 ρ_{max}（%）　　　　表177

框架柱			柱每侧纵筋根数 n（等直径）							
			2	3	4	5	6	7	8	9
剪跨比	$\lambda > 2$	每侧配筋率 $\rho = A_{S1}/(bh)$	2.50	1.88	1.67	1.56	1.5	1.46	1.43	1.41
		总配筋率 $\rho = A_S/(bh)$	抗震设计时不应大于5.0							
	$\lambda \leq 2$ 的一级框架的柱	每侧配筋率 $\rho = A_{S1}/(bh)$	不宜大于1.20							
		总配筋率 $\rho = A_S/(bh)$	2.40	3.20	3.60	3.84	4.0	4.11	4.20	4.27

注：依据《建筑抗震设计规范》GB 50011—2010（2016年版）第6.3.8条规定，《混凝土结构设计规范》GB 50010—2010（2015年版）第11.4.13条规定，《高层建筑混凝土结构技术规程》JGJ 3—2010第6.4.4条规定。

178 柱每侧允许布置钢筋最小、最大根数应该如何选取？

柱每侧允许布置钢筋最小、最大根数　　　　表178

柱截面尺寸 b_c（mm）	钢筋根数	钢筋直径（mm）								
		12	14	16	18	20	22	25	28	32
300	最小/最大	2/4	2/4	2/4	2/4	2/4	2/3	2/3	2/3	2/3
350	最小/最大	2/5	2/5	2/5	2/4	2/4	2/4	2/4	2/4	2/3
400	最小/最大	3/6	3/6	3/5	3/5	3/5	3/5	3/5	3/4	3/4
450	最小/最大	3/7	3/6	3/6	3/6	3/6	3/6	3/5	3/5	3/5
500	最小/最大	4/7	4/7	4/7	4/7	4/6	4/6	4/6	3/6	3/5
550	最小/最大	4/8	4/8	4/8	4/7	4/7	4/7	4/7	4/6	4/6
600	最小/最大	4/9	4/9	4/8	4/8	4/8	4/8	4/7	4/7	4/6
650	最小/最大	5/10	5/9	5/9	5/9	5/9	5/9	5/8	4/7	4/7
700	最小/最大	5/11	5/10	5/10	5/10	5/9	5/9	5/9	4/8	4/8
750	最小/最大	5/11	5/11	5/11	5/10	5/10	5/10	5/9	5/9	5/8
800	最小/最大	5/12	5/12	5/11	5/11	5/11	5/10	5/10	5/9	5/9
850	最小/最大	5/13	5/13	5/12	5/12	5/11	5/11	5/11	5/10	5/9
900	最小/最大	6/14	6/13	6/13	6/13	6/12	6/12	6/11	5/11	5/10
950	最小/最大	6/15	6/14	6/14	6/13	6/13	6/12	6/12	6/11	6/11
1000	最小/最大	6/15	6/15	6/14	6/14	6/14	6/13	6/13	6/12	6/11
1100	最小/最大	7/17	7/16	7/16	7/15	7/15	7/15	7/14	6/13	6/12
1200	最小/最大	7/19	7/18	7/17	7/17	7/16	7/16	7/15	7/15	7/14

注：1. 依据《建筑抗震设计规范》GB 50011—2010（2016年版）第6.3.8条规定，《混凝土结构设计规范》GB 50010—2010（2015年版）第9.3.1条规定，《高层建筑混凝土结构技术规程》JGJ 3—2010第6.4.4条规定。
　　2. 计算公式为：最小：$n = (b - 2 \times (c + d_g) + 200 - d)/200$；最大：$n = (b - 2 \times (c + d_g) + 50)/(d + 50)$。

179　框架柱端箍筋加密范围、箍筋的最大间距和最小直径、箍筋肢距应该如何选取？

框架柱端箍筋加密范围、箍筋的最大间距和最小直径、箍筋最大肢距　　　　表 179

抗震等级	柱端箍筋加密范围（mm）	箍筋最大间距（mm）		箍筋最小直径（mm）		箍筋最大肢距（mm）
	$\lambda \leq 2$ 的柱、$H_\mathrm{n}/h \leq 4$ 的柱（设置填充墙等形成）、框支柱、一级和二级框架的角柱，取全高；刚性地面上下各 500mm	$d >$ [12]16（18）	$d \leq$ [12]16（18）	$\rho \leq 3\%$	$\rho > 3\%$	每隔一根纵筋有箍筋或拉筋
		框支柱和 $\lambda \leq 2$ 的框架柱 ≤ 100				
一级	$H_\mathrm{n}/6$、h、500 最大值（柱根 $H_\mathrm{n}/3$）	100	$6d$	10		≤ 200
	$H_\mathrm{n}/6$、h、500 最大值	≤ 150（除柱根外）		> 12		≤ 150
二级	$H_\mathrm{n}/6$、h、500 最大值（柱根 $H_\mathrm{n}/3$）	[100]	$[8d]$	8		≤ 250，$20d_\mathrm{g}$
	$H_\mathrm{n}/6$、h、500 最大值	≤ 150（除柱根外）		≥ 10		≤ 200
三级	$H_\mathrm{n}/6$、h、500 最大值（柱根 $H_\mathrm{n}/3$）	（150）[柱根 100]	$(8d)$[柱根 $8d$]	8（$b \leq 400$ 时 6）		≤ 250，$20d_\mathrm{g}$
四级	$H_\mathrm{n}/6$、h、500 最大值（柱根 $H_\mathrm{n}/3$）	（150）[柱根 100]	$(8d)$[柱根 $8d$]	6[柱根 8]	8	≤ 300

注：1. 依据《建筑抗震设计规范》GB 50011—2010（2016 年版）第 6.3.7 条、第 6.3.9 条、第 6.3.10 条规定，《混凝土结构设计规范》GB 50010—2010（2015 年版）第 9.3.2 条、第 11.4.12 条、第 11.4.15 条规定，《高层建筑混凝土结构技术规程》JGJ 3—2010 第 6.4.3 条、第 6.4.6 条、第 6.4.8 条规定。

2. d 为纵向钢筋直径，d_g 为箍筋直径，H_n 为柱净高，b 为柱的截面宽度，h 为柱截面高度，ρ 为柱纵向受拉钢筋配筋率。

180　柱箍筋非加密区的箍筋间距应该如何选取？

柱箍筋非加密区的箍筋配置，应符合下列规定：

（1）柱箍筋非加密区的体积配箍率不宜小于加密区的 50%；

（2）箍筋间距，一、二级框架柱不应大于 10 倍纵向钢筋直径，三、四级框架柱不应大于 15 倍纵向钢筋直径。

注：依据《建筑抗震设计规范》GB 50011—2010（2016 年版）第 6.3.9 条规定。

柱中全部纵向受力钢筋的配筋率大于 3% 时，箍筋直径不应小于 8mm，间距不应大于 10d，且不应大于 200mm，d 为纵向受力钢筋的最小直径。箍筋末端应做成 135° 弯钩，且弯钩末端平直段长度不应小于箍筋直径的 10 倍。

注：依据《混凝土结构设计规范》GB 50010—2010（2015 年版）第 9.3.2 条规定。

181　柱轴压比限值应该如何选取？

柱轴压比限值　　　　表 181

结构类型	条件	抗震等级			
		一级	二级	三级	四级
框架结构	$\lambda > 2$，$\leq$ C60	0.65	0.75	0.85	0.90

续表

结构类型	条件	抗震等级			
		一级	二级	三级	四级
框架结构	1.5≤λ≤2，≤C60	0.60	0.70	0.80	0.85
	井字复合箍、复合螺旋箍、连续复合矩形螺旋箍（附加芯柱）	0.75（0.80）	0.85（0.90）	0.95（1.00）	1.00（1.05）
	柱的截面中部附加芯柱	0.70	0.80	0.90	0.95
框架-剪力墙、板柱-剪力墙、框架-核心筒、筒中筒结构	λ>2，≤C60	0.75	0.85	0.90	0.95
	1.5≤λ≤2，≤C60	0.70	0.80	0.85	0.90
	井字复合箍、复合螺旋箍、连续复合矩形螺旋箍（附加芯柱）	0.85（0.90）	0.95（1.00）	1.00（1.05）	1.05（1.05）
	柱的截面中部附加芯柱	0.80	0.90	0.95	1.00
部分框支剪力墙	λ>2，≤C60	0.60	0.70	—	—
	1.5≤λ≤2，≤C60	0.55	0.65	—	—
	井字复合箍、复合螺旋箍（附加芯柱）	0.70（0.75）	0.80（0.85）	—	—
	柱的截面中部附加芯柱	0.65	0.75	—	—

注：依据《建筑抗震设计规范》GB 50011—2010（2016年版）第6.3.6条规定，《混凝土结构设计规范》GB 50010—2010（2015年版）第11.4.16条规定，《高层建筑混凝土结构技术规程》JGJ 3—2010第6.4.2条规定。

182 框架节点核心区的体积配箍率应该如何选取？

框架节点核心区的体积配箍率 ρ_v（%）（HRB400级钢筋）　表182

抗震等级	配箍特征值λv	钢筋牌号	混凝土强度等级							
			≤C35	C40	C45	C50	C55	C60	C65	C70
一级	0.12	HRB400	0.60	0.64	0.70	0.77	0.84	0.92	0.99	1.06
		HRB500	0.60	0.60	0.60	0.64	0.70	0.76	0.82	0.88
二级	0.10	HRB400	0.50	0.53	0.59	0.64	0.70	0.76	0.83	0.88
		HRB500	0.50	0.50	0.50	0.53	0.58	0.63	0.68	0.73
三级	0.08	HRB400	0.40	0.42	0.47	0.51	0.56	0.61	0.66	0.71
		HRB500	0.40	0.40	0.40	0.42	0.47	0.51	0.55	0.58

注：1. 依据《建筑抗震设计规范》GB 50011—2010（2016年版）第6.3.10条规定，《混凝土结构设计规范》GB 50010—2010（2015年版）第11.6.8条规定，《高层建筑混凝土结构技术规程》JGJ 3—2010第6.4.10条规定。
2. 剪跨比λ≤2的柱框架节点核心区，体积配箍率不宜小于核心区上、下柱端的较大体积配箍率。

183　框支柱箍筋加密区的体积配箍率应该如何选取？

框支柱箍筋加密区的体积配箍率 ρ_v（%）　　　表 183

抗震等级	箍筋形式	混凝土强度等级	柱轴压比（HRB400 级钢筋）							柱轴压比（HRB500 级钢筋）						
			≤ 0.3	0.4	0.5	0.6	0.7	0.8	0.9	≤ 0.3	0.4	0.5	0.6	0.7	0.8	0.9
一级	井字复合箍	≤ C45	1.50	1.50	1.50	1.50	1.50	1.50	1.50	1.50	1.50	1.50	1.50	1.50	1.50	1.50
		C50	1.50	1.50	1.50	1.50	1.50	1.50	1.60	1.50	1.50	1.50	1.50	1.50	1.50	1.50
		C55	1.50	1.50	1.50	1.50	1.50	1.55	1.76	1.50	1.50	1.50	1.50	1.50	1.50	1.50
		C60	1.50	1.50	1.50	1.50	1.50	1.68	1.91	1.50	1.50	1.50	1.50	1.50	1.50	1.50
		C65	1.50	1.50	1.50	1.50	1.57	1.82	2.06	1.50	1.50	1.50	1.50	1.50	1.50	1.71
		C70	1.50	1.50	1.50	1.50	1.68	1.94	2.21	1.50	1.50	1.50	1.50	1.50	1.61	1.83
二级	井字复合箍	≤ C55	1.50	1.50	1.50	1.50	1.50	1.50	1.50	1.50	1.50	1.50	1.50	1.50	1.50	1.50
		C60	1.50	1.50	1.50	1.50	1.50	1.50	1.60	1.50	1.50	1.50	1.50	1.50	1.50	1.50
		C65	1.50	1.50	1.50	1.50	1.50	1.57	1.73	1.50	1.50	1.50	1.50	1.50	1.50	1.50
		C70	1.50	1.50	1.50	1.50	1.50	1.68	1.86	1.50	1.50	1.50	1.50	1.50	1.50	1.54

注：依据《建筑抗震设计规范》GB 50011—2010（2016 年版）第 6.3.9 条规定，《混凝土结构设计规范》GB 50010—2010（2015 年版）第 11.4.17 条规定，《高层建筑混凝土结构技术规程》JGJ 3—2010 第 10.2.10 条规定。

184　框架柱箍筋加密区的体积配箍率应该如何选取？

柱箍筋加密区的体积配箍率 ρ_v（%）（HRB400 级钢筋）　　　表 184-1

抗震等级	箍筋形式	混凝土强度等级	柱轴压比								
			≤ 0.3	0.4	0.5	0.6	0.7	0.8	0.9	1.00	1.05
一级	普通箍、复合箍	≤ C35	0.80	0.80	0.80	0.80	0.80	0.93	1.07	—	—
		C40	0.80	0.80	0.80	0.80	0.90	1.06	1.22	—	—
		C45	0.80	0.80	0.80	0.88	1.00	1.17	1.35	—	—
		C50	0.80	0.80	0.83	0.96	1.09	1.28	1.48	—	—
		C55	0.80	0.80	0.91	1.05	1.19	1.41	1.62	—	—
		C60	0.80	0.84	0.99	1.15	1.30	1.53	1.76	—	—
		C65	0.83	0.91	1.07	1.24	1.40	1.65	1.90	—	—
		C70	0.88	0.97	1.15	1.33	1.50	1.77	2.03	—	—
二级	普通箍、复合箍	≤ C35	0.60	0.60	0.60	0.60	0.70	0.79	0.88	1.02	1.11
		C40	0.60	0.60	0.60	0.69	0.80	0.90	1.01	1.17	1.27

续表

抗震等级	箍筋形式	混凝土强度等级	柱轴压比								
			≤0.3	0.4	0.5	0.6	0.7	0.8	0.9	1.00	1.05
二级	普通箍、复合箍	C45	0.60	0.60	0.64	0.76	0.88	1.00	1.11	1.29	1.41
		C50	0.60	0.60	0.71	0.83	0.96	1.09	1.22	1.41	1.54
		C55	0.60	0.63	0.77	0.91	1.05	1.19	1.34	1.55	1.69
		C60	0.61	0.69	0.84	0.99	1.15	1.30	1.45	1.68	1.83
		C65	0.66	0.74	0.91	1.07	1.24	1.40	1.57	1.82	1.98
		C70	0.71	0.80	0.97	1.15	1.33	1.50	1.68	1.94	2.12
三、四级	普通箍、复合箍	≤C35	0.40	0.40	0.42	0.51	0.60	0.70	0.79	0.93	1.02
		C40	0.40	0.40	0.48	0.58	0.69	0.80	0.90	1.06	1.17
		C45	0.40	0.41	0.53	0.64	0.76	0.88	1.00	1.17	1.29
		C50	0.40	0.45	0.58	0.71	0.83	0.96	1.09	1.28	1.41
		C55	0.42	0.49	0.63	0.77	0.91	1.05	1.19	1.41	1.55
		C60	0.46	0.53	0.69	0.84	0.99	1.15	1.30	1.53	1.68
		C65	0.50	0.58	0.74	0.91	1.07	1.24	1.40	1.65	1.82
		C70	0.53	0.62	0.80	0.97	1.15	1.33	1.50	1.77	1.94

注: 1. 依据《建筑抗震设计规范》GB 50011—2010（2016 年版）第 6.3.9 条规定，《混凝土结构设计规范》GB 50010—2010（2015 年版）第 11.4.17 条规定，《高层建筑混凝土结构技术规程》JGJ 3—2010 第 6.4.7 条规定。
2. 剪跨比 $\lambda \leqslant 2$ 的柱宜采用复合螺旋箍或井字复合箍，其体积配箍率不应小于 1.2%，9 度一级时不应小于 1.5%。

柱箍筋加密区的体积配箍率 ρ_v（%）（HRB500 级钢筋） 表 184-2

抗震等级	箍筋形式	混凝土强度等级	柱轴压比								
			≤0.3	0.4	0.5	0.6	0.7	0.8	0.9	1.00	1.05
一级	普通箍、复合箍	≤C35	0.38	0.42	0.50	0.58	0.65	0.77	0.88	—	—
		C40	0.44	0.48	0.57	0.66	0.75	0.88	1.01	—	—
		C45	0.49	0.53	0.63	0.73	0.82	0.97	1.12	—	—
		C50	0.53	0.58	0.69	0.80	0.90	1.06	1.22	—	—
		C55	0.58	0.64	0.76	0.87	0.99	1.16	1.34	—	—
		C60	0.63	0.70	0.82	0.95	1.07	1.26	1.45	—	—
		C65	0.68	0.75	0.89	1.02	1.16	1.37	1.57	—	—
		C70	0.73	0.80	0.95	1.10	1.24	1.46	1.68	—	—

续表

抗震等级	箍筋形式	混凝土强度等级	柱轴压比								
			≤ 0.3	0.4	0.5	0.6	0.7	0.8	0.9	1.00	1.05
二级	普通箍、复合箍	≤ C35	0.31	0.35	0.42	0.50	0.58	0.65	0.73	0.84	0.92
		C40	0.35	0.40	0.48	0.57	0.66	0.75	0.83	0.97	1.05
		C45	0.39	0.44	0.53	0.63	0.73	0.82	0.92	1.07	1.16
		C50	0.42	0.48	0.58	0.69	0.80	0.90	1.01	1.17	1.27
		C55	0.47	0.52	0.64	0.76	0.87	0.99	1.11	1.28	1.40
		C60	0.51	0.57	0.70	0.82	0.95	1.07	1.20	1.39	1.52
		C65	0.55	0.61	0.75	0.89	1.02	1.16	1.30	1.50	1.64
		C70	0.58	0.66	0.80	0.95	1.10	1.24	1.39	1.61	1.75
三、四级	普通箍、复合箍	≤ C35	0.40	0.40	0.40	0.42	0.50	0.58	0.65	0.77	0.84
		C40	0.40	0.40	0.40	0.48	0.57	0.66	0.75	0.88	0.97
		C45	0.40	0.40	0.44	0.53	0.63	0.73	0.82	0.97	1.07
		C50	0.40	0.40	0.48	0.58	0.69	0.80	0.90	1.06	1.17
		C55	0.40	0.41	0.52	0.64	0.76	0.87	0.99	1.16	1.28
		C60	0.40	0.44	0.57	0.70	0.82	0.95	1.07	1.26	1.39
		C65	0.41	0.48	0.61	0.75	0.89	1.02	1.16	1.37	1.50
		C70	0.44	0.51	0.66	0.80	0.95	1.10	1.24	1.46	1.61

注: 1. 依据《建筑抗震设计规范》GB 50011—2010（2016 年版）第 6.3.9 条规定,《混凝土结构设计规范》GB 50010—2010（2015 年版）第 11.4.17 条规定,《高层建筑混凝土结构技术规程》JGJ 3—2010 第 6.4.7 条规定。

2. 剪跨比 $\lambda \leqslant 2$ 的柱宜采用复合螺旋箍或井字复合箍,其体积配箍率不应小于 1.2%,9 度一级时不应小于 1.5%。

柱端箍筋加密区的体积配箍率计算表（$s=100mm$） 表 184-3

截面尺寸（mm）	箍筋直径（mm）	箍筋肢数					截面尺寸（mm）	箍筋直径（mm）	箍筋肢数				
		2×2	3×3	4×4	5×5	6×6			2×2	3×3	4×4	5×5	6×6
300	6	0.48	0.72	—	—	—	350	6	—	0.59	—	—	—
	8	0.88	1.32	—	—	—		8	0.72	1.08	—	—	—
	10	1.42	2.13	—	—	—		10	1.16	1.74	—	—	—
400	6	—	0.50	0.67	—	—	450	6	—	0.44	0.59	—	—
	8	—	0.92	1.22	—	—		8	—	0.80	1.06	—	—
	10	—	1.47	1.96	—	—		10	—	1.27	1.69	—	—

截面尺寸(mm)	箍筋直径(mm)	箍筋肢数					截面尺寸(mm)	箍筋直径(mm)	箍筋肢数				
		3×3	4×4	5×5	6×6	7×7			3×3	4×4	5×5	6×6	7×7
500	6	—	0.52	0.65	—	—	550	6	—	0.47	0.58	—	—
	8	0.70	0.94	1.17	—	—		8	0.63	0.84	1.05	—	—
	10	1.12	1.49	1.87	—	—		10	1.00	1.33	1.67	—	—
	12	1.64	2.19	2.74	—	—		12	1.47	1.95	2.44	—	—
600	6	—	0.42	0.53	0.63	—	650	6	—	—	0.48	0.58	—
	8	0.57	0.76	0.95	1.14	—		8	0.52	0.70	0.87	1.04	—
	10	0.90	1.21	1.51	1.81	—		10	0.83	1.10	1.38	1.65	—
	12	1.32	1.76	2.20	2.65	—		12	1.21	1.61	2.01	2.41	—
700	6	—	—	0.44	0.53	0.62	750	6	—	—	0.41	0.49	0.58
	8	—	0.64	0.80	0.96	1.12		8	—	0.59	0.74	0.89	1.04
	10	—	1.01	1.27	1.52	1.77		10	—	0.94	1.17	1.41	1.64
	12	—	1.48	1.85	2.21	2.58		12	—	1.37	1.71	2.05	2.39
800	6	—	—	—	0.46	0.54	850	6	—	—	—	0.43	0.50
	8	—	0.55	0.69	0.83	0.97		8	—	0.52	0.65	0.77	0.90
	10	—	0.87	1.09	1.31	1.53		10	—	0.82	1.02	1.22	1.43
	12	—	1.27	1.59	1.90	2.22		12	—	1.19	1.48	1.78	2.08

截面尺寸(mm)	箍筋直径(mm)	箍筋肢数					截面尺寸(mm)	箍筋直径(mm)	箍筋肢数				
		6×6	7×7	8×8	9×9	10×10			6×6	7×7	8×8	9×9	10×10
900	6	0.41	0.47	0.54	0.61	—	950	6	—	0.45	0.51	0.57	—
	8	0.73	0.85	0.97	1.09	—		8	0.69	0.80	0.92	1.03	—
	10	1.15	1.34	1.53	1.72	—		10	1.08	1.26	1.44	1.62	—
	12	1.67	1.95	2.23	2.51	—		12	1.57	1.84	2.10	2.36	—
1000	8	0.65	0.76	0.87	0.97	—	1100	8	0.59	0.68	0.78	0.88	—
	10	1.02	1.19	1.37	1.54	—		10	0.92	1.08	1.23	1.39	—
	12	1.49	1.74	1.98	2.23	—		12	1.34	1.56	1.79	2.01	—
	14	2.04	2.38	2.72	3.06	—		14	1.84	2.14	2.45	2.76	—
1200	8	—	0.62	0.71	0.80	0.89	1300	8	—	0.57	0.65	0.74	0.82

续表

截面尺寸（mm）	箍筋直径（mm）	箍筋肢数					截面尺寸（mm）	箍筋直径（mm）	箍筋肢数				
		6×6	7×7	8×8	9×9	10×10			6×6	7×7	8×8	9×9	10×10
1200	10	—	0.98	1.12	1.26	1.40	1300	10	—	0.90	1.03	1.16	1.29
	12	—	1.42	1.63	1.83	2.03		12	—	1.31	1.49	1.68	1.87
	14	—	1.95	2.23	2.51	2.79		14	—	1.79	2.04	2.30	2.56
1400	8	—	—	0.61	0.68	0.76	1500	8	—	—	0.56	0.63	0.70
	10	—	—	0.95	1.07	1.19		10	—	—	0.88	1.00	1.11
	12	—	—	1.38	1.55	1.72		12	—	—	1.28	1.44	1.60
	14	—	—	1.89	2.12	2.36		14	—	—	1.75	1.97	2.19

注：1. 依据《建筑抗震设计规范》GB 50011—2010（2016 年版）第 6.3.9 条规定，《混凝土结构设计规范》GB 50010—2010（2015 年版）第 6.6.3、第 11.4.17 条规定，《高层建筑混凝土结构技术规程》JGJ 3—2010 第 6.4.7 条规定。
2. 表中柱混凝土的保护层厚度取 20mm。
3. 柱端箍筋加密区的体积配箍率 ρ_v 计算公式：$\rho_v = (n_1 A_{s1} l_1 + n_2 A_{s2} l_2) / (A_{cor} s)$，其中 n_1、A_{s1}、l_1 为 y 方向的箍筋肢数、单肢箍的截面面积、单肢箍的长度，n_2、A_{s2}、l_2 为 x 方向的箍筋肢数、单肢箍的截面面积、单肢箍的长度，A_{cor} 为箍筋内表面范围内的混凝土核心截面面积，s 为箍筋的间距。

185 柱纵向钢筋最小配筋面积应该如何选取？

柱纵向钢筋最小配筋面积（mm²）　　　　　　　　　　表 185

柱截面尺寸	柱纵向钢筋最小配筋率（%）								
	0.55	0.65	0.75	0.85	0.95	1.05	1.15	1.25	1.35
300×300	495	585	675	765	855	945	1035	1125	1215
350×350	674	796	919	1041	1164	1286	1409	1531	1654
400×400	880	1040	1200	1360	1520	1680	1840	2000	2160
450×450	1114	1316	1519	1721	1924	2126	2329	2531	2734
500×500	1375	1625	1875	2125	2375	2625	2875	3125	3375
550×550	1664	1966	2269	2571	2874	3176	3479	3781	4084
600×600	1980	2340	2700	3060	3420	3780	4140	4500	4860
650×650	2324	2746	3169	3591	4014	4436	4859	5281	5704
700×700	2695	3185	3675	4165	4655	5145	5635	6125	6615
750×750	3094	3656	4219	4781	5344	5906	6469	7031	7594
800×800	3520	4160	4800	5440	6080	6720	7360	8000	8640
850×850	3974	4696	5419	6141	6864	7586	8309	9031	9754

柱截面尺寸	柱纵向钢筋最小配筋率（%）								
	0.55	0.65	0.75	0.85	0.95	1.05	1.15	1.25	1.35
900×900	4455	5265	6075	6885	7695	8505	9315	10125	10935
950×950	4964	5866	6769	7671	8574	9476	10379	11281	12184
1000×1000	5500	6500	7500	8500	9500	10500	11500	12500	13500
1100×1100	6655	7865	9075	10285	11495	12705	13915	15125	16335
1200×1200	7920	9360	10800	12240	13680	15120	16560	18000	19440
1300×1300	9295	10985	12675	14365	16055	17745	19435	21125	22815
1400×1400	10780	12740	14700	16660	18620	20580	22540	24500	26460
1500×1500	12375	14625	16875	19125	21375	23625	25875	28125	30375

注：依据《建筑抗震设计规范》GB 50011—2010（2016 年版）第 6.3.7 条规定，《混凝土结构设计规范》GB 50010—2010（2015 年版）第 11.4.12 条规定，《高层建筑混凝土结构技术规程》JGJ 32—010 第 6.4.3 条规定。

186 柱配筋设计重点有哪些？

柱配筋设计重点   表 186

纵向钢筋	箍筋
（1）宜采用大直径钢筋作纵向受力钢筋，最小直径不宜小于 20mm。配筋面积、角筋面积均应满足计算要求。边柱、角柱及剪力墙端柱在小偏心受拉时，柱内纵筋总截面面积应比计算值增加 20%。柱总配筋率不应大于 5%；剪跨比不大于 2 的一级框架的柱，每侧纵向钢筋配筋率不宜大于 1.2%。柱的纵筋不应与箍筋、拉筋及预埋件等焊接	（1）柱的箍筋加密范围：柱端取截面高度（圆柱直径）、柱净距的 1/6 和 500mm 三者的最大值；底层柱的下端不小于柱净高的 1/3；刚性地面上下各 500mm；剪跨比不大于 2 的柱、因设置填充墙等形成的柱净高与柱截面高度之比不大于 4 的柱、框支柱、一级和二级框架的角柱取全高。柱箍筋的配筋形式，应考虑浇筑混凝土的工艺要求，在柱截面中心部位应留出浇筑混凝土所用导管的空间（留出不少于 300mm×300mm 空间）
（2）净距：$50\text{mm} \leqslant s_n \leqslant 300\text{mm}$	（2）肢距：一级 $s_h \leqslant 200\text{mm}$，二、三级 $s_h \leqslant 250\text{mm}$，四级 $s_h \leqslant 300\text{mm}$
（3）间距：截面尺寸大于 400mm 的柱，一、二、三级 $s \leqslant 200\text{mm}$；四级 $s \leqslant 300\text{mm}$，柱纵向钢筋间距不宜大于 300mm	（3）间距：一级 $s \leqslant 100/200$ 或 $6d/10d$；二级 $s \leqslant 100/200$ 或 $8d/10d$；三、四级 $s \leqslant 150/300$ 或 $8d/15d$（柱根 100）；$\rho > 3\%$ 时，$s \leqslant 10d$，200mm；框支柱和剪跨比不大于 2 的框架柱 $s_h \leqslant 100\text{mm}$
（4）圆柱中纵向钢筋不宜少于 8 根，不应少于 6 根，且宜沿周边均匀布置	（4）直径：一级 $d_g \geqslant 10\text{mm}$，二、三级 $d_g \geqslant 8\text{mm}$，四级 $d_g \geqslant 6\text{mm}$（柱根 8mm），$\rho > 3\%$ 时，$d_g \geqslant 8\text{mm}$；箍筋封闭式，末端做成 135° 弯钩
（5）柱的纵向钢筋宜对称配置	（5）至少每隔 1 根纵向钢筋布置箍筋或拉筋
（6）最大配筋率 ρ_{max}，最小配筋率 ρ_{min}	（6）柱箍筋加密区的体积配箍率 $\rho_{v,min}$

第6章 剪力墙结构构造

6.1 剪力墙

187 剪力墙在重力荷载代表值作用下墙肢的轴压比限值应该如何选取？

剪力墙在重力荷载代表值作用下墙肢的轴压比限值   表187

抗震等级	一级（9度）	一级（7、8度）	二、三级
轴压比限值	不宜大于或超过0.4	不宜大于或超过0.5	不宜大于或超过0.6

注：1. 依据《建筑抗震设计规范》GB 50011—2010（2016年版）第6.4.2条规定，《混凝土结构设计规范》GB 50010—2010（2015年版）第11.7.16条规定，《高层建筑混凝土结构技术规程》JGJ 32—010第7.2.13条规定。
    2. 剪力墙肢轴压比指在重力荷载作用下，墙的轴压力设计值与墙的全截面面积和混凝土轴心抗压强度设计值乘积的比值。
    3. 计算墙肢轴压力设计值时，不计入地震作用组合，但应取分项系数1.2。

188 短肢剪力墙的轴压比限值应该如何选取？

短肢剪力墙的轴压比限值   表188

抗震等级	一级		二级		三级	
轴压比限值	短肢剪力墙	一字形短肢剪力墙	短肢剪力墙	一字形短肢剪力墙	短肢剪力墙	一字形短肢剪力墙
	不宜大于0.45	不宜大于0.35	不宜大于0.50	不宜大于0.40	不宜大于0.55	不宜大于0.45

注：1. 依据《高层建筑混凝土结构技术规程》JGJ 3—2010第7.2.2条规定。
    2. 当墙厚≤300mm时，对于L形、T形、十字形各肢截面高厚比大于4但不大于8的剪力墙，划分为短肢剪力墙。
    3. 对于采用刚度较大的连梁与墙肢形成的开洞剪力墙，不宜按单独墙肢判断其是否属于短肢剪力墙。

189 短肢剪力墙的全部竖向钢筋的最小配筋率应该如何选取？

短肢剪力墙的全部竖向钢筋的最小配筋率（%）   表189

抗震等级	底部加强部位	其他部位
一、二级	不宜小于1.2	不宜小于1.0
三、四级	不宜小于1.0	不宜小于0.8

注：依据《高层建筑混凝土结构技术规程》JGJ 3—2010第7.2.2条规定。

190 剪力墙竖向和横向分布钢筋的最小配筋率、最小直径、最大直径、拉筋应该如何选取？

剪力墙竖向和横向分布钢筋的最小配筋率、最小直径、最大直径、拉筋　　　表190

抗震等级		最小配筋率（%）	最大间距（mm）	最小直径（mm）		最大直径（mm）	墙厚（mm）分布钢筋排数			分布钢筋间拉筋（$b_w > 140mm$）	
		竖向、横向	竖向、横向	竖向	横向	竖向、横向	> 140，≤ 400	> 400，≤ 700	> 700	最大间距（mm）	最小直径（mm）
一、二、三级		0.25	300	10	8	$b_w/10$	双排	三排	四排	600	6
四级	高度 < 24m 且剪压比很小	0.15									
	高度 ≥ 24m	0.20									
部分框支剪力墙结构的落地剪力墙底部加强部位		0.30	200	10	8	$b_w/10$	双排	三排	四排	400	8

注：1. 依据《建筑抗震设计规范》GB 50011—2010（2016年版）第6.2.11条、第6.4.3条、第6.4.4条规定，《混凝土结构设计规范》GB 50010—2010（2015年版）第11.7.14条、第11.7.15条规定，《高层建筑混凝土结构技术规程》JGJ 3—2010第7.2.3条、第7.2.17条、第7.2.18条、第10.2.19条规定。
　　2. 房屋顶层剪力墙、长矩形平面房屋的楼梯间和电梯间剪力墙、端开间纵向剪力墙以及端山墙的水平和竖向分布钢筋的配筋率均不应小于0.25%，间距均不应大于200mm。

191 剪力墙与其平面外相交的楼面梁连接应该如何选取？

剪力墙与其平面外相交的楼面梁连接　　　表191

连接方式	刚接	半刚接	铰接
梁高与墙厚比值	> 2	2	< 2
采取的措施	1. 设置与梁相连的剪力墙，墙厚不宜小于梁宽； 2. 设置扶壁柱，其宽度不应小于梁宽； 3. 墙内设置暗柱，宽度取梁宽加两倍墙厚	通过支座弯矩调幅或变截面梁实现梁端铰接或半刚接设计，以减小墙肢平面外弯矩。此时应相应加大梁的跨中弯矩	上筋水平投影长度 ≥ $0.4l_{ab}$（$0.4l_{abE}$），弯折段15d；下筋带肋钢筋 ≥ 12d
梁端纵筋锚固要求	锚固段的水平投影长度 ≥ $0.4l_{ab}$（$0.4l_{abE}$），弯折段15d，当锚固段的水平投影长度不满足要求时，可将楼面梁伸出墙面形成梁头	必须保证梁纵向钢筋在墙内的锚固要求	

注：依据《高层建筑混凝土结构技术规程》JGJ 3—2010第7.1.6条规定以及条文说明，《建筑抗震设计规范》GB 50011—2010（2016年版）第6.5.3条规定。

192　暗柱、扶壁柱纵向钢筋的构造配筋率应该如何选取？

暗柱、扶壁柱纵向钢筋的构造配筋率（%）　　　　表192

序	钢筋级别	抗震等级			
		一级	二级	三级	四级
1	HRB400	不宜小于 0.95	不宜小于 0.75	不宜小于 0.65	不宜小于 0.55
2	HRB500	不宜小于 0.90	不宜小于 0.70	不宜小于 0.60	不宜小于 0.50

注：依据《高层建筑混凝土结构技术规程》JGJ 3—2010 第 7.1.6 条规定。

193　楼面梁纵向钢筋 90°弯折锚固时满足水平投影长度的适用墙厚应该如何选取？

楼面梁纵向钢筋 90°弯折锚固时满足水平投影长度的适用墙厚（HRB400）　　表193

墙厚 b_w (mm)	抗震等级	梁纵向钢筋直径 (mm)，C30					梁纵向钢筋直径 (mm)，C35						梁纵向钢筋直径 (mm)，C40					
		12	14	16	18	20	12	14	16	18	20	22	12	14	16	18	20	22
180	一、二级																	
	三级						√						√					
	四级						√						√	√				
200	一、二级						—						—					
	三级	√	伸出墙面形成梁头				√	伸出墙面形成梁头					√	√	伸出墙面形成梁头			
	四级	√					√						√	√				
220	一、二级	—					—	√					—	√				
	三级	√					√	√					√	√	√			
	四级	√	√				√	√	√				√	√	√			
250	一、二级	—	√				—	√					—	√	√			
	三级	√	√				√	√	√				√	√	√	√		
	四级	√	√	√			√	√	√	√			√	√	√	√		
280	一、二级	√					√	√					√	√	√			
	三级	√	√				√	√	√				√	√	√	√		
	四级	√	√	√			√	√	√	√			√	√	√	√	√	
300	一、二级	—	√				√	√					√	√	√			
	三级	√	√	√			√	√	√	√			√	√	√	√	√	
	四级	√	√	√	√		√	√	√	√	√		√	√	√	√	√	√

注：依据《高层建筑混凝土结构技术规程》JGJ 3—2010 第 7.1.6 条规定，《混凝土结构设计规范》GB 50010—2010（2015 年版）第 8.3.1 条规定。

194　楼面梁纵向钢筋 90° 弯折锚固时满足水平投影长度的适用梁头应该如何选取？

楼面梁纵向钢筋 90° 弯折锚固时满足水平投影长度的适用梁头（HRB400）　　表 194

墙厚 b_w (mm)	梁头 (mm)	抗震等级	梁纵向钢筋直径（mm），C30					梁纵向钢筋直径（mm），C35						梁纵向钢筋直径（mm），C40					
			12	14	16	18	20	12	14	16	18	20	22	12	14	16	18	20	22
180	40	一、二级												—	√				
		三级	√					√	√					√	√	√			
		四级	√	√				√	√	√				√	√	√	√		
	100	一、二级	—	√	√			—	√	√				√	√	√	√		
		三级	√	√	√	√		√	√	√	√			√	√	√	√	√	
		四级	√	√	√	√	√	√	√	√	√	√		√	√	√	√	√	√
200	50	一、二级	√	√				√	√					√	√	√			
		三级	√	√				√	√	√				√	√	√			
		四级	√	√	√			√	√	√				√	√	√	√		
	100	一、二级	—	√	√			—	√	√	√			√	√	√	√		
		三级	√	√	√	√		√	√	√	√			√	√	√	√	√	
		四级	√	√	√	√	√	√	√	√	√	√		√	√	√	√	√	√

注：依据《高层建筑混凝土结构技术规程》JGJ 3—2010 第 7.1.6 条规定，《混凝土结构设计规范》GB 50010—2010（2015 年版）第 8.3.1 条规定。

195　楼面梁纵向钢筋 90° 弯折锚固时满足水平投影长度梁端水平加腋应该如何选取？

楼面梁纵向钢筋 90° 弯折锚固时满足水平投影长度梁端水平加腋（HRB400）　　表 195

墙厚 b_w (mm)	腋宽度 (mm)	抗震等级	梁纵向钢筋直径（mm），C30					梁纵向钢筋直径（mm），C35						梁纵向钢筋直径（mm），C40					
			12	14	16	18	20	12	14	16	18	20	22	12	14	16	18	20	22
200	$c=100$	一、二级	—	√	√			—	√	√	√			—	√	√	√		
		三级	√	√	√	√		√	√	√	√			√	√	√	√	√	√
		四级	√	√	√	√	√	√	√	√	√	√		√	√	√	√	√	√

注：依据《高层建筑混凝土结构技术规程》JGJ 3—2010 第 7.1.6 条，《混凝土结构设计规范》GB 50010—2010（2015 年版）第 8.3.1 条规定。

196　暗柱纵向钢筋最小总配筋面积应该如何选取？

暗柱纵向钢筋最小总配筋面积（mm²）　　　　　　表196

暗柱截面尺寸		钢筋级别	抗震等级			
墙的厚度或截面高度（mm）	截面宽度（mm）		一级	二级	三级	四级
200	200+2×200	HRB400	1140	900	780	660
		HRB500	1080	840	720	600
220	200+2×220	HRB400	1338	1056	915	774
		HRB500	1267	986	845	704
250	200+2×250	HRB400	1663	1313	1138	963
		HRB500	1575	1225	1050	875
280	200+2×280	HRB400	2022	1596	1383	1170
		HRB500	1915	1490	1277	1064
300	200+2×230	HRB400	2280	1800	1560	1320
		HRB500	2160	1680	1440	1200

注：依据《高层建筑混凝土结构技术规程》JGJ 3—2010 第7.1.6条规定。

197　暗柱或扶壁柱箍筋配置应该如何选取？

暗柱或扶壁柱箍筋配置要求　　　　　　表197

抗震等级	箍筋最小直径（mm）	箍筋最大间距（mm）
一级	不应小于8，且不应小于纵向钢筋直径的1/4	不应大于150
二、三级	不应小于8，且不应小于纵向钢筋直径的1/4	不应大于150
四级	不应小于6，且不应小于纵向钢筋直径的1/4	不应大于200

注：依据《高层建筑混凝土结构技术规程》JGJ 32—010 第7.1.6条规定。

198　剪力墙竖向和横向分布钢筋的构造配筋应该如何选取？

剪力墙竖向和横向分布钢筋的构造配筋（$s=150mm$）　　　　　　表198-1

墙厚（mm）	排数	分布钢筋的最小配筋率（%）						墙厚（mm）	排数	分布钢筋的最小配筋率（%）					
		0.20		0.25		0.30				0.20		0.25		0.30	
		竖向	横向	竖向	横向	竖向	横向			竖向	横向	竖向	横向	竖向	横向
140	2	ϕ10	ϕ8	ϕ10	ϕ8	ϕ10	ϕ8	180	2	ϕ10	ϕ8	ϕ10	ϕ8	ϕ10	ϕ8
160	2	ϕ10	ϕ8	ϕ10	ϕ8	ϕ10	ϕ8	200	2	ϕ10	ϕ8	ϕ10	ϕ8	ϕ10	ϕ8

续表

墙厚(mm)	排数	分布钢筋的最小配筋率(%)						墙厚(mm)	排数	分布钢筋的最小配筋率(%)					
		0.20		0.25		0.30				0.20		0.25		0.30	
		竖向	横向	竖向	横向	竖向	横向			竖向	横向	竖向	横向	竖向	横向
220	2	φ10	φ8	φ10	φ8	φ10	φ8	700	3	φ10	φ10	φ12	φ12	φ12	φ12
250	2	φ10	φ8	φ10	φ8	φ10	φ10	750	4	φ10	φ10	φ10	φ10	φ12	φ12
300	2	φ10	φ8	φ10	φ10	φ10	φ10	800	4	φ10	φ10	φ10	φ12	φ12	φ12
350	2	φ10	φ10	φ10	φ10	φ12	φ12	850	4	φ10	φ10	φ12	φ12	φ12	φ12
400	2	φ10	φ10	φ10	φ10	φ12	φ12	900	4	φ10	φ10	φ12	φ12	φ12	φ12
450	3	φ10	φ8	φ10	φ10	φ12	φ10	950	4	φ10	φ10	φ12	φ12	φ12	φ12
500	3	φ10	φ8	φ10	φ10	φ10	φ10	1000	4	φ10	φ10	φ12	φ12	φ12	φ12
550	3	φ10	φ10	φ10	φ10	φ12	φ12	1050	4	φ12	φ12	φ12	φ12	φ14	φ14
600	3	φ10	φ10	φ10	φ10	φ12	φ12	1100	4	φ12	φ12	φ12	φ12	φ14	φ14
650	3	φ10	φ10	φ12	φ12	φ12	φ12	1200	4	φ12	φ12	φ12	φ12	φ14	φ14

注：依据《混凝土结构设计规范》GB 50010—2010（2015年版）第9.4.4条规定。

剪力墙竖向和横向分布钢筋的构造配筋（$s=200$mm） 表198-2

墙厚(mm)	排数	分布钢筋的最小配筋率(%)						墙厚(mm)	排数	分布钢筋的最小配筋率(%)					
		0.20		0.25		0.30				0.20		0.25		0.30	
		竖向	横向	竖向	横向	竖向	横向			竖向	横向	竖向	横向	竖向	横向
140	2	φ10	φ8	φ10	φ8	φ10	φ8	600	3	φ12	φ12	φ12	φ12	φ14	φ14
160	2	φ10	φ8	φ10	φ8	φ10	φ8	650	3	φ12	φ12	φ12	φ12	φ14	φ14
180	2	φ10	φ8	φ10	φ8	φ10	φ10	700	3	φ12	φ12	φ14	φ14	φ14	φ14
200	2	φ10	φ8	φ10	φ8	φ10	φ10	750	4	φ10	φ10	φ12	φ12	φ12	φ12
220	2	φ10	φ8	φ10	φ10	φ10	φ10	800	4	φ12	φ12	φ14	φ14	φ14	φ14
250	2	φ10	φ8	φ10	φ10	φ10	φ10	850	4	φ12	φ12	φ14	φ14	φ14	φ14
300	2	φ10	φ10	φ10	φ10	φ12	φ12	900	4	φ12	φ12	φ14	φ14	φ14	φ14
350	2	φ10	φ10	φ12	φ12	φ12	φ12	950	4	φ12	φ12	φ14	φ14	φ14	φ14
400	2	φ12	φ12	φ12	φ12	φ14	φ14	1000	4	φ12	φ12	φ14	φ14	φ14	φ14
450	3	φ10	φ10	φ10	φ10	φ12	φ12	1050	4	φ12	φ12	φ14	φ14	φ16	φ16
500	3	φ10	φ10	φ12	φ10	φ12	φ12	1100	4	φ12	φ12	φ14	φ14	φ16	φ16
550	3	φ10	φ10	φ12	φ12	φ12	φ12	1200	4	φ14	φ14	φ14	φ14	φ16	φ16

注：依据《混凝土结构设计规范》GB 50010—2010（2015年版）第9.4.4条规定。

199　剪力墙底部加强部位的范围应该如何选取？

剪力墙底部加强部位的范围　　　　　　　　　　　表 199

序号	条件		剪力墙底部加强部位的高度
1	部分框支剪力墙结构的剪力墙		可取框支层加框支层以上两层的高度及落地剪力墙总高度的 1/10 二者的较大值
2	其他结构的剪力墙	房屋高度大于 24m 时	可取底部两层和墙体总高度的 1/10 二者的较大值
		房屋高度不大于 24m 时	可取底部一层
3	当结构计算嵌固端位于地下一层的底板或以下时		尚宜向下延伸到计算嵌固端
4	当结构嵌固在基础顶面时		尚应延伸至基础顶面
5	裙房与主楼相连时		也可以延伸到裙房以上一层

注：依据《建筑抗震设计规范》GB 50011—2010（2016 年版）第 6.1.10 条规定，《高层建筑混凝土结构技术规程》JGJ 3—2010 第 7.1.4 条规定，《建筑地基基础设计规范》GB 50007—2011 第 8.4.26 条规定。

6.2　边缘构件

200　剪力墙设置构造边缘构件和约束边缘构件应该如何选取？

剪力墙设置构造边缘构件和约束边缘构件　　　　　表 200

边缘构件类别	一级（9 度）	一级（7、8 度）	二、三级
设置构造边缘构件（λ 为墙肢轴压比）	$\lambda \leqslant 0.1$	$\lambda \leqslant 0.2$	$\lambda \leqslant 0.3$
在底部加强部位及相邻的上一层设置约束边缘构件（λ 为墙肢轴压比）	$0.1 < \lambda \leqslant 0.4$	$0.2 < \lambda \leqslant 0.5$	$0.3 < \lambda \leqslant 0.6$

部分框支剪力墙结构在底部加强部位及相邻的上一层设置约束边缘构件，在以上的其他部位可设置构造边缘构件

注：依据《建筑抗震设计规范》GB 50011—2010（2016 年版）第 6.4.5 条规定，《混凝土结构设计规范》GB 50010—2010（2015 年版）第 11.7.17 条规定，《高层建筑混凝土结构技术规程》JGJ 3—2010 第 7.2.14 条规定。

201　剪力墙构造边缘构件的配筋应该如何选取？

剪力墙构造边缘构件的配筋要求　　　　　　　　　表 201

抗震等级	底部加强部位			其他部位		
	纵向钢筋最小量（取较大值）	箍筋		纵向钢筋最小量（取较大值）	拉筋	
		最小直径（mm）	沿竖向最大间距（mm）		最小直径（mm）	沿竖向最大间距（mm）
一级	$0.010A_c$，$6\phi16$	8	100	$0.008A_c$，$6\phi14$	8	150
二级	$0.008A_c$，$6\phi14$	8	150	$0.006A_c$，$6\phi12$	8	200

续表

抗震等级	底部加强部位			其他部位		
	纵向钢筋最小量（取较大值）	箍筋		纵向钢筋最小量（取较大值）	拉筋	
		最小直径（mm）	沿竖向最大间距（mm）		最小直径（mm）	沿竖向最大间距（mm）
三级	$0.006A_c$，$6\phi12$	6	150	$0.005A_c$，$4\phi12$	6	200
四级	$0.005A_c$，$4\phi12$	6	200	$0.004A_c$，$4\phi12$	6	250

注：1. A_c 为边缘构件的截面面积。
2. 其他部位的拉筋，水平间距不应大于纵筋间距的 2 倍；转角处宜采用箍筋。
3. 当端柱承受集中荷载时，其纵向钢筋、箍筋直径和间距应满足柱的相应要求。
4. 抗震设计时，对于连体结构、错层结构以及 B 级高度高层建筑中的剪力墙（筒体），其构造边缘构件的竖向钢筋最小量应比表中的数值提高 0.001A_c 采用，箍筋的配箍范围宜取构造边缘构件阴影部分，其箍筋特征值 λ_v 不宜小于 0.1。
5. 依据《建筑抗震设计规范》GB 50011—2010（2016 年版）第 6.4.5 条规定，《混凝土结构设计规范》GB 50010—2010（2015 年版）第 11.7.19 条规定，《高层建筑混凝土结构技术规程》JGJ 3—2010 第 7.2.16 条规定。

202 约束边缘构件沿墙肢的长度、配箍特征值、纵向钢筋和箍筋应该如何选取？

约束边缘构件沿墙肢的长度、配箍特征值、纵向钢筋和箍筋　　表 202

抗震等级（设防烈度）	一级（9 度）		一级（7、8 度）		二级		三级	
墙肢轴压比 λ	$\lambda\leqslant0.2$	$\lambda>0.2$	$\lambda\leqslant0.3$	$\lambda>0.3$	$\lambda\leqslant0.4$	$\lambda>0.4$	$\lambda\leqslant0.4$	$\lambda>0.4$
约束边缘构件的配箍特征值 λ_v	0.12	0.20	0.12	0.20	0.12	0.20	0.12	0.20
约束边缘构件沿墙肢长度 l_c —— 暗柱	$0.20h_w$	$0.25h_w$	$0.15h_w$	$0.20h_w$	$0.15h_w$	$0.20h_w$	$0.15h_w$	$0.20h_w$
约束边缘构件沿墙肢长度 l_c —— 端柱、翼墙、转角墙	$0.15h_w$	$0.20h_w$	$0.10h_w$	$0.15h_w$	$0.10h_w$	$0.15h_w$	$0.10h_w$	$0.15h_w$
纵向钢筋（取较大值）	$0.012A_c$，$8\phi16$		$0.012A_c$，$8\phi16$		$0.010A_c$，$6\phi16$		$0.010A_c$，$6\phi14$	
箍筋或拉筋沿竖向间距（mm）	100		100		150		150	

注：1. 抗震墙的翼墙长度小于其 3 倍墙厚或端柱截面边长小于 2 倍墙厚时，按无翼墙、无端柱查表；端柱有集中荷载时，箍筋构造应满足与墙相同抗震等级框架柱的要求。
2. l_c 不小于墙厚和 400mm；有翼墙或端柱时不应小于翼墙厚度或端柱沿墙肢方向截面高度加 300mm。
3. 体积配箍率计算公式为 $\rho_v=\lambda_v\dfrac{f_c}{f_{yv}}$，并可适当计入满足构造要求且在墙端有可靠锚固的水平分布钢筋的截面面积。
4. h_w 为剪力墙墙肢长度。
5. A_c 为约束边缘构件阴影部分的截面面积。
6. 依据《建筑抗震设计规范》GB 50011—2010（2016 年版）第 6.4.5 条规定，《混凝土结构设计规范》GB 50010—2010（2015 年版）第 11.7.18 条规定，《高层建筑混凝土结构技术规程》JGJ 3—2010 第 7.2.15 条规定。

203 约束边缘构件的体积配箍率应该如何选取？

约束边缘构件的体积配箍率（%）（HRB400）　　表 203

约束边缘构件的配箍特征值 λ_v	混凝土强度等级					
	$\leqslant$C35	C40	C45	C50	C55	C60
0.12	0.56	0.64	0.70	0.77	0.84	0.92

续表

约束边缘构件的配箍特征值 λ_v	混凝土强度等级					
	≤ C35	C40	C45	C50	C55	C60
0.20	0.93	1.06	1.17	1.28	1.41	1.53

注：1. 表中体积配箍率为 $\rho_v = \lambda_v \dfrac{f_c}{f_{yv}}$。

2. 依据《建筑抗震设计规范》GB 50011—2010（2016 年版）第 6.4.5 条规定,《混凝土结构设计规范》GB 50010—2010（2015 年版）第 11.7.18 条规定,《高层建筑混凝土结构技术规程》JGJ 3—2010 第 7.2.15 条规定。

204 剪力墙构造边缘构件的纵向钢筋最小配筋应该如何选取？

剪力墙构造边缘构件的纵向钢筋最小配筋　　　　　　　　表 204

类别	墙厚	底部加强部位				其他部位			
		一级	二级	三级	四级	一级	二级	三级	四级
暗柱	180	6φ16	6φ14	6φ12	4φ12	6φ14	6φ12	4φ12	4φ12
	200	6φ16	6φ14	6φ12	4φ12	6φ14	6φ12	4φ12	4φ12
	220	6φ16	6φ14	6φ12	4φ12	6φ14	6φ12	4φ12	4φ12
	250	6φ16	6φ14	6φ12	4φ12+2φ10	6φ14	6φ12	4φ12+2φ10	4φ12
	300	6φ16	4φ16+2φ14	4φ14+2φ12	4φ12+2φ10	4φ16+2φ14	4φ14+2φ12	4φ12+2φ10	4φ12+2φ10
多层翼墙	180	6φ16	6φ14	6φ12	4φ12	6φ14	6φ12	4φ12	4φ12
	200	6φ16	6φ14	6φ12	4φ12	6φ14	6φ12	4φ12	4φ12
	220	6φ16	6φ14	6φ12	4φ12	6φ14	6φ12	4φ12	4φ12
	250	6φ16	6φ14	6φ12	4φ12+2φ10	6φ14	6φ12	4φ12+2φ10	4φ12
	300	6φ16	4φ16+2φ14	4φ14+2φ12	4φ12+2φ10	4φ16+2φ14	4φ14+2φ12	4φ12+2φ10	4φ12+2φ10
高层翼墙	180	6φ16	6φ14	6φ12	4φ12	6φ14	6φ12	4φ12	4φ12
	200	6φ16	6φ14	6φ12	4φ12	6φ14	6φ12	4φ12	4φ12
	220	6φ16	6φ14	6φ12	4φ12+2φ10	6φ14	6φ12	4φ12+2φ10	4φ12+2φ10
	250	6φ18	6φ16	6φ14	4φ14+2φ10	6φ16	6φ14	4φ14+2φ10	4φ12+2φ10
	300	6φ20	6φ18	6φ16	6φ14	6φ18	6φ16	6φ14	4φ14+2φ10
多层转角墙	180	6φ16+2φ12	6φ14+2φ10	6φ12+2φ10	4φ12+4φ10	6φ14+2φ10	6φ12+2φ10	4φ12+4φ10	4φ12
	200	6φ16+2φ12	6φ14+2φ10	6φ12+2φ10	4φ12+4φ10	6φ14+2φ10	6φ12+2φ10	4φ12+4φ10	4φ12+4φ10
	220	6φ16+2φ12	6φ14+2φ10	6φ12+2φ10	4φ12+4φ10	6φ14+2φ10	6φ12+2φ10	4φ12+4φ10	4φ12+4φ10
	250	8φ16	8φ14	8φ12	4φ12+2φ10	8φ14	8φ12	4φ12+2φ10	4φ12+4φ10
	300	6φ18+2φ14	6φ16+2φ14	6φ14+2φ10	8φ12	6φ16+2φ14	6φ14+2φ10	8φ12	4φ12+4φ10

续表

类别	墙厚	底部加强部位				其他部位			
		一级	二级	三级	四级	一级	二级	三级	四级
高层转角墙	180	6ϕ16+2ϕ12	8ϕ14	8ϕ12	4ϕ12+4ϕ10	6ϕ16+2ϕ12	6ϕ14+2ϕ10	6ϕ12+2ϕ10	4ϕ12
	200	8ϕ16	6ϕ16+2ϕ12	6ϕ14+2ϕ10	6ϕ12+2ϕ10	6ϕ16+2ϕ14	8ϕ14	8ϕ12	4ϕ12+4ϕ10
	220	6ϕ16+6ϕ12	6ϕ16+2ϕ14	8ϕ14	8ϕ12	4ϕ18+4ϕ16	6ϕ16+2ϕ12	4ϕ14+4ϕ12	4ϕ12+4ϕ10
	250	6ϕ16+6ϕ14	4ϕ18+4ϕ16	6ϕ16+2ϕ12	4ϕ14+4ϕ12	6ϕ16+6ϕ14	8ϕ16	4ϕ16+4ϕ14	8ϕ12
	300	6ϕ18+6ϕ16	6ϕ16+6ϕ14	8ϕ16	4ϕ16+4ϕ14	6ϕ16+2ϕ12	6ϕ14+2ϕ10	6ϕ12+2ϕ10	4ϕ14+4ϕ12

注：依据《建筑抗震设计规范》GB 50011—2010（2016 年版）第 6.4.5 条规定，《混凝土结构设计规范》GB 50010—2010（2015 年版）第 11.7.19 条规定，《高层建筑混凝土结构技术规程》JGJ 3—2010 第 7.2.16 条规定。

205　剪力墙约束边缘构件的纵向钢筋最小配筋应该如何选取？

剪力墙约束边缘构件的纵向钢筋最小配筋　　　　　　表 205

类别	墙厚	抗震等级		
		一级	二级	三级
暗柱	180	8ϕ16	6ϕ16	6ϕ14
	200	8ϕ16	6ϕ16	6ϕ14
	220	8ϕ16	6ϕ16	6ϕ14
	250	8ϕ16	6ϕ16	6ϕ16
	300	8ϕ16	6ϕ16	6ϕ16
翼墙	180	8ϕ16+8ϕ12	6ϕ16+10ϕ12	10ϕ14+6ϕ12
	200	8ϕ16+8ϕ14	6ϕ16+10ϕ12	16ϕ14
	220	16ϕ16	8ϕ16+8ϕ14	16ϕ14
	250	18ϕ16	8ϕ16+8ϕ14	8ϕ16+8ϕ14
	300	22ϕ16	18ϕ16	10ϕ16+6ϕ14
转角墙	180	8ϕ16	6ϕ16+2ϕ14	6ϕ14+6ϕ12
	200	8ϕ16+4ϕ12	8ϕ16	8ϕ14+4ϕ12
	220	8ϕ16+4ϕ14	6ϕ16+6ϕ12	12ϕ14
	250	10ϕ16+6ϕ12	8ϕ16+4ϕ14	8ϕ14+8ϕ12
	300	16ϕ16	8ϕ16+8ϕ14	8ϕ16+8ϕ14

注：依据《建筑抗震设计规范》GB 50011—2010（2016 年版）第 6.4.5 条规定，《混凝土结构设计规范》GB 50010—2010（2015 年版）第 11.7.18 条规定，《高层建筑混凝土结构技术规程》JGJ 3—2010 第 7.2.15 条规定。

206 约束边缘构件的体积配箍率应该如何选取？

约束边缘构件的体积配箍率计算表（%）（s=100mm）　　　表206-1

暗柱截面尺寸（mm）	箍筋直径（mm）	箍筋肢数		翼墙截面尺寸（mm）	箍筋直径（mm）	箍筋肢数		转角墙截面尺寸（mm）	箍筋直径（mm）	箍筋肢数	
		2×3	2×4			2×3	2×4			2×3	2×4
180×400	6	0.68	0.77	T180×480×780×180	6	0.56	0.65	L480×180	6	0.58	0.67
	8	1.26	1.42		8	1.03	1.20		8	1.07	1.23
	10	2.05	2.31		10	1.67	1.94		10	1.74	1.99
200×400	6	0.62	0.71	T200×500×800×200	6	—	0.59	L500×200	6	—	0.60
	8	1.15	1.31		8	0.93	1.08		8	0.96	1.11
	10	1.87	2.12		10	1.49	1.75		10	1.55	1.79
220×400	6	0.58	0.67	T220×520×820×220	6	—	—	L520×220	6	—	0.56
	8	1.07	1.22		8	0.84	1.00		8	0.87	1.02
	10	1.73	1.98		10	1.35	1.60		10	1.40	1.63
250×400	6	—	0.62	T250×550×850×250	6	—	—	L550×250	6	—	0.50
	8	0.97	1.13		8	0.75	0.89		8	0.77	0.91
	10	1.57	1.82		10	1.19	1.43		10	1.24	1.45
300×400	6	—	0.56	T300×600×900×300	8	0.63	0.77	L600×300	8	0.65	0.78
	8	0.87	1.02		10	1.01	1.23		10	1.04	1.24
	10	1.39	1.63		12	1.48	1.81		12	1.53	1.83

注：1. 依据《建筑抗震设计规范》GB 50011—2010（2016年版）第6.4.5条规定，《混凝土结构设计规范》GB 50010—2010（2015年版）第6.6.3条、第11.7.18条规定，《高层建筑混凝土结构技术规程》JGJ 3—2010第7.2.15条规定。
　　2. 箍筋肢数2×3为中间设1根拉筋，箍筋肢数2×4为中间设2根拉筋。

约束边缘构件的体积配箍率计算表（%）（s=150mm）　　　表206-2

暗柱截面尺寸（mm）	箍筋直径（mm）	箍筋肢数		翼墙截面尺寸（mm）	箍筋直径（mm）	箍筋肢数		转角墙截面尺寸（mm）	箍筋直径（mm）	箍筋肢数	
		2×3	2×4			2×3	2×4			2×3	2×4
180×400	8	0.84	0.95	T180×480×780×180	8	0.69	0.80	L480×180	8	0.72	0.82
	10	1.37	1.54		10	1.11	1.29		10	1.16	1.32
	12	2.06	2.32		12	1.66	1.92		12	1.73	1.98
200×400	8	0.77	0.87	T200×500×800×200	8	0.62	0.72	L500×200	8	0.64	0.74
	10	1.25	1.42		10	0.99	1.16		10	1.03	1.19
	12	1.87	2.12		12	1.48	1.73		12	1.54	1.77

续表

暗柱截面尺寸（mm）	箍筋直径（mm）	箍筋肢数		翼墙截面尺寸（mm）	箍筋直径（mm）	箍筋肢数		转角墙截面尺寸（mm）	箍筋直径（mm）	箍筋肢数	
		2×3	2×4			2×3	2×4			2×3	2×4
220×400	8	0.71	0.82	T220×520 ×820×220	8	0.56	0.66	L520×220	8	0.58	0.68
	10	1.15	1.32		10	0.90	1.07		10	0.94	1.09
	12	1.72	1.97		12	1.33	1.58		12	1.39	1.61
250×400	8	0.65	0.75	T250×550 ×850×250	8	0.50	0.60	L550×250	8	—	0.60
	10	1.05	1.21		10	0.79	0.95		10	0.82	0.97
	12	1.56	1.80		12	1.17	1.40		12	1.22	1.43
300×400	8	0.58	0.68	T300×600 ×900×300	10	0.67	0.82	L600×300	10	0.69	0.83
	10	0.93	1.09		12	0.99	1.20		12	1.02	1.22
	12	1.37	1.61		14	1.37	1.67		14	1.42	1.69

注：1. 依据《建筑抗震设计规范》GB 50011—2010（2015 年版）第 6.4.5 条规定，《混凝土结构设计规范》GB 50010—2010（2015 年版）第 6.6.3 条、第 11.7.18 条规定，《高层建筑混凝土结构技术规程》JGJ 3—2010 第 7.2.15 条规定。
2. 箍筋肢数 2×3 为中间设 1 根拉筋，箍筋肢数 2×4 为中间设 2 根拉筋。

6.3 构造边缘构件配筋分析

207 构造边缘构件纵向钢筋应该如何选取？

（1）剪力墙构造边缘构件中的纵向钢筋按正截面承载力计算和构造要求（表 201）二者中的较大值配置。

（2）底部加强部位：抗震等级为一、二、三级时纵向钢筋最小为 6 根，抗震等级为四级时纵向钢筋最小为 4 根；其他部位：抗震等级为一、二级时纵向钢筋最小为 6 根，抗震等级为三、四级时纵向钢筋最小为 4 根。具体应按下列要求配置：

① 暗柱、有翼墙为单向配置；

② 转角墙为双向配置，此时每个受力方向纵向钢筋最小为 6 根或 4 根；

③ 端柱承受集中荷载时，其纵向钢筋、箍筋直径和间距应满足柱的相应要求。

（3）构造边缘构件的纵向钢筋间距：

纵向钢筋配置 4 根时，纵向钢筋间距比较大，当超过剪力墙分布钢筋最大间距 300mm 时，对高层建筑应按《高层建筑混凝土结构技术规程》JGJ 3—2010 第 7.2.16 条第 3 款要求："箍筋、拉筋沿水平方向的肢距不宜大于 300mm，不应大于竖向钢筋间距的 2 倍"，此时应设置直径不小于 10mm 且不小于竖向分布筋直径的纵向构造钢筋，并相应设置箍筋或拉筋。

208 构造边缘构件箍筋、拉筋应该如何选取？

（1）底部加强部位：配置箍筋。

（2）其他部位：暗柱、翼墙配置拉筋，转角墙宜采用箍筋。

（3）矩形墙肢的厚度不大于300mm时，尚宜全高加密箍筋。

209 构造边缘构件截面尺寸应该如何选取？

构造边缘构件阴影区范围截面尺寸，应符合《建筑抗震设计规范》GB 50011—2010（2016年版）图6.4.5-1构造边缘构件范围，或《高层建筑混凝土结构技术规程》JGJ 3—2010图7.2.16构造边缘构件范围，当条件受限制构造边缘构件截面尺寸不符合构造规定时，应采取加强措施，如设置端柱，或按墙肢长度不大于墙厚的3倍（多层）或4倍（高层）的框架柱进行截面设计。

6.4 约束边缘构件配筋分析

210 约束边缘构件纵向钢筋应该如何选取？

（1）剪力墙约束边缘构件阴影部分的纵向钢筋除应满足正截面受压（受拉）承载力计算外，还应满足构造要求（表202）。

（2）底部加强部位及相邻的上一层：抗震等级为一、二、三级时其配筋率分别不应小于1.2%、1.0%和1.0%，并分别不应少于$8\phi16$、$6\phi16$和$6\phi14$的钢筋。具体应符合下列要求配置：

① 暗柱为单向配置；

② 有翼墙、转角墙为双向配置，此时每个方向纵向钢筋最小为8根或6根；

③ 端柱承受集中荷载时，配筋构造应满足与墙相同抗震等级框架柱的要求。

211 约束边缘构件箍筋、拉筋应该如何选取？

（1）约束边缘构件阴影部分：配置箍筋+拉筋。

（2）约束边缘构件非阴影部分：配置箍筋或拉筋。

（3）满足计算体积配箍率要求。

212 约束边缘构件阴影范围截面尺寸应该如何选取？

约束边缘构件，翼墙长度小于其3倍墙厚或端柱截面边长小于2倍墙厚时，按无翼墙、无端柱确定墙肢的长度l_c和配箍特征值λ_v，依据《建筑抗震设计规范》GB 50011—2010第6.4.5-2条、《高层建筑混凝土结构技术规程》JGJ 3—2010第7.2.15条规定。约束边缘构件阴影区范围截面尺寸，应符合《建筑抗震设计规范》GB 50011—2010（2016年版）图6.4.5-2约束边缘构件，或《高层建筑混凝土结构技术规程》JGJ 3—2010图7.2.15约束边缘构件，当条件受限制约束边缘构件截面尺寸不符合构造规定时，应采取加强措施，如设置端柱，或按墙肢长度不大于墙厚的3倍（多层）或4倍（高层）框架柱设计。

6.5 连梁

213 连梁纵向钢筋的最小配筋率应该如何选取？

连梁纵向钢筋的最小配筋率 $\rho_{\min}=A_S/(bh)$ （%）　　表 213

跨高比		抗震等级		
		一级	二级	三、四级
$l/h_b \leqslant 0.5$		0.20 和 $45f_t/f_y$ 较大值		
$0.5 < l/h_b \leqslant 1.5$		0.25 和 $55f_t/f_y$ 较大值		
$l/h_b > 1.5$	支座	0.40 和 $80f_t/f_y$ 较大值	0.30 和 $65f_t/f_y$ 较大值	0.25 和 $55f_t/f_y$ 较大值
	跨中	0.30 和 $65f_t/f_y$ 较大值	0.25 和 $55f_t/f_y$ 较大值	0.20 和 $45f_t/f_y$ 较大值
$l/h_b \leqslant 2.5$		（1）不应小于 0.15%（沿上、下边缘单侧纵向钢筋）且配筋不宜少于 $2\phi12$；（2）交叉斜筋配筋连梁：单向对角斜筋不宜少于 $2\phi12$，单组折线筋的截面面积可取为单向对角斜筋截面面积的一半，且直径不宜小于 12mm；（3）集中对角斜筋配筋连梁和对角暗撑连梁：每组对角斜筋应至少由 $4\phi14$ 的钢筋组成		

注：依据《高层建筑混凝土结构技术规程》JGJ 3—2010 第 7.2.24 条、第 6.3.2 条规定，《混凝土结构设计规范》GB 50010—2010（2015 年版）第 11.7.11 条规定。

214 连梁纵向钢筋的最大配筋率应该如何选取？

连梁纵向钢筋的最大配筋率 $\rho_{\max}=A_S/(bh_0)$ （%）　　表 214

跨高比	最大配筋率	跨高比	最大配筋率
$l/h_b \leqslant 1.0$	0.6	$2.0 < l/h_b \leqslant 2.5$	1.5
$1.0 < l/h_b \leqslant 2.0$	1.2	$l/h_b > 2.5$	2.5

注：依据《高层建筑混凝土结构技术规程》JGJ 3—2010 第 7.2.25 条规定及条文说明。

215 沿连梁全长箍筋的构造应该如何选取？

连梁箍筋的最大间距和最小直径　　表 215

抗震等级	箍筋最大间距（mm）				箍筋最小直径（mm）		箍筋肢距（mm）	
	$h_b \geqslant 400$（600）	$h_b < 400$（600）	$d_g \leqslant [12]16$（18）	$d \leqslant [12]16$（18）	$\rho \leqslant 2\%$	$\rho > 2\%$	$d_g \leqslant 10$（12）	$d_g=12$，14（14）
一级	100	$h_b/4$	100	$6d$	10	12	200	$20d_g$
二级	100	$h_b/4$	[100]	[$8d$]	8	10	（250）	（$20d_g$）
三级	（150）	（$h_b/4$）	（150）	（$8d$）	8	10	（250）	（$20d_g$）
四级	（150）	（$h_b/4$）	（150）	（$8d$）	6	8	300	

注：依据《高层建筑混凝土结构技术规程》JGJ 3—2010 第 7.2.27 条，《混凝土结构设计规范》GB 50010—2010（2015 年版）第 11.7.11 条规定。

216 连梁超限应该采取哪些措施？

连梁超限采取的措施 表216

序号	采取的措施
1	跨高比较小的高连梁，可设水平缝形成双连梁、多连梁或采取其他加强受剪承载力的构造。减小连梁截面高度等措施
2	剪力墙连梁的弯矩可塑性调幅： （1）内力计算前将连梁刚度折减，6、7度折减系数取0.7，8、9度取0.5。 （2）内力计算后（刚度不折减）将连梁弯矩和剪力组合值乘以折减系数，6、7度取调幅80%，8、9度调幅50%。 （3）调幅后的弯矩、剪力设计值不宜低于：① 使用状况下的弯矩、剪力设计值；② 减低一度地震作用组合所得的弯矩、剪力设计值；③ 风荷载作用下的弯矩、剪力设计值
3	当连梁破坏对竖向荷载无明显影响时，考虑连梁不参与工作，按独立墙肢的计算简图对墙肢进行包络设计
4	改变连梁的配筋方式（一、二级抗震等级的连梁，跨高比≤2.5）： （1）$b_w \geq 250mm$ 时采用加配交叉斜筋，可放宽截面限制条件和提高斜截面受剪承载力； （2）$b_w \geq 400mm$ 时采用加配对角斜筋或对角斜撑，可放宽截面限制条件和提高斜截面受剪承载力

注：依据《建筑抗震设计规范》GB 50011—2010（2016年版）第6.4.7条规定，《高层建筑混凝土结构技术规程》JGJ 3—2010 第7.2.26条规定及条文说明，《混凝土结构设计规范》GB 50010—2010（2015年版）第11.7.10条规定。

217 连梁配筋设计重点有哪些？

连梁配筋设计重点 表217

情况	$l/h_b < 5$						$l/h_b \geq 5$
	$l/h_b \leq 0.5$	$0.5 < l/h_b \leq 1.0$	$1.0 < l/h_b \leq 1.5$	$1.5 < l/h_b \leq 2.0$	$2.0 < l/h_b \leq 2.5$	$2.5 < l/h_b < 5$	
最小配筋率	0.20，$45f_t/f_y$	0.25，$55f_t/f_y$		按框架梁的要求			按框架梁
最大配筋率	0.6%		1.2%		1.5%	2.5%	
箍筋的构造	全长按框架梁端箍筋加密区的箍筋构造要求						
连梁的腰筋	墙身水平分布钢筋应在连梁内拉通作为连梁的腰筋；当 $h_b > 700mm$ 时，腰筋直径 $\geq \phi 8$，间距 $s \leq 200mm$；$l/h_b \leq 2.5$ 的连梁，两侧腰筋的总面积配筋率 $\geq 0.3\%$						
交叉斜筋配筋连梁	对角斜筋在梁端部应设置不少于3根拉筋，拉筋的间距不应大于连梁宽度和200mm的较小值，直径不应小于6mm；			—			
集中对角斜筋配筋连梁	应在梁截面内沿水平方向及垂直方向设置双向拉筋，拉筋应勾住外侧纵向钢筋，间距不应大于200mm，直径不应小于8mm；						
对角斜撑配筋连梁	暗撑箍筋的外缘沿梁截面宽度方向不宜小于梁宽的一半，另一方向不宜小于梁宽的1/5，；约束箍筋的间距不宜大于暗撑直径的6倍，当计算间距小于100mm时可取100mm，箍筋肢距不应大于350mm						

218 当跨高比（l/h）不大于2.5时按最大剪力设计值计算的配箍率应该如何计算？

（1）受剪截面条件

$$V = \frac{1}{\gamma_{RE}}(0.15\beta_c f_c b h_0) \tag{218-1}$$

（2）受剪承载力

$$V = \frac{1}{\gamma_{RE}}(0.38f_t b h_0 + 0.9\frac{A_{sv}}{s}f_{yv}h_0) \qquad (218\text{-}2)$$

连梁满足受剪截面条件最大剪力设计值计算的连梁箍筋，由公式（218-1）代入公式（218-2）得：

$$\frac{A_{sv}}{s} = \left(\frac{1}{6}\beta_c \times \frac{f_c}{f_t} - \frac{19}{45}\right) \times \frac{f_t}{f_{yv}} \times b$$

假设 $\rho_{sv} = \left(\frac{1}{6}\beta_c \times \frac{f_c}{f_t} - \frac{19}{45}\right) \times \frac{f_t}{f_{yv}}$（查表218），则 $\frac{A_{sv}}{s} = \rho_{sv}b$，$A_{sv} = \rho_{sv}bs$

跨高比（l/h）不大于 2.5 时按最大剪力设计值计算的连梁箍筋配筋率 ρ_{sv}（%）　　表 218

箍筋级别	混凝土强度等级				
	C30	C35	C40	C45	C50
HPB300	0.659	0.785	0.912	1.021	1.130
HRB335	0.593	0.707	0.820	0.919	1.017
HRB400	0.494	0.589	0.684	0.766	0.848

【算例】 连梁剪力超限，$l_n = 750mm$，$h = 500$，$l = 750 + 500/2 = 1000mm$，$l_n/h = 750/500 = 1.5$，$l/h = 1000/500 = 2.0$，抗震等级为一级，混凝土 C45，HRB400 级钢筋，$b = 200mm$，$s = 100mm$，求连梁箍筋。

查表 218，$\rho_{sv} = 0.766\%$，$A_{sv} = 0.766\% \times 200 \times 100 = 153.2mm^2$，配置 Φ10-100(2)。

219 当跨高比（l/h）大于 2.5 时按最大剪力设计值计算的配箍率应该如何计算？

（1）受剪截面条件

$$V = \frac{1}{\gamma_{RE}}(0.20\beta_c f_c b h_0) \qquad (219\text{-}1)$$

（2）受剪承载力

$$V = \frac{1}{\gamma_{RE}}(0.42f_t b h_0 + \frac{A_{sv}}{s}f_{yv}h_0) \qquad (219\text{-}2)$$

连梁满足受剪截面条件最大剪力设计值计算的连梁箍筋，由公式（219-1）代入公式（219-2）得：

$$\frac{A_{sv}}{s} = (0.20\beta_c \times \frac{f_c}{f_t} - 0.42) \times \frac{f_t}{f_{yv}} \times b$$

假设 $\rho_{sv} = (0.20\beta_c \times \frac{f_c}{f_t} - 0.42) \times \frac{f_t}{f_{yv}}$（查表219），则 $\frac{A_{sv}}{s} = \rho_{sv}b$，$A_{sv} = \rho_{sv}bs$

跨高比（l/h）大于 2.5 时按最大剪力设计值计算的连梁箍筋配筋率 ρ_{sv}（%）　　表 219

箍筋级别	混凝土强度等级				
	C30	C35	C40	C45	C50
HPB300	0.837	0.993	1.149	1.283	1.417
HRB335	0.753	0.894	1.034	1.155	1.275
HRB400	0.628	0.745	0.862	0.962	1.063

【算例】 连梁剪力超限，$l_n=1200mm$，$h=400$，$l=1200+400/2=1400mm$，$l_n/h=1200/400=3.0$，$l/h=1400/400=3.5$，抗震等级为一级，混凝土 C45，HRB400 级钢筋，$b=200mm$，$s=100mm$，求连梁箍筋。

查表 219，$\rho_{sv}=0.962\%$，$A_{sv}=0.962\%\times200\times100=192.4mm^2$，配置 $\Phi12$-100(2)。

220 当跨高比（l/h）不大于 2.5 时按最大剪力设计值计算的纵筋配筋率应该如何计算？

（1）一、二、三级连梁端截面组合的剪力墙设计值：

$$V=\eta_{vb}\frac{M_b^l+M_b^r}{l_n}+V_{Gb} \tag{220-1}$$

取 $V_{Gb}=\lambda V$，$V_{Mb}=(1-\lambda)V$，则 $V=\dfrac{V_{Mb}}{1-\lambda}$，$V_{Gb}=\dfrac{\lambda V_{Mb}}{1-\lambda}$

由于 $V_{Mb}=\dfrac{M_b^l+M_b^r}{l_n}=\dfrac{2M_b}{l_n}$，代入公式（220-1）得：

$$V=\eta_{vb}V_{Mb}+V_{Gb}=\eta_{vb}V_{Mb}+\frac{\lambda V_{Mb}}{1-\lambda}=\left(\eta_{vb}+\frac{\lambda}{1-\lambda}\right)\frac{2M_b}{l_n} \tag{220-2}$$

连梁纵筋面积近似取 $A_s=\dfrac{\gamma_{RE}M_b}{0.9f_yh_0}$，则 $M_b=\dfrac{1}{0.75}\times0.9A_sf_yh_0=1.2A_sf_yh_0$ （220-3）

（2）当跨高比（l/h）不大于 2.5 时：

$$V=\frac{1}{\gamma_{RE}}(0.15\beta_cf_cbh_0)=\frac{0.15}{0.85}\beta_cf_cbh_0 \tag{220-4}$$

由公式（220-2）和公式（220-4）得：$M_b=\dfrac{0.15\beta_cf_cbh_0l_n}{1.7\left(\eta_{vb}+\dfrac{\lambda}{1-\lambda}\right)}$，并代入公式（220-3）得：

$$A_s=\frac{5\beta_c}{68\left(\eta_{vb}+\dfrac{\lambda}{1-\lambda}\right)}\frac{f_c}{f_y}bl_n=\frac{5\beta_c}{68\left(\eta_{vb}+\dfrac{\lambda}{1-\lambda}\right)}\frac{f_c}{f_y}\frac{l_n}{h_0}bh_0$$

假设 $\rho=\dfrac{5\beta_c}{68\left(\eta_{vb}+\dfrac{\lambda}{1-\lambda}\right)}\dfrac{f_c}{f_y}\dfrac{l_n}{h_0}$（查表 220），式中 $\dfrac{l_n}{h_0}$ 为净跨高比，则 $A_s=\rho bh_0$

【算例】 条件同第 218 条【算例】，求连梁纵筋。

查表 220，$\rho=0.458\%$，$A_s=0.458\%\times200\times460=421.4\text{mm}^2$，配置 3Φ14。

跨高比（l/h）不大于 2.5 连梁抗剪超限时按最大剪力设计值计算的纵筋配筋率 ρ（%）表 220

抗震等级	净跨高比（l_n/h）	钢筋级别	混凝土强度等级（N/mm²）				
			C30	C35	C40	C45	C50
一级	2.5	HRB400	0.517	0.604	0.691	0.764	0.836
		HRB500	0.428	0.500	0.572	0.632	0.692
	2.0	HRB400	0.414	0.483	0.553	0.611	0.669
		HRB500	（0.400）	0.400	0.458	0.506	0.553
	1.5	HRB400	0.310	0.363	0.415	0.458	0.502
		HRB500	0.257	0.300	0.343	0.379	0.415
	1.0	HRB400	（0.250）	（0.250）	0.276	0.305	0.334
		HRB500	（0.250）	（0.250）	（0.250）	0.253	0.277
二级	2.5	HRB400	0.557	0.650	0.744	0.822	0.900
		HRB500	0.461	0.538	0.616	0.680	0.745
	2.0	HRB400	0.446	0.520	0.595	0.657	0.720
		HRB500	0.369	0.431	0.492	0.544	0.596
	1.5	HRB400	0.334	0.390	0.446	0.493	0.540
		HRB500	0.277	0.323	0.369	0.408	0.447
	1.0	HRB400	（0.250）	0.260	0.298	0.329	0.360
		HRB500	（0.250）	（0.250）	（0.250）	0.272	0.298
三级	2.5	HRB400	0.603	0.704	0.805	0.890	0.974
		HRB500	0.499	0.583	0.666	0.736	0.806
	2.0	HRB400	0.482	0.563	0.644	0.712	0.779
		HRB500	0.399	0.466	0.533	0.589	0.645
	1.5	HRB400	0.362	0.422	0.483	0.534	0.584
		HRB500	0.299	0.350	0.400	0.442	0.484
	1.0	HRB400	（0.250）	0.282	0.322	0.356	0.390
		HRB500	（0.250）	（0.250）	0.267	0.294	0.322

注：连梁剪力增大系数 η_{vb} 一级取 1.3、二级取 1.2、三级取 1.1，混凝土强度影响系数 β_c 取 1.0，在重力荷载代表值作用下按简支梁计算的梁端截面剪力设计值占调整前梁端截面组合的剪力设计值比重 λ 取 0.1。括号内数值为满足连梁最小配筋率要求。

221 当跨高比（l/h）大于2.5时按最大剪力设计值计算的纵筋配筋率应该如何计算？

当跨高比（l/h）大于2.5时

$$V = \frac{1}{\gamma_{RE}}(0.20\beta_c f_c b h_0) = \frac{0.20}{0.85}\beta_c f_c b h_0 \qquad (221\text{-}1)$$

由公式（220-2）和公式（221-1）得：$M_b = \dfrac{0.20\beta_c f_c b h_0 l_n}{1.7\left(\eta_{vb} + \dfrac{\lambda}{1-\lambda}\right)}$，并代入公式（220-3）得：

$$A_s = \frac{5\beta_c}{51\left(\eta_{vb} + \dfrac{\lambda}{1-\lambda}\right)}\frac{f_c}{f_y} b l_n = \frac{5\beta_c}{51\left(\eta_{vb} + \dfrac{\lambda}{1-\lambda}\right)}\frac{f_c}{f_y}\frac{l_n}{h_0} b h_0$$

假设 $\rho = \dfrac{5\beta_c}{51\left(\eta_{vb} + \dfrac{\lambda}{1-\lambda}\right)}\dfrac{f_c}{f_y}\dfrac{l_n}{h_0}$（查表221），式中 $\dfrac{l_n}{h_0}$ 为净跨高比，则 $A_s = \rho b h_0$

【算例】 条件同第219条【算例】，求连梁纵筋。

查表221，$\rho = 1.222\%$，$A_s = 1.222\% \times 200 \times 350.5 = 856.6mm^2$，配置2Φ25。

跨高比（l/h）大于2.5连梁抗剪超限时按最大剪力设计值计算的纵筋配筋率 ρ（%）　表221

抗震等级	净跨高比（l_n/h）	钢筋级别（N/mm²）	混凝土强度等级（N/mm²）				
			C30	C35	C40	C45	C50
一级	4.5	HRB400	1.242	1.450	1.659	1.832	2.006
		HRB500	1.028	1.200	1.373	1.517	1.660
	4.0	HRB400	1.104	1.289	1.474	1.629	1.783
		HRB500	0.914	1.067	1.220	1.348	1.476
	3.5	HRB400	0.966	1.128	1.290	1.425	1.560
		HRB500	0.799	0.934	1.068	1.180	1.291
	3.0	HRB400	0.828	0.967	1.106	1.222	1.337
		HRB500	0.685	0.800	0.915	1.011	1.107
二级	4.5	HRB400	1.337	1.561	1.785	1.972	2.159
		HRB500	1.106	1.292	1.477	1.632	1.787
	4.0	HRB400	1.188	1.388	1.587	1.753	1.919
		HRB500	0.983	1.148	1.313	1.451	1.588
	3.5	HRB400	1.040	1.214	1.389	1.534	1.679
		HRB500	0.860	1.005	1.149	1.269	1.390
	3.0	HRB400	0.891	1.041	1.190	1.315	1.439
		HRB500	0.737	0.861	0.985	1.088	1.191

抗震等级	净跨高比 (l_n/h)	钢筋级别 (N/mm²)	混凝土强度等级 (N/mm²)				
			C30	C35	C40	C45	C50
三级	4.5	HRB400	1.447	1.690	1.933	2.135	2.337
		HRB500	1.197	1.398	1.599	1.767	1.934
	4.0	HRB400	1.286	1.502	1.718	1.898	2.078
		HRB500	1.064	1.243	1.422	1.571	1.719
	3.5	HRB400	1.125	1.314	1.503	1.661	1.818
		HRB500	0.931	1.088	1.244	1.374	1.505
	3.0	HRB400	0.965	1.127	1.288	1.423	1.558
		HRB500	0.798	0.932	1.066	1.178	1.290

注：连梁剪力增大系数 η_{vb} 一级取 1.3、二级取 1.2、三级取 1.1，混凝土强度影响系数 β_c 取 1.0，在重力荷载代表值作用下按简支梁计算的梁端截面剪力设计值占调整前梁端截面组合的剪力设计值比重 λ 取 0.1。

6.6 剪力墙结构的特殊问题

222 大开间楼板在卫生间局部范围降板应该如何设计？

1. 降板原因

（1）建筑地面降低一般为 20mm ～ 50mm；

（2）增加板面防水层做法；

（3）增加板面找坡层做法。

2. 根据降低的高度不同采取相应的构造措施

（1）$h_j \leqslant 300mm$，采取楼板局部降板处理，纵向受力钢筋在降板处延伸锚固或弯折锚固。

（2）$300 < h_j \leqslant 500mm$，降板周边设置边梁，边梁宽度取板厚、隔墙厚度和 150mm 三者最大值，边梁配筋除计算确定外，应满足构造要求。

（3）大开间楼板厚度：双向板跨厚比不大于 40，单向板跨厚比不大于 30，板厚均不宜小于 120mm。

（4）降板范围上下钢筋双向拉通配置，边梁外侧应配置支座负筋，边梁转角配置放射筋。

3. 计算

（1）按单向板整体计算（$l_1/l_2 > 2$）；

（2）按双向板整体计算（$l_1/l_2 \leqslant 2$）；

（3）不规则楼板、降板面积较大时，宜按有限元方法进行计算。

223　阳台应该如何设计？

1. 外挑长度

（1）$l \leqslant 1200\text{mm}$，可布置悬挑板；

（2）$1200 < l \leqslant 1500\text{mm}$（9度）或$1200 < l \leqslant 2000\text{mm}$（8度），应布置悬挑梁。

2. 构造措施

（1）悬挑板根部板厚一般取$(1/12 \sim 1/10)l$。相邻房间楼板厚度不宜小于悬挑板根部的厚度；当小于悬挑板根部厚度时，相邻房间可采取局部加厚处理。悬挑板与相邻楼板顶标高相同时，采取包络配筋，阳台挑板上筋伸入相邻楼板长度不小于悬挑板长度、锚固长度和相邻楼板负筋长度三者最大值；悬挑板与相邻楼板顶标高不同时，阳台悬挑板和相邻楼板各自配筋，并应满足各自受力钢筋的锚固长度。

（2）悬挑梁截面高度一般取$(1/7 \sim 1/5)l$。有剪力墙时，悬挑梁纵向钢筋锚入墙体内；无剪力墙时，悬挑梁纵向钢筋锚入端柱，也可作为框架梁端部的外挑梁，也可相邻板块布置次梁作为端部的外挑梁。

3. 计算

（1）布置悬挑板的阳台，按悬挑板计算，计算风荷载时，局部体型系数$\mu_{s1}=-2$；

（2）布置梁板式的阳台，按悬挑梁、楼板分别计算。

224　凸窗应该如何设计？

1. 概念

（1）窗周边布置外挑板，使原来墙体安装窗户的位置外延至外挑板端，要求凸窗突出不应大于500mm。

（2）设置凸窗可以扩大局部使用空间，但北向房间不得设置凸窗，其他朝向不宜设置凸窗。

2. 结构布置

（1）外墙为剪力墙时，洞口周边直接布置挑板，受力钢筋锚入剪力墙，墙体竖向分布筋应满足受弯构件最小配筋率要求。

（2）外墙为框架时，应在洞口上下水平位置设层间梁，同时在洞口左右竖向位置设柱，应避免框架柱形成短柱。

225　角窗应该如何设计？

1. 概念

（1）在住宅建筑外墙转角设置角窗。

（2）在住宅建筑外墙转角同时设置角窗和转角阳台。

2. 构造措施

（1）6度、7度、8度设防的高层建筑不宜在外墙转角剪力墙设置角窗，9度设防的高层建筑不应在外墙剪力墙转角设置角窗，宜采用挑梁布置的转角阳台。

（2）剪力墙纵横墙交接处要求设置翼墙，角部开角窗后洞口两侧宜设置端柱，或洞口两侧沿全高设置约束边缘构件，约束边缘构件长度不小于3倍墙厚。

（3）加强角窗位置连梁的配筋与构造。

（4）楼板适当加厚加强配筋，板内宜设置连接两侧边缘构件的暗梁，纵筋锚入两端剪力墙内 l_{aE}。

226 平面凹入较大缺口应该如何设计？

1. 艹字形、井字形建筑平面有凹入较大缺口

（1）凹凸不规则时，在有外伸的端部与之垂直方向的剪力墙上设置连接梁，当无与之垂直方向的剪力墙时，可以设置连接板。

（2）避免凹凸不规则时，应设置连接梁板，板宽不小于 2m，当无与之垂直方向的剪力墙时，应设置宽度不小于 2m 的连接板，板厚不小于 150mm。

2. 艹字形、井字形建筑楼板有较大削弱

（1）楼板局部不连续时，楼板在任一方向的最小净宽度不宜小于 5m，且开洞后每一边的楼板净宽度不应小于 2m。

（2）避免楼板不连续时，有效楼板宽度不宜小于该层楼面宽度的 50%，楼板开洞总面积不宜超过楼面面积的 30%，无超过梁高的错层。

227 不规则楼板应该如何设计？

（1）L 形拐板、T 形凸板为常出现的不规则楼板，缺口处布置梁是常规做法，但在住宅建筑过厅、客厅等处可见梁影响美观时，结构设置暗梁处理。

（2）简化处理计算方法：

① 缺口跨度较小时采用宽度不小于 1m 的暗梁，按大板搭小板做法，大板、小板分别计算，小板还要承受大板传来的荷载；

② 缺口跨度较大时，大板跨度（凸出向）取大板跨度加小板跨度一半计算大板内力和配筋，小板下部钢筋适当加强；

③ 大板受力钢筋放在小板（支座板）的受力钢筋之上。

（3）有限元方法计算。

228 跃层应该如何设计？

1. 概念

（1）在住宅、公寓建筑中，有上下两层设置跃层套房，设内楼梯，下层客厅部位有较大空间的上空一般通高两层。

（2）下层除客厅外，一般布置厨房、卫生间、洗衣房和客卧等。

（3）上层为主卧、起居室和书房。

2. 结构设计

（1）下层除增加内楼梯外，与一般楼层设计相同。

（2）上层需考虑上空周边构件布置的非常规做法，如洞口周边布置梁受限制，允许布置梁时梁高受限制等。

（3）内楼梯宜采用钢、木等轻质材料。

229 坡屋面应该如何设计？

1. 概念

（1）坡屋面按建筑设计一般分为装饰坡屋面、有使用功能的坡屋面。

（2）坡屋面按结构设计一般分为轻钢结构坡屋面、承重结构坡屋面。

（3）装饰坡屋面可采用轻钢结构，有使用功能的坡屋面可采用承重结构坡屋面。

2. 结构设计

（1）采用轻钢结构时，可由专业厂家完成。注意对顶层带有轻钢结构房屋，不宜视为突出屋面的小屋简化计算地震作用，而应视为结构体系一部分，用振型分解法计算地震作用。

（2）承重结构坡屋面需考虑下端水平力，应注意坡面引起的梁、板布置复杂性，必要时布置折梁、折板实现屋面坡度。

第7章 框架－剪力墙结构构造

7.1 剪力墙

230 剪力墙分布钢筋的最小配筋率、最大间距、最小直径、拉筋应该如何选取？

剪力墙竖向和横向分布钢筋的最小配筋率、最小直径、最大直径、拉筋　　表230

抗震等级	竖向和横向分布钢筋			双排分布钢筋之间宜设置拉筋	
	配筋率（%）	钢筋直径（mm）	间距（mm）	拉筋的直径（mm）	间距（mm）
一、二、三级	不应小于0.25	不宜小于10	不宜大于300	不宜小于6（高层不应小于6）	不应大于600

注：依据《建筑抗震设计规范》GB 50011—2010（2016年版）第6.5.2条规定，《高层建筑混凝土结构技术规程》JGJ 3—2010第8.2.1条规定。

231 框架－剪力墙结构抗震墙之间无大洞口的楼、屋盖的长宽比应该如何选取？

抗震墙之间楼屋盖的长宽比　　表231

楼、屋盖类型		抗震设防烈度			
		6度	7度	8度	9度
框架-抗震墙结构	现浇或叠合	4	4	3	2
	装配整体式	3	3	2	不宜采用
框支层的现浇楼、屋盖		2.5	2.5	2	—

注：依据《建筑抗震设计规范》GB 50011—2010（2016年版）第6.1.6条规定。

7.2 边框柱、边框梁、暗梁

232 框架－抗震墙结构边框设置有哪些要求？

有端柱时，墙体在楼盖处宜设置暗梁，暗梁的截面高度不宜小于墙厚和400mm的较大值；端柱截面宜与同层框架柱相同，并应满足本规范第6.3节对框架柱的要求；抗震墙底部加强部位的端柱和紧靠抗震墙洞口的端柱宜按柱箍筋加密区的要求宜沿全高加密。

注：依据《建筑抗震设计规范》GB 50011—2010（2016年版）第6.5.1条第2款规定。

233　高层建筑带边框剪力墙的构造有哪些规定？

（1）带边框剪力墙的截面厚度应符合本规程附录 D 的墙体稳定计算要求，且应符合下列规定：

① 抗震设计时，一、二级剪力墙的底部加强部位不应小于 200mm；

② 除本款①项以外的其他情况下不应小于 160mm。

（2）剪力墙的水平钢筋应全部锚入边框柱内，锚固长度不应小于 l_a（非抗震设计）或 l_{aE}（抗震设计）。

（3）与剪力墙重合的框架梁可保留，亦可做成宽度与墙厚相同的暗梁，暗梁截面高度可取墙厚的 2 倍或与该榀框架梁截面等高，暗梁的配筋可按构造配置且应符合一般框架梁相应抗震等级的最小配筋率要求。

（4）剪力墙截面宜按工字形设计，其端部的纵向受力钢筋应配置在边框柱截面内。

（5）边框柱截面宜与该榀框架其他柱的截面相同，边框柱应符合本规程第 6 章有关框架柱构造配筋规定；剪力墙底部加强部位边框柱的箍筋宜沿全高加密，当带边框剪力墙上的洞口紧邻边框柱时，边框柱的箍筋宜沿全高加密。

注：依据《高层建筑混凝土结构技术规程》JGJ 3—2010 第 8.2.2 条规定。

第8章 板柱–剪力墙结构构造

8.1 剪力墙

234 板柱–剪力墙结构抗震墙之间无大洞口的楼、屋盖的长宽比应该如何选取？

抗震墙之间楼屋盖的长宽比   表234

楼、屋盖类型	抗震设防烈度	
	6、7度	8度
板柱-抗震墙结构的现浇楼、屋盖	3	2

注：依据《建筑抗震设计规范》GB 50011—2010（2016年版）第6.1.6条规定。

8.2 柱帽或托板

235 柱帽的高度或托板的厚度和平面尺寸应该如何选取？

柱帽的高度或托板的厚度和平面尺寸   表235

类别	柱帽的高度或托板的厚度	平面尺寸
柱帽的高度	不应小于板的厚度 h	不宜小于同方向上柱截面宽度 b 与 $4h$ 的和
托板的厚度	不应小于 $h/4$	

注：依据《混凝土结构设计规范》GB 50010—2010（2015年版）第9.1.12条规定，《高层建筑混凝土结构技术规程》JGJ 3—2010 第8.1.9条规定。

236 托板底部钢筋应该如何选取？

设置柱托板时，非抗震设计时托板底部宜布置构造钢筋；抗震设计时托板底部钢筋应按计算确定，并应满足抗震锚固要求。计算柱上板带的支座钢筋时，可考虑托板厚度的有利影响。

注：依据《高层建筑混凝土结构技术规程》JGJ 3—2010 第8.2.4条第2款规定。

8.3　板柱节点

237　无柱帽平板在柱上板带设置构造暗梁应该如何选取？

无柱帽平板在柱上板带设置构造暗梁　　　　　　　　　表 237

暗梁宽度	柱宽及柱两侧各不大于 1.5 倍板厚
暗梁纵向钢筋	支座上部钢筋面积应不小于柱上板带钢筋面积的 50%，跨中下部钢筋面积不宜少于上部钢筋的 1/2
箍筋（构造要求）	直径不应小于 8mm，间距不宜大于 3/4 倍板厚，肢距不宜大于 2 倍板厚，在暗梁两端应加密
	支座处箍筋加密区长度不应小于 3 倍板厚，其箍筋间距不宜大于 100mm，肢距不宜大于 250mm
箍筋（计算确定）	直径不应小于 10mm，间距不宜大于 $h_0/2$，肢距不宜大于 $1.5h_0$

注：依据《建筑抗震设计规范》GB 50011—2010（2016 年版）第 6.6.4 条规定，《混凝土结构设计规范》GB 50010—2010（2015 年版）第 11.9.5 条规定，《高层建筑混凝土结构技术规程》JGJ 3—2010 第 8.2.4 条规定。

238　无柱帽柱上板带的板底钢筋应该如何连接？

（1）无柱帽柱上板带的板底钢筋，宜在距柱面为 2 倍板厚以外连接，采用搭接时钢筋端部宜有垂直于板面的弯钩。

注：依据《建筑抗震设计规范》GB 50011—2010（2016 年版）第 6.6.4 条第 2 款规定。

（2）板底纵向普通钢筋的连接位置，宜在距柱面 l_{aE} 与 2 倍板厚的较大值以外，且应避开板底受拉区范围。

注：《混凝土结构设计规范》GB 50010—2010（2015 年版）第 11.9.6 条第 3 款规定。

239　通过柱截面的板底连续钢筋的总截面面积应该如何选取？

沿两个主轴方向通过柱截面的板底连续钢筋的总截面面积，应符合下式要求：

$$A_s \geqslant N_G / f_y \qquad (239)$$

式中　A_s——板底连续钢筋总截面面积；

　　　N_G——在本层楼板重力荷载代表值（8 度时尚宜计入竖向地震）作用下的柱轴压力设计值；

　　　f_y——楼板钢筋的抗拉强度设计值。

注：依据《建筑抗震设计规范》GB 50011—2010（2016 年版）第 6.6.4 条第 3 款规定，[公式（239）为该条文计算公式（6.6.4），以下均同此说明]，《混凝土结构设计规范》GB 50010—2010（2015 年版）第 11.9.6 条第 1 款规定，《高层建筑混凝土结构技术规程》JGJ 3—2010 第 8.2.3 条第 3 款规定。

240　抗剪栓钉的抗冲切效果优于抗冲切钢筋吗？

板柱节点应根据抗冲切承载力要求，配置抗剪栓钉或抗冲切钢筋。

为了防止强震作用下楼板脱落，穿过柱截面的板底两个方向钢筋的受拉承载力应满足该层楼板重力荷载代表值作用下的柱轴压力设计值。试验研究表明，抗剪栓钉的抗冲切效果优于抗冲切钢筋。

注：依据《建筑抗震设计规范》GB 50011—2010（2016 年版）第 6.6.4 条第 4 款规定及条文说明。

241 不配置箍筋或弯起钢筋的板柱节点受冲切承载力应该如何选取？

不配置箍筋或弯起钢筋的板柱节点受冲切承载力 　　　　表 241

柱截面尺寸 b (mm)	覆土厚度 (m)	活荷载 (kN/m²)	混凝土强度等级	柱帽受冲切承载力			楼板受冲切承载力		
				柱帽高度 (mm)	F_l (kN)	$0.7\beta_h f_t \mu_m h_0$ (kN)	楼板厚度 h (mm)	F_l (kN)	$0.7\beta_h f_t \mu_m h_0$ (kN)
600×600	1.5	20.0	C30	800	3595	4054	400	3353	3574
650×650	1.5	20.0	C30	900	4198	5063	450	3893	4565
700×700	1.5	20.0	C30	900	4907	5231	450	4597	4645
750×750	1.5	20.0	C30	1000	5609	6359	500	5228	5766
800×800	1.5	20.0	C30	1100	6356	7583	550	5898	7007
600×600	1.5	20.0	C35	900	4189	5373	450	3891	4924
650×650	1.5	20.0	C35	900	4958	5558	450	4654	5011
700×700	1.5	20.0	C35	1000	5729	6776	500	5354	6231
750×750	1.5	20.0	C35	1000	6621	6981	500	6241	6330
800×800	1.5	20.0	C35	1100	7508	8326	550	7050	7693
600×600	1.5	20.0	C40	900	4837	5852	450	4539	5363
650×650	1.5	20.0	C40	900	5719	6054	450	5414	5458
700×700	1.5	20.0	C40	1000	6611	7380	500	6236	6787
750×750	1.5	20.0	C40	1100	7567	8823	550	7115	8259
800×800	1.5	20.0	C40	1100	8660	9068	550	8202	8379

注：1. 表中板柱-剪力墙结构的柱轴压比按不大于 0.75 计算，覆土自重按 18kN/m³ 计算，柱帽或托板的平面尺寸 ≥ b+4h。
　　2. 依据《混凝土结构设计规范》GB 50010—2010（2015 年版）第 6.5.1 条规定。

242 配置箍筋或弯起钢筋的板柱节点受冲切截面条件应该如何选取？

配置箍筋或弯起钢筋的板柱节点受冲切截面条件 　　　　表 242

柱截面尺寸 b (mm)	覆土厚度 (m)	活荷载 (kN/m²)	混凝土强度等级	柱帽受冲切截面条件			楼板受冲切截面条件		
				柱帽高度 (mm)	F_l (kN)	$1.2\beta_h f_t \mu_m h_0$ (kN)	楼板厚度 h (mm)	F_l (kN)	$1.2\beta_h f_t \mu_m h_0$ (kN)
600×600	1.5	20.0	C30	550	3706	3775	300	3541	3518
650×650	1.5	20.0	C30	600	4346	4530	350	4107	4839

续表

柱截面尺寸 b (mm)	覆土厚度 (m)	活荷载 (kN/m²)	混凝土强度等级	柱帽受冲切截面条件			楼板受冲切截面条件		
				柱帽高度 (mm)	F_l (kN)	$1.2\beta_h f_t \mu_m h_0$ (kN)	楼板厚度 h (mm)	F_l (kN)	$1.2\beta_h f_t \mu_m h_0$ (kN)
700×700	1.5	20.0	C30	650	5037	5354	350	4815	4942
750×750	1.5	20.0	C30	700	5779	6246	400	5471	6486
800×800	1.5	20.0	C30	750	6572	7207	400	6284	6607
600×600	1.5	20.0	C35	600	4334	4767	350	4101	5200
650×650	1.5	20.0	C35	650	5085	5652	350	4868	5313
700×700	1.5	20.0	C35	700	5896	6613	400	5594	6990
750×750	1.5	20.0	C35	700	6791	6858	400	6483	7122
800×800	1.5	20.0	C35	750	7724	7913	450	7318	9043
600×600	1.5	20.0	C40	600	4334	4767	350	4101	5200
650×650	1.5	20.0	C40	650	5085	5652	350	4868	5313
700×700	1.5	20.0	C40	700	5896	6613	400	5594	6990
750×750	1.5	20.0	C40	700	6791	6858	400	6483	7122
800×800	1.5	20.0	C40	750	7724	7913	450	7318	9043

注：1. 表中板柱-剪力墙结构的柱轴压比按不大于 0.75 计算，覆土自重按18kN/m³ 计算，柱帽或托板的平面尺寸 ≥ b+4h。
　　2. 依据《混凝土结构设计规范》GB 50010—2010（2015 年版）第 6.5.3 条规定。

243 基础底板受冲切承载力应该如何选取？

基础底板受冲切承载力（未考虑不平衡弯矩设计值）　　　表243

柱截面尺寸 b (mm)	柱轴压比	混凝土强度等级	柱墩受冲切承载力			基础底板受冲切承载力		
			柱墩高度 (mm)	F_l (kN)	$0.7\beta_h f_t \mu_m h_0$ (kN)	底板厚度 h (mm)	F_l (kN)	$0.7\beta_h f_t \mu_m h_0$ (kN)
600×600		C30	800	3601	4054	500	3140	5495
700×700	0.75	C30	900	4794	5231	500	4217	5676
800×800		C30	1000	6101	6546	500	5432	5856
600×600		C30	900	4023	4894	500	3559	5495
700×700	0.85	C30	1000	5342	6172	500	4779	5676
800×800		C30	1100	6782	7583	550	6156	5856
600×600	0.90	C30	900	4260	4894	600	3446	4158

续表

柱截面尺寸 b（mm）	柱轴压比	混凝土强度等级	柱墩受冲切承载力			基础底板受冲切承载力		
			柱墩高度（mm）	F_l（kN）	$0.7\beta_h f_t \mu_m h_0$（kN）	底板厚度 h（mm）	F_l（kN）	$0.7\beta_h f_t \mu_m h_0$（kN）
700×700	0.90	C30	1000	5657	6172	650	4360	4990
800×800		C30	1150	7107	8124	700	5223	5897
600×600	0.95	C30	900	4496	4894	600	3638	4389
700×700		C30	1000	5971	6172	650	4602	5267
800×800		C30	1150	7502	8124	700	5513	6224
600×600	0.75	C35	900	4145	5373	500	3667	6034
700×700		C35	1000	5505	6776	500	4925	6231
800×800		C35	1000	7125	7187	500	6343	6429
600×600	0.85	C35	900	4698	5373	600	3801	3927
700×700		C35	1000	6239	6776	700	4513	5415
800×800		C35	1100	7920	8336	750	5341	6331
600×600	0.90	C35	900	4975	5373	600	4024	4158
700×700		C35	1000	6606	6776	700	4778	5733
800×800		C35	1150	8300	8020	750	5655	6703
600×600	0.95	C35	900	5251	5373	600	4248	4389
700×700		C35	1100	6845	7876	700	5044	6052
800×800		C35	1200	8666	9529	750	5969	7076
600×600	0.75	C40	900	4741	5852	500	4194	6572
700×700		C40	1000	6296	7380	500	5633	6787
800×800		C40	1100	7993	9068	550	6932	8379
600×600	0.85	C40	920	5373	5852	650	4120	4570
700×700		C40	1000	7136	7380	700	5162	5415
800×800		C40	1150	8965	9715	750	6108	6331
600×600	0.90	C40	900	5689	5852	650	4362	4838
700×700		C40	1000	7555	7380	700	5465	5733
800×800		C40	1150	9492	9715	750	6467	6703

续表

柱截面尺寸 b（mm）	柱轴压比	混凝土强度等级	柱墩受冲切承载力			基础底板受冲切承载力		
			柱墩高度（mm）	F_l（kN）	$0.7\beta_h f_t \mu_m h_0$（kN）	底板厚度 h（mm）	F_l（kN）	$0.7\beta_h f_t \mu_m h_0$（kN）
600×600		C40	1000	5910	6933	650	4605	5107
700×700	0.95	C40	1100	7829	8578	700	5769	6052
800×800		C40	1200	9912	10379	750	6827	7076

注：1. 基础底板柱墩的平面尺寸 $\geqslant b+4h$，基础底板冲切破坏锥体范围内所承受的平均反力按柱网尺寸 8.1m×8.1m 计算。
　　2. 依据《建筑地基基础设计规范》GB 50007—2011 第 8.4.7 条规定。

第9章 筒体结构构造

9.1 核心筒、内筒

244 筒体结构核心筒或内筒设计应符合哪些规定？

（1）墙肢宜均匀、对称布置。

（2）筒体角部附近不宜开洞，当不可避免时，筒角内壁至洞口的距离不应小于500mm和开洞墙截面厚度的较大值。

（3）筒体墙应按本规程附录D验算墙体稳定，且外墙厚不应小于200mm，内墙厚度不应小于160mm，必要时可设置扶壁柱或扶壁墙。

（4）筒体墙的水平、竖向配筋不应少于两排，其最小配筋率应符合《高层建筑混凝土结构技术规程》第7.2.17条的规定。

（5）抗震设计时，核心筒、内筒的连梁宜配置对角斜向钢筋或交叉暗撑。

（6）筒体墙的加强部位高度、轴压比限值、边缘构件设置以及截面设计，应符合本规程第7章的有关规定。

注：依据《高层建筑混凝土结构技术规程》JGJ 3—2010第9.1.7条规定。

245 核心筒或内筒的外墙应符合哪些要求？

核心筒或内筒的外墙不宜在水平方向连续开洞，洞间墙肢的截面高度不宜小于1.2m，当洞间墙肢的截面高度与厚度之比小于4时，宜按框架柱进行截面设计。

注：依据《高层建筑混凝土结构技术规程》JGJ 3—2010第9.1.8条规定。

246 框筒柱和框架柱的轴压比限值应该如何选取？

抗震设计时，框筒柱和框架柱的轴压比限值可按框架-剪力墙结构的规定采用。

注：依据《高层建筑混凝土结构技术规程》JGJ 3—2010第9.1.9条规定。

247 核心筒墙体设计尚应符合哪些规定？

抗震设计时，核心筒墙体设计尚应符合下列规定：

（1）底部加强部位主要墙体的水平和竖向分布钢筋的配筋率均不宜小于0.30%；

（2）底部加强部位角部墙体约束边缘构件沿墙肢的长度宜取墙肢截面高度的1/4，约束边缘构件范围内应主要采用箍筋；

（3）底部加强部位以上角部墙体宜按本规程第7.2.15条的规定设置约束边缘构件。

注：依据《高层建筑混凝土结构技术规程》JGJ 3—2010第9.2.2条规定。

9.2　外框筒

248　外框筒应符合哪些规定？

（1）柱距不宜大于 4m，框筒柱的截面长边应沿筒壁方向布置，必要时可采用 T 形截面。

（2）洞口面积不宜大于墙面面积的 60%，洞口高宽比宜与层高和柱距之比值相近。

（3）外框筒梁的截面高度可取柱净距的 1/4。

（4）外柱截面面积可取中柱的 1～2 倍。

注：依据《高层建筑混凝土结构技术规程》JGJ 3—2010 第 9.3.5 条规定。

9.3　核心筒连梁、外框筒梁和内筒连梁

249　一、二级核心筒和内筒中跨高比不大于 2 的连梁应符合哪些规定？

一、二级核心筒和内筒中跨高比不大于 2 的连梁，当梁宽截面宽度不小于 400mm 时，可采用交叉暗柱配筋，并应设置普通箍筋；截面宽度小于 400mm 但不小于 200mm 时，除配置普通箍筋外，可另增设斜向交叉构造钢筋。

注：《建筑抗震设计规范》GB 50011—2010（2016 年版）第 6.7.4 条规定。

250　核心筒连梁应该如何设计？

核心筒连梁的受剪截面应符合本规程第 9.3.6 条的要求，其构造设计应符合本规程第 9.3.7、9.3.8 条的有关规定。

注：依据《高层建筑混凝土结构技术规程》JGJ 3—2010 第 9.2.4 条规定。

251　外框筒梁和内筒连梁的构造配筋应符合哪些规定？

（1）非抗震设计时，箍筋直径不应小于 8mm；抗震设计时，箍筋直径不应小于 10mm。

（2）非抗震设计时，箍筋间距不应大于 150mm；抗震设计时，箍筋间距沿梁全长不变，且不应大于 100mm，当梁内设置交叉暗撑时，箍筋间距不应大于 200mm。

（3）框筒梁上、下纵向钢筋的直径均不应小于 16mm，腰筋的直径不应小于 10mm，腰筋间距不应大于 200mm。

注：依据《高层建筑混凝土结构技术规程》JGJ 3—2010 第 9.3.7 条规定。

252　框筒梁和内筒连梁设计重点有哪些？

跨高比不大于 2 的框筒梁和内筒连梁宜增配对角斜向钢筋。跨高比不大于 1 的框筒梁和内筒连梁宜采用交叉暗撑（图 9.3.8），且应符合下列规定：

（1）梁的截面宽度不宜小于 400mm。

（2）全部剪力应由暗撑承担，每根暗撑应由不少于 4 根纵向钢筋组成，纵筋直径不应小于 14mm，其总面积 A_s 应按下列公式计算：

① 持久、短暂设计状况

$$A_s \geqslant \frac{V_b}{2f_y \sin\alpha} \tag{252-1}$$

② 地震设计状况

$$A_s \geqslant \frac{\gamma_{RE} V_b}{2f_y \sin\alpha} \tag{252-2}$$

式中　α——暗撑与水平线的夹角。

（3）两个方向暗撑的纵向钢筋应采用矩形箍筋或螺旋箍筋绑成一体，箍筋直径不应小于 8mm，箍筋间距不应大于 150mm。

（4）纵筋伸入竖向构件的长度不应小于 l_{a1}，非抗震设计时 l_{a1} 可取 l_a，抗震设计时 l_{a1} 宜取 $1.15l_a$。

（5）梁内普通箍筋的配置应符合本规程第 9.3.7 条的构造要求。

注：依据《高层建筑混凝土结构技术规程》JGJ 3—2010 第 9.3.8 条规定。

第10章 建筑形体不规则主要类型判别

10.1 平面不规则类型

253 扭转不规则应该如何判别?

（1）通过计算结果判别〔①、②不重复计算不规则〕

① 在具有偶然偏心的规定水平力作用下，楼层两端抗侧力构件弹性水平位移（或层间位移）的最大值与平均值的比值大于 1.2；

② 任一层的偏心率大于 0.15 或相邻层质心相差大于相应边长的 15%。

（2）通过平面布置判别（应分别计算各抗侧力构件方向的水平地震作用）

① 建筑平面不对称；

② 结构平面不均匀（抗侧力构件上下错位、与主轴斜交，或不对称布置）。

（3）通过质量、刚度分布判别（应计入双向水平地震作用下的扭转影响）

① 平面内质量分布不对称；

② 平面内刚度分布不对称。

254 凹凸不规则应该如何判别?〔（1）、（4）不重复计算不规则，（2）、（3）不计入不规则〕

（1）平面凹进的尺寸，大于相应投影方向总尺寸的 30%。

注：高层建筑：$l/B_{max} \leqslant 0.35$（6、7 度），$l/B_{max} \leqslant 0.30$（8、9 度）。

（2）平面长宽比 $L/B \leqslant 6.0$，最好不超过 4.0(6、7 度)，$L/B \leqslant 5.0$，最好不超过 3.0(8、9 度)。

注：平面过于狭长的建筑物在地震时由于两端地震波输入有位相差而容易产生不规则振动，产生较大的震害。

（3）平面突出部分的长宽比 $l/b \leqslant 2.0$（6、7 度），$l/b \leqslant 1.5$（8、9 度），在实际工程设计中最好控制 $l/b \leqslant 1.0$。

注：平面有较长的外伸时，外伸端容易产生局部振动而引发凹角处应力集中和破坏。

（4）组合平面：

① 角部重叠形平面；

② 细腰形平面。

注：角部重叠和细腰形的平面图形，在中央部位形成狭窄部分，在地震中容易产生震害，尤其在凹角部位，因为应力集中容易使楼板开裂、破坏，不宜采用。

255 楼板局部不连续应该如何判别?（符合下列之一为不规则）

（1）有效楼板宽度小于该层楼板典型宽度的 50%；

（2）开洞面积大于该层楼面面积的 30%；

（3）对于较大的错层，如超过梁高的错层，需按楼板开洞对待，错层面积大于该层总面积的 30%。

10.2　竖向不规则类型

256　侧向刚度不规则应该如何判别？［（1）、（2）不重复计算不规则，（3）不计入不规则］

（1）通过计算结果判别

① 框架结构：该层的侧向刚度小于相邻上一层的 70%，或小于其上相邻三个楼层侧向刚度平均值的 80%。

② 框架-剪力墙结构、板柱-剪力墙结构、剪力墙结构、框架-核心筒结构、筒中筒结构：本层的侧向刚度与相邻上层的比值不宜小于 0.9；当本层层高大于相邻上层层高的 1.5 倍时，该比值不宜小于 1.1；对结构底部嵌固层，该比值不宜小于 1.5。

（2）通过尺寸突变判别

① 竖向构件收进位置高于结构高度 20% 且收进大于 25%；

② 外挑大于 10% 和 4m；

③ 多塔。

（3）楼层质量沿高度宜均匀分布，楼层质量不宜大于相邻下部楼层质量的 1.5 倍。

257　竖向抗侧力构件不连续应该如何判别？［下列（1）、（2）、（3）、错层和多塔累计不超过 2 种］

（1）竖向抗侧力构件（柱、剪力墙、支撑）的内力由水平转换构件（梁、桁架等）向下传递；

（2）加强层；

（3）连体结构。

258　楼层承载力突变应该如何判别？（计入不规则）

抗侧力结构的层间受剪承载力小于相邻上一楼层的 80%。

10.3　局部不规则

259　局部不规则应该如何判别？

（1）局部的穿层柱、斜柱、夹层、个别构件错层或转换；

（2）个别楼层扭转位移比略大于 1.2。

注：深凹进平面在凹口设置连梁，当连梁刚度较小不足以协调两侧的变形时，仍视为凹凸不规则，不按楼板不连续的开洞对待；局部的不规则，视其位置、数量等对整个结构影响的大小判断是否计入不规则的一项。

10.4　不规则指标偏离较大

260　扭转偏大应该如何识别？

裙房以上的较多楼层考虑偶然偏心的扭转位移比大于 1.4。

261　抗扭刚度偏弱应该如何识别？

扭转周期比大于 0.9，超过 A 级高度的结构扭转周期比大于 0.85。

262　层刚度偏小应该如何识别？

本层侧向刚度小于相邻上层的 50%。

263　塔楼偏置应该如何识别？

单塔或多塔与大底盘的质心偏心距大于底盘相应边长 20%。

10.5　特别不规则

264　高位转换应该如何鉴别？

框支墙体的转换构件位置：7 度超过 5 层，8 度超过 3 层。

265　厚板转换应该如何鉴别？

7 ～ 9 度设防的厚板转换结构。

266　复杂连接应该如何鉴别？

各部分层数、刚度、布置不同的错层，连体两端塔楼高度、体型或沿大底盘某个主轴方向的振动周期显著不同的结构。

267　多重复杂应该如何鉴别？

结构同时具有转换层、加强层、错层、连体和多塔等复杂类型的 3 种。

注：仅前后错层或左右错层属于楼板局部不连续不规则，多数楼层同时前后、左右错层属于复杂连接。

10.6 不规则指标分析

268 具有偶然偏心的扭转位移比应该如何研判？

具有偶然偏心的扭转位移比

表268

扭转位移比		$\delta \leq 1.2$	$1.2 < \delta \leq 1.6$			
			$1.2 < \delta \leq 1.3$	$1.3 < \delta \leq 1.4$	$1.4 < \delta \leq 1.5$	$1.5 < \delta \leq 1.6$
弹性层间位移角	框架	$\leq 1/550$	$\leq 1/605$	$\leq 1/660$	$\leq 1/715$	$\leq 1/770$
	框架-剪力墙、框架-核心筒、板柱-剪力墙	$\leq 1/800$	$\leq 1/880$	$\leq 1/960$	$\leq 1/1040$	$\leq 1/1120$
	剪力墙、筒中筒	$\leq 1/1000$	$\leq 1/1100$	$\leq 1/1200$	$\leq 1/1300$	$\leq 1/1400$
扭转规则性判别		扭转规则	扭转不规则			
扭转大小判别		扭转较小	扭转较大		扭转偏大	
扭转不规则程度判别		不计入	按三项不规则之一计入		按二项不规则之一计入	

注：1. 在具有偶然偏心的规定水平力作用下，楼层两端抗侧力构件弹性水平位移（或层间位移）的最大值与平均值的比值不宜大于1.5，当最大层间位移远小于规范限值时，可适当放松。
2. 当楼层的最大层间位移角不大于规范规定的限值的40%时，该楼层竖向构件的最大水平位移和层间位移与该楼层平均值的比值可适当放松，但不应大于1.6。

269 平面尺寸及突出部位尺寸应该如何研判？

平面尺寸和突出部位尺寸

表269

设防烈度		平面长宽比 L/B	凹进尺寸比 l/B_{max}		突出部分长宽比 l/b
6、7度	最大限值	≤ 6.0	≤ 0.35	> 0.30	≤ 2.0
	推荐限值	≤ 4.0	≤ 0.30		≤ 1.0
8、9度	最大限值	≤ 5.0	≤ 0.30		≤ 1.5
	推荐限值	≤ 3.0	≤ 0.30		≤ 1.0
发生震害原因		不规则振动	局部振动		
震害破坏程度		较大	凹角处应力集中和破坏		
凹凸不规则判别		不计入	不计入	按三项不规则之一计入	不计入

注：深凹进平面在凹口设置连梁，当连梁刚度较小不足以协调两侧的变形时，仍视为凹凸不规则，不按楼板不连续开洞对待。

270　楼板有较大消弱应该如何研判？

楼板有较大消弱　　　　　　　　　　　　　　　　　　　　　　　表 270

楼板有较大消弱情况	有效宽度	开洞面积	错层高度	其他	
				楼板任一方向的最小净宽	每一边的楼板净宽
控制指标	< 50%	> 30%	> h_b	< 5m	< 2m
整体计算	考虑楼板变形影响				
限制原因	各部分连接较为薄弱			楼板有较大消弱	
楼板局部不连续判别	按三项不规则之一计入			不计入	

注：各部分层数、刚度、布置不同的错层，不规则类型为复杂连接，按一项不规则计入。

271　刚度和尺寸突变应该如何研判？

竖向尺寸突变　　　　　　　　　　　　　　　　　　　　　　　表 271-1

尺寸突变	竖向构件收进尺寸比（收进位置高于 0.20H）	外挑		多塔
		外挑尺寸比	且水平外挑尺寸	
控制指标	> 25%	> 10%	> 4.0m	≥ 2 个
限制原因	结构的高振型反应明显	结构的扭转效应和竖向地震作用效应明显		振型复杂
侧向刚度不规则判别	按三项不规则之一计入			

注：单塔或多塔与大底盘的质心偏心距大于底盘相应边长 20%，不规则类别为塔楼偏置，按二项不规则之一计入。

侧向刚度比　　　　　　　　　　　　　　　　　　　　　　　表 271-2

侧向刚度比		相邻上层刚度变化	相邻上部连续三层刚度变化
框架结构		< 0.70	< 0.80
框架-剪力墙、板柱-剪力墙、剪力墙、框架-核心筒、筒中筒结构	一般楼层	< 0.90	—
	层高大于相邻上层 1.5 倍	< 1.10	
	结构底部嵌固层	< 1.5	
正常设计		> 1.0	
限制原因		变形会集中与刚度小的下部楼层而形成结构软弱层	
侧向刚度不规则判别		按三项不规则之一计入	

注：本层侧向刚度小于相邻上层的 50% 时，不规则类型为层刚度偏小，按二项不规则之一计入。

272 构件间断应该如何研判？

竖向构件不连续 表 272

竖向构件不连续		转换层		加强层	连体结构
含义		设置转换结构构件的楼层		设置连接内筒与外围结构的水平伸臂结构的楼层	裙房以上 ≥2 个塔楼间有连接体的结构
位置	7 度	≤5 层	>5 层	0.6H（1 个）；0.5H 和顶层（2 个）；从顶层向下均匀布置（多个）	高位连体结构，（连体位置高度＞80m）
	8 度	≤3 层	>3 层		
设计特殊性		内力突变		结构刚度突变	受力复杂
竖向抗侧力构件不连续判别		按三项不规则之一计入	按二项不规则之一计入	按三项不规则之一计入	

注：连体两端塔楼高度、体型或沿大底盘某个主轴方向的振动周期显著不同的结构，不规则类型为复杂连接，按一项不规则计入。

273 楼层承载力突变应该如何研判？

楼层承载力突变 表 273

楼层承载力突变	相邻层承载力变化	
	65% ≤ γ < 80%	γ ≥ 80%
含义	本层全部柱、剪力墙、斜撑的受剪承载力之和	
限制原因	将导致薄弱层破坏	
楼层承载力突变判别	按三项不规则之一计入	不计入

274 局部不规则应该如何研判？

局部不规则 表 274

局部不规则	含义	对整个结构影响
局部的穿层柱	建筑上空部位，柱在一个方向或两个方向楼层处无侧向约束	大于 30% 的柱，底层柱
斜柱	与楼层非垂直的框架柱，一般水平夹角 45°< α < 135°（α ≠ 90°）	外倾柱
夹层	在同一结构层内局部或全部设置层高一般不大于 2.2m 的楼层	局部或全部短柱
个别构件错层	单个或少数板块大于梁高的错层	多个楼层，底部嵌固部位
个别构件转换	单个或少数柱转换	大跨
个别楼层扭转位移比略大于 1.2	单个或少数楼层扭转位移比略大于 1.2	四角或周边位置

注：局部的不规则，视其位置、数量等对整个结构影响的大小判断是否计入不规则的一项。

10.7　建筑抗震概念设计

275　应该如何理解建筑抗震概念设计？

根据地震灾害和工程经验等所形成的基本设计原则和设计思想，进行建筑和结构总体布置并确定细部构造的过程。

注：《建筑抗震设计规范》GB 50011—2010（2016 年版）第 2.1.9 条规定。

276　建筑方案应该符合哪些强制性要求？

建筑设计应根据抗震概念设计的要求明确建筑形体的规则性。不规则的建筑应按规定采取加强措施；特别不规则的建筑应进行专门研究和论证，采取特别的加强措施；严重不规则的建筑不应采用。

注：1. 形体指建筑平面形状和立面、竖向剖面的变化。

　　2. 依据《建筑抗震设计规范》GB 50011—2010（2016 年版）第 3.4.1 条规定。

277　规则与不规则应该如何区分？

（1）规则的建筑方案体现在体型（平面和立面的形状）简单，抗侧力体系的刚度和承载力上下变化连续、均匀，平面布置基本对称。即在平立面、竖向剖面或抗侧力体系上，没有明显的、实质的不连续（突变）。

（2）不规则，指的是超过本规范表 3.4.3-1 和表 3.4.3-2 中一项及以上的不规则指标。

（3）对于特别不规则的建筑方案，只要不属于严重不规则，结构设计应采取比本规范第 3.4.4 条等的要求更加有效的措施。

（4）严重不规则，指的是形体复杂，多项不规则指标超过本规范第 3.4.4 条上限或某一项大大超过规定值，具有现有技术和经济条件不能克服的严重的抗震薄弱环节，可能导致地震破坏的严重后果者。

注：《建筑抗震设计规范》GB 50011—2010（2016 年版）第 3.4.1 条文说明。

第 11 章　薄弱层（部位）的概念

11.1　重要概念

278　应该如何理解抗震薄弱层（部位）的概念？

抗震薄弱层（部位）的概念，也是抗震设计中的重要概念，包括：

（1）结构在强烈地震下不存在强度安全储备，构件的实际承载力分析（而不是承载力设计值的分析）是判断薄弱层（部位）的基础。

（2）要使楼层（部位）的实际承载力和设计计算的弹性受力之比在总体上保持一个相对均匀的变化，一旦楼层（部位）的这个比例有突变时，会由于塑性内力重分布导致塑性变形的集中。

（3）要防止在局部上加强而忽视整个结构各部位刚度、强度的协调。

（4）在抗震设计中有意识、有目的地控制薄弱层（部位），使之有足够的变形能力又不使薄弱层发生转移，这是提高结构总体抗震性能的有效手段。

注：《建筑抗震设计规范》GB 50011—2010（2016 年版）第 3.5.2 条及第 3.5.3 条文说明。

279　应该如何认识在建筑结构中存在薄弱层（部位）的地震危害性？

震害经验表明，如果建筑结构中存在薄弱层或薄弱部位，在强烈地震作用下，由于结构薄弱部位产生了弹塑性变形，结构构件严重破坏甚至引起结构倒塌；属于乙类建筑的生命线工程中的关键部位在强烈地震作用下一旦遭受破坏将带来严重后果，或产生次生灾害，或对救灾、恢复重建及生产、生活造成很大影响。

注：《建筑抗震设计规范》GB 50011—2010（2016 年版）第 5.5.2 条文说明。

280　结构在罕遇地震作用下薄弱层（部位）弹塑性变形计算方法有哪些？

对建筑结构在罕遇地震作用下薄弱层（部位）弹塑性变形计算，12 层以下且层刚度无突变的框架结构及单层钢筋混凝土柱厂房可采用规范的简化方法计算；较为精确的结构弹塑性分析方法，可以是三维的静力弹塑性（如 push-over）或弹塑性时程分析方法；有时尚可采用塑性内力重分布的分析方法等。

注：《建筑抗震设计规范》GB 50011—2010（2016 年版）第 5.5.3 条文说明。

281　为什么钢筋混凝土框架结构及高大单层钢筋混凝土柱厂房等结构在地震中遭受到严重破坏甚至倒塌？

钢筋混凝土框架结构及高大单层钢筋混凝土柱厂房等结构，在大震中往往受到严重破坏甚至倒塌。实际震害分析及实验研究表明，除了这些结构刚度相对较小而变形较大外，更主要的是存在承载力验算所没有发现的薄弱部位-其承载力本身虽满足地震作用下抗震承载力的要求，却比相邻部位要弱得多。

注：《建筑抗震设计规范》GB 50011—2010（2016 年版）第 5.5.4 条文说明。

11.2 平面不规则形成的薄弱部位

282 结构扭转效应形成的薄弱部位应该如何设计？

（1）在具有偶然偏心的规定水平力作用下，楼层两端抗侧力构件弹性水平位移（或层间位移）的最大值与平均值的比值不宜大于 1.2。

注：《建筑抗震设计规范》GB 50011—2010（2016 年版）第 3.4.3 条第 1 款规定。

（2）扭转不规则时，应计入扭转影响，且在具有偶然偏心的规定水平力作用下，楼层两侧抗侧力构件弹性水平位移或层间位移的最大值与平均值的比值不宜大于 1.5，当最大层间位移远小于规范限值时，可适当放宽。

注：《建筑抗震设计规范》GB 50011—2010（2016 年版）第 3.4.4 条第 1 款规定。

（3）结构平面布置应减小扭转的影响。在考虑偶然偏心影响的规定水平地震力作用下，楼层竖向构件最大的水平位移和层间位移，A 级高度高层建筑不宜大于该楼层平均值的 1.2 倍，不应大于该楼层平均值的 1.5 倍；B 级高度高层建筑、超过 A 级高度的混合结构及本规程第 10 章所指的复杂高层建筑不宜大于该楼层平均值的 1.2 倍，不应大于该楼层平均值的 1.4 倍。结构扭转为主的第一自振周期 T_t 与平动为主的第一自振周期 T_1 之比 A 级高度高层建筑不应大于 0.9，B 级高度高层建筑、超过 A 级高度的混合结构及本规程第 10 章所指的复杂高层建筑不应大于 0.85。

注：1. 当楼层的最大层间位移角不大于本规程第 3.7.3 条规定的限值的 40% 时，该楼层竖向构件的最大水平位移和层间位移与该楼层平均值的比值可适当放松，但不应大于 1.6。
2.《高层建筑混凝土结构技术规程》JGJ 3—2010 第 3.4.5 条规定。

（4）对结构的扭转效应主要从两个方面加以限制：

① 限制结构平面布置的不规则性，避免产生过大的偏心而导致结构产生加大的扭转效应。

② 限制结构的抗扭刚度不能太弱。关键是限制结构扭转为主的第一自振周期 T_t 与平动为主的第一自振周期 T_1 之比。

注：《高层建筑混凝土结构技术规程》JGJ 3—2010 第 3.4.5 条文说明。

（5）对于结构扭转不规则，按刚性楼盖计算，当最大层间位移与其平均值的比值为 1.2 时，相当于一端为 1.0，另一端为 1.45；当比值为 1.5 时，相当于一端为 1.0，另一端为 3。

注：《建筑抗震设计规范》GB 50011—2010（2016 年版）第 3.4.3 条及第 3.4.4 条文说明。

（6）扭转位移比为 1.6 时，该楼层的扭转变形已很大，相当于一端位移为 1，另一端位移为 4。

注：《高层建筑混凝土结构技术规程》JGJ 3—2010 第 3.4.5 条文说明。

283 平面过于狭长、有较长的外伸、角部重叠和细腰形平面形成的薄弱部位应该如何设计？

（1）控制平面尺寸及突出部位尺寸的比值限值；

① 平面长度不宜过长，平面长宽比 L/B，设防烈度 6、7 度时不宜大于 6.0，8、9 度时不宜大于 5.0；

② 平面突出部分的长度 l 不宜过大，宽度 b 不宜过小；平面突出部分长宽比 l/b，设防烈度 6、7 度时不宜大于 2.0，8、9 度时不宜大于 1.5；

③ 突出部分宽度比 l/B_{max}，设防烈度 6、7 度时不宜大于 0.35，8、9 度时不宜大于 0.30。

注：《高层建筑混凝土结构技术规程》JGJ 3—2010 第 3.4.3 条第 2 款规定。

（2）建筑平面不宜采用角部重叠和细腰形平面布置。

注：《高层建筑混凝土结构技术规程》JGJ 3—2010 第 3.4.3 条第 4 款规定。

（3）廿字形、井字形等外伸长度较大的建筑，当中央部分楼板有较大消弱时，应加强楼板以及连接部位墙体的构造措施，必要时可在外伸段凹槽处设置连接梁或连接板。

注：《高层建筑混凝土结构技术规程》JGJ 3—2010 第 3.4.7 条规定。

284 楼板变形形成的薄弱部位应该如何设计？

（1）当楼板平面比较狭长、有较大的凹入或开洞时，应在设计中考虑其对结构产生的不利影响。有效楼板宽度不宜小于该层楼面宽度的 50%；楼板开洞总面积不宜超过楼面面积的 30%；在扣除凹入或开洞后，楼板在任一方向的最小净宽度不宜小于 5m，且开洞后每一边的楼板净宽不应小于 2m。

注：《高层建筑混凝土结构技术规程》JGJ 3—2010 第 3.4.6 条规定。

（2）楼板开大洞消弱后，宜采取下列措施：

① 加厚洞口附近楼板，提高楼板的配筋率，采用双层双向配筋；

② 洞口边缘设置边梁、暗梁；

③ 在楼板洞口角部集中配置斜向钢筋。

注：《高层建筑混凝土结构技术规程》JGJ 3—2010 第 3.4.8 条规定。

11.3 竖向不规则形成的薄弱部位

285 侧向刚度突变形成的软弱层应该如何设计？

（1）该层的侧向刚度不宜小于相邻上一层的 70%，或不宜小于其上相邻三个楼层侧向刚度平均值的 80%。

（2）除顶层或出屋面小建筑外，局部收进的水平方向尺寸不宜大于相邻下一层的 25%。

注：《建筑抗震设计规范》GB 50011—2010（2016 年版）第 3.4.3 条第 1 款规定。

（3）当上部结构楼层相对于下部楼层外挑时，上部楼层水平尺寸 B_1 不宜大于下部楼层的水平尺寸 B 的 1.1 倍，且水平外挑尺寸 a 不宜大于 4m。

注：《高层建筑混凝土结构技术规程》JGJ 3—2010 第 3.5.5 条规定。

（4）侧向刚度不规则时，应采用时程分析的高层建筑宜进行在罕遇地震作用下薄弱层的弹塑性变形验算。

注：《建筑抗震设计规范》GB 50011—2010（2016 年版）第 5.5.2 条第 2 款规定。

286 竖向抗侧力构件不连续形成的薄弱层应该如何设计？

（1）抗震设计时，结构竖向抗侧力构件宜上、下连续贯通。

注：《高层建筑混凝土结构技术规程》JGJ 3—2010 第 3.5.4 条规定。

（2）在高层建筑结构的底部，当上部楼层部分竖向构件（剪力墙、框架柱）不能直接连续贯通落地时，应设置结构转换层，形成带转换层高层建筑结构。本节对带托墙转换层的剪力墙结构（部分框支剪力墙结构）及带托柱转换层的筒体结构的设计作出规定。

注：《高层建筑混凝土结构技术规程》JGJ 3—2010 第 10.2.1 条规定。

① 转换层上、下结构的侧向刚度规定见表 286。

转换层上、下侧向刚度规定　　　　　　　　　　　表 286

转换层位置	等效剪切刚度比 γ_{e1}	楼层侧向刚度比 γ_1	等效侧向刚度比 γ_{e2}
在 1、2 层时	宜接近 1，非抗震设计时不应小于 0.4，抗震设计时不应小于 0.5	—	—
在 2 层以上时	—	不应小于 0.6	宜接近 1，非抗震设计时不应小于 0.5，抗震设计时不应小于 0.8

注：《高层建筑混凝土结构技术规程》JGJ 3—2010 附录 E。

② 部分框支剪力墙结构在地面以上设置转换层的位置，8 度时不宜超过 3 层，7 度时不宜超过 5 层，6 度时可适当提高。

注：《高层建筑混凝土结构技术规程》JGJ 3—2010 第 10.2.5 条规定。

③ 竖向抗侧力构件不连续时，应采用时程分析的高层建筑宜进行在罕遇地震作用下薄弱层的弹塑性变形验算。

注：1.《建筑抗震设计规范》GB 50011—2010（2016 年版）第 5.5.2 条第 2 款规定。
　　2. 对仅有个别结构构件进行转换的结构，如剪力墙结构或框架–剪力墙结构中存在的个别墙或柱在底部进行转换的结构，可参照有关转换构件和转换柱的设计要求进行构件设计。

④ 部分框支剪力墙结构的一级落地剪力墙底部加强部位尚应满足下列要求：

A. 当墙肢在边缘构件以外的部位在两排钢筋间设置直径不小于 8mm、间距不大于 400mm 的拉结钢筋，抗震墙受剪承载力验算可计入混凝土的受剪作用；

B. 墙肢底部截面出现大偏心受拉时，宜在墙肢的底截面处另设交叉防滑斜筋，防滑斜筋承担的地震剪力可按墙肢底截面处剪力设计值的 30% 采用。

注：《建筑抗震设计规范》GB 50011—2010（2016 年版）第 6.2.11 条规定。

287 楼层承载力突变形成的薄弱层应该如何设计？

（1）抗侧力结构的层间受剪承载力不宜小于其相邻上一层的 80%。

注：《建筑抗震设计规范》GB 50011—2010（2016 年版）第 3.4.3 条。

（2）楼层承载力突变时，薄弱层抗侧力结构的受剪承载力不应小于其相邻上一层的 65%。

注：《建筑抗震设计规范》GB 50011—2010（2016 年版）第 3.4.4 条。

（3）楼层承载力突变时，应采用时程分析的高层建筑宜进行在罕遇地震作用下薄弱层的弹塑性变形验算。

注：《建筑抗震设计规范》GB 50011—2010（2016 年版）第 5.5.2 条第 2 款规定。

11.4　错层结构形成的薄弱部位

288　错层结构应该如何布置？

抗震设计时，高层建筑沿竖向宜避免错层布置，当房屋不同部位因功能不同而使楼层错层时，宜采用防震缝划分为独立的结构单元。

注：《高层建筑混凝土结构技术规程》JGJ 3—2010 第10.4.1 条规定。

289　错层两侧结构体系应该如何选取？

错层两侧宜采用结构布置和侧向刚度相近的结构体系。

错层结构应尽量减少扭转效应，错层两侧宜采用侧向刚度和变形性能相近的结构方案，以减小错层处墙、柱内力，避免错层处结构形成薄弱部位。

注：《高层建筑混凝土结构技术规程》JGJ 3—2010 第10.4.2 条规定及条文说明。

290　错层结构应该如何计算？

错层结构中，错开的楼层不应归并为一个刚性楼板，计算分析模型应能反映错层影响。

注：《高层建筑混凝土结构技术规程》JGJ 3—2010 第10.4.3 条规定。

291　错层处框架柱、平面外受力的剪力墙应该符合哪些规定？

抗震设计时，错层处框架柱、平面外受力的剪力墙应符合表291要求。

错层处框架柱、平面外受力的剪力墙要求　　　　表291

构件	截面尺寸（mm）	混凝土强度等级	抗震等级	配筋
框架柱	截面高度不应小于600	不应低于C30	提高一级采用，一级应提高至特一级	箍筋应全柱段加密配置，宜按中震设计
平面外受力的剪力墙的截面厚度	非抗震设计时不应小于200mm，抗震设计时不应小于250，并均应设置与之垂直的墙肢或扶壁柱	不应低于C30	提高一级采用	水平和竖向分布钢筋的配筋率，非抗震设计时不应小于0.3%，抗震设计时不应小于0.5%

注：1. 相邻楼盖结构高差超过梁高范围的，宜按错层结构考虑。
2. 结构中仅局部存在错层构件不属于错层结构，但这些错层构件宜参考错层结构的规定进行设计。
3.《高层建筑混凝土结构技术规程》JGJ 3—2010 第10.4.4 条、第10.4.5 条、第10.4.6 条规定及第10.4.1 条文说明。

11.5　连体结构形成的薄弱部位

292　连体结构应该如何布置？

连体结构各独立部分宜有相同或相近的体型、平面布置和刚度；宜采用双轴对称的平面形式；7度、8度抗震设计时，层数和刚度相差悬殊的建筑不宜采用连体结构。

注：《高层建筑混凝土结构技术规程》JGJ 3—2010 第10.5.1 条规定。

293 什么条件下连体结构的连接体应考虑竖向地震的影响？

7 度（0.15g）和 8 度抗震设计时，连体结构的连接体应考虑竖向地震的影响。

注：《高层建筑混凝土结构技术规程》JGJ 3—2010 第 10.5.2 条规定。

294 什么条件下连接体位置高度超过 80m 时宜考虑竖向地震的影响？

6 度和 7 度（0.10g）抗震设计时，高位连接结构的连接体宜考虑竖向地震的影响。

注：《高层建筑混凝土结构技术规程》JGJ 3—2010 第 10.5.3 条规定。

295 连接体结构与主体结构应该如何连接？

连接体结构与主体结构宜采用刚性连接。刚性连接时，连接体结构的主要结构构件应至少伸入主体结构一跨并可靠连接；必要时可延伸至主体部分的内筒，并与内筒可靠连接。

当连接体结构与主体结构采用滑动连接时，支座滑移量应能满足两个方向在罕遇地震作用下的位移要求，并应采取防坠落、撞击措施。罕遇地震作用下的位移要求，应采用时程分析方法进行计算复核。

注：《高层建筑混凝土结构技术规程》JGJ 3—2010 第 10.5.4 条规定。

296 刚性连接的连接体结构应符合哪些要求？

刚性连接的连接体结构可设置钢梁、钢桁架、型钢混凝土梁，型钢应伸入主体结构至少一跨并可靠锚固。连接体结构的边梁截面宜加大，楼板厚度不宜小于 150mm，宜采用双层双向钢筋网，每层每个方向的钢筋网配筋率不宜小于 0.25%。

当连接体结构包含多个楼层时，应特别加强其最下面一个楼层及顶层的构造设计。

注：《高层建筑混凝土结构技术规程》JGJ 3—2010 第 10.5.5 条规定。

297 连接体及与连接体相连的结构构件应符合哪些规定？

连接体及与连接体相连的结构构件应符合表 297 要求。

连接体及与连接体相连的结构构件要求　　　　　　　　　　表 297

连接体高度范围及其上、下层	抗震等级	配筋
连接体及与连接体相连的结构构件	提高一级采用，一级提高至特一级，特一级应允许不再提高	—
与连接体相连的框架柱		箍筋沿全柱段加密配置（轴压比减小 0.05）
与连接体相连的剪力墙		应设置约束边缘构件

注：《高层建筑混凝土结构技术规程》JGJ 3—2010 第 10.5.6 条规定。

11.6 多塔楼结构形成的薄弱部位

298 多塔楼结构应该如何布置？

各塔楼的层数、平面和刚度宜接近；塔楼对底盘宜对称布置；上部塔楼结构的综合质心与底盘结构质心的距离不宜大于底盘相应边长的20%。

转换层不宜设置在底盘屋面的上一楼层。

注:《高层建筑混凝土结构技术规程》JGJ 3—2010 第10.6.3条规定。

299 塔楼中与裙房相连的外围柱、剪力墙应符合哪些要求?

塔楼中与裙房相连的外围柱、剪力墙应符合表299要求;

塔楼中与裙房相连的外围柱、剪力墙要求　　　　　表299

构件	从固定端至裙房屋面上一层的高度范围内	在裙房屋面上、下层的范围
柱	柱纵向钢筋的最小配筋率宜适当提高	柱箍筋宜全高加密
剪力墙	设置约束边缘构件	—

对于底盘结构偏心收进时,应加强底盘周边竖向构件的配筋构造措施。

注:《高层建筑混凝土结构技术规程》JGJ 3—2010 第10.6.3条规定。

300 多塔楼结构,竖向体型突变部位的楼板应该如何加强?

多塔楼结构,竖向体型突变部位的楼板宜加强,楼板厚度不宜小于150mm,宜双层双向配筋,每层每个方向的钢筋网配筋率不宜小于0.25%。体型突变部位上、下层结构的楼板也应加强构造措施。

注:《高层建筑混凝土结构技术规程》JGJ 3—2010 第10.6.2条规定。

11.7 悬挑结构形成的薄弱部位

301 悬挑结构设计应符合哪些规定?

(1)悬挑部位应采取降低结构自重的措施。

(2)悬挑部位结构宜采用冗余度较高的结构形式。

(3)结构内力和位移计算中,悬挑部位的楼层宜考虑楼板平面内的变形,结构分析模型应能反映水平地震对悬挑部位可能产生的竖向振型效应。

(4)7度(0.15g)和8、9度抗震设计时,悬挑结构应考虑竖向地震的影响;6、7度时,悬挑结构宜考虑竖向地震的影响。

(5)抗震设计时,悬挑结构的关键构件以及与之相邻的主体结构关键构件的抗震等级宜提高一级,一级提高至特一级,抗震等级已经为特一级时,允许不再提高。

(6)在预估罕遇地震作用下,悬挑结构关键构件的截面承载力宜符合本规程公式(3.11.3-3)的要求。

注:《高层建筑混凝土结构技术规程》JGJ 3—2010 第10.6.4条规定。

302 悬挑结构的楼板应该如何加强?

悬挑结构的楼板宜加强,楼板厚度不宜小于150mm,宜双层双向配筋,每层每个方向的钢筋网配筋率不宜小于0.25%。体型突变部位上、下层结构的楼板也应加强构造措施。

注：《高层建筑混凝土结构技术规程》JGJ 3—2010 第 10.6.2 条规定。

303 应该如何理解悬挑结构？

本条所说的悬挑结构，一般指悬挑结构中有竖向结构构件的情况。

注：《高层建筑混凝土结构技术规程》JGJ 3—2010 第 3.5.5 条文说明。

11.8 体型收进结构形成的薄弱部位

304 体型收进高层建筑结构、底盘高度超过房屋高度 20% 的多塔楼结构的设计应符合哪些规定？

（1）体型收进处宜采取措施减小结构刚度的变化，上部收进结构的底部楼层层间位移角不宜大于相邻下部区段最大层间位移角的 1.15 倍。

（2）抗震设计时，体型收进部位上、下各 2 层塔楼周边竖向结构构件的抗震等级宜提高一级，一级提高至特一级，抗震等级已经为特一级时，允许不再提高。

（3）结构偏心收进时，应加强收进部位以下 2 层结构周边竖向构件的配筋构造措施。

注：《高层建筑混凝土结构技术规程》JGJ 3—2010 第 10.6.5 条规定。

305 体型收进高层建筑结构，竖向体型突变部位的楼板应该如何加强？

体型收进高层建筑结构，竖向体型突变部位的楼板宜加强，楼板厚度不宜小于 150mm，宜双层双向配筋，每层每个方向的钢筋网配筋率不宜小于 0.25%。体型突变部位上、下层结构的楼板也应加强构造措施。

注：《高层建筑混凝土结构技术规程》JGJ 3—2010 第 10.6.2 条规定。

11.9 楼梯间形成的薄弱部位

306 楼梯间应符合哪些要求？

（1）宜采用现浇钢筋混凝土楼梯。

（2）对于框架结构，楼梯间的布置不应导致结构平面特别不规则；楼梯构件与主体结构整浇时，应计入楼梯构件对地震作用及其效应的影响，应进行楼梯构件的抗震承载力验算；宜采取构造措施，减少楼梯构件对主体结构刚度的影响。

（3）楼梯间两侧填充墙与柱之间应加强拉结。

注：《建筑抗震设计规范》GB 50011—2010（2016 年版）第 6.1.15 条规定。

307 楼梯构件应该如何设计？

抗震设计时，楼梯间为主要疏散通道，其结构应有足够的抗倒塌能力，楼梯应作为结构构件进行设计。框架结构中楼梯构件的组合内力设计值应包括与地震作用效应的组合，楼梯梁、柱的抗震等级应与框架结构本身相同；

注：《高层建筑混凝土结构技术规程》JGJ 3—2010 第 6.1.4 条文说明。

308 什么条件下楼梯构件可不参与整体抗震计算吗？

当采取措施，如梯板滑动支承于承台板，楼梯构件对结构刚度等的影响较小，是否参与整体抗震计算差别不大。对于楼梯间设置刚度足够大的抗震墙的结构，楼梯构件对结构刚度的影响较小，也可不参与整体抗震计算。

注：《建筑抗震设计规范》GB 50011—2010（2016 年版）第 6.1.15 条文说明。

11.10 结构顶层空旷房间形成的薄弱部位

309 结构顶层取消部分剪力墙、框架柱形成空旷房间应该如何补充计算？

（1）结构顶层取消部分墙、柱形成空旷房间时，宜进行弹性或弹塑性时程分析补充计算并采取有效的构造措施。

注：《高层建筑混凝土结构技术规程》JGJ 3—2010 第 3.5.9 条规定。

（2）顶层取消部分墙、柱而形成空旷房间时，其楼层侧向刚度和承载力可能比其下部楼层相差较多，是不利于抗震的结构，应进行更详细的计算分析，并采取有效的构造措施。如采用弹性或弹塑性时程分析方法进行补充计算、柱子箍筋全长加密配置、大跨度屋面构件要考虑竖向地震产生的不利影响等。

注：《高层建筑混凝土结构技术规程》JGJ 3—2010 第 3.5.9 条文说明。

11.11 顶层带有空旷大房间或轻钢结构形成的薄弱部位

310 对于顶层带有空旷大房间或轻钢结构的房屋应该如何计算？

对于顶层带有空旷大房间或轻钢结构的房屋，不宜视为突出屋面的小屋并采用底部剪力法乘以增大系数的办法计算地震作用效应，应视为结构体系一部分，用振型分解法等计算。

注：《建筑抗震设计规范》GB 50011—2010（2016 年版）第 5.2.4 条文说明。

11.12 错洞剪力墙形成的薄弱部位

311 错洞剪力墙应该如何计算分析？

错洞剪力墙和叠合错洞剪力墙的应力分布复杂，计算、构造都比较复杂和困难。剪力墙底部加强部位，是塑性铰出现及保证剪力墙安全的重要部位，一、二、三级剪力墙的底部加强部位不宜采用错洞布置，如无法避免错洞墙，应控制错洞墙洞口间的水平距离不小于 2m，并在设计时进行仔细计算分析，在洞口周边采取有效构造措施（图 6a、b）。此外，一、二、三级抗震设计的剪力墙全高都不宜采用叠合错洞剪力墙，当无法避免叠合错洞布置时，应按有限元方法仔细进行分析，并在洞口周边采取加强措施（图 6c），或在洞口不规则部位采用其他轻质材料填充，将叠合洞口转化为规则洞口（图 6d，其中阴影部分表示轻质填充墙体）。

注:《高层建筑混凝土结构技术规程》JGJ 3—2010 第 7.1.1 条文说明。

复杂平面和立面的剪力墙结构，应采用合适的计算模型进行分析。当采用有限元模型时，应在截面变化处合理地选择和划分单元；当采用杆系模型计算时，对错洞墙、叠合错洞墙可采取适当的模型化处理，并应在整体计算的基础上对结构局部进行更细致的补充计算分析。

注:《高层建筑混凝土结构技术规程》JGJ 3—2010 第 5.3.6 条规定。

11.13　抗震等级一级剪力墙水平施工缝形成的薄弱部位

312　抗震等级一级剪力墙施工缝形成的薄弱部位设计应该如何考虑？

（1）混凝土墙体、框架柱的水平施工缝，应采取措施加强混凝土的结合性能。对于抗震等级一级的墙体和转换层楼板与落地剪力墙体的交接处，宜验算水平施工缝截面的受剪承载力；

剪力墙的水平施工缝处，由于混凝土结合不良，可能形成抗震薄弱部位。

注:《建筑抗震设计规范》GB 50011—2010（2016 年版）第 3.9.7 条规定及条文说明。

（2）抗震等级为一级的剪力墙，水平施工缝的抗滑移应符合下式要求：

$$V_{wj} \leqslant \frac{1}{\gamma_{RE}}(0.6f_yA_s+0.8N) \tag{312}$$

式中：V_{wj}——剪力墙水平施工缝处剪力设计值；

$\quad\quad$ A_s——水平施工缝处剪力墙腹板内竖向分布钢筋和边缘构件中的竖向钢筋总面积（不包括两侧翼墙），以及在墙体中有足够锚固长度的附加竖向插筋面积；

$\quad\quad$ f_y——竖向钢筋抗拉强度设计值；

$\quad\quad$ N——水平施工缝处考虑地震作用组合的轴向力设计值，压力取正值，拉力取负值。

（3）按一级抗震等级设计的剪力墙，要防止水平施工缝处发生滑移。公式（312）验算通过水平缝的竖向钢筋是否足以抵抗水平剪力，如果所配置的端部和分布竖向钢筋不够，则可设置附加插筋，附加插筋在上、下层剪力墙中都要有足够的锚固长度。

注:《高层建筑混凝土结构技术规程》JGJ 3—2010 第 7.2.12 条规定及条文说明。

11.14　薄弱部位的加强措施

313　薄弱部位加大截面尺寸应该如何选取？

薄弱部位加大截面尺寸　　　　表313

位置	加强措施
楼板开大洞消弱后	加厚洞口附近楼板
错层处框架柱	截面高度不应小于600mm
错层处平面外受力的剪力墙的截面厚度	非抗震设计时不应小于200mm，抗震设计时不应小于250mm
连体结构的边梁	截面宜加大

注：依据《高层建筑混凝土结构技术规程》JGJ 3—2010 第3.4.8条、第10.4.4条、第10.4.6条、第10.5.5条规定。

314　薄弱部位提高抗震等级应该如何选取？

薄弱部位提高抗震等级　　　　表314

位置	加强措施
当转换层的位置设置在3层及3层以上时，其框支柱、剪力墙底部加强部位	抗震等级应提高一级采用，已为特一级时可不提高
错层处平面外受力的剪力墙	抗震等级应提高一级采用
错层处框架柱	抗震等级应提高一级采用，一级应提高至特一级，但抗震等级已经为特一级时应允许不再提高
加强层及其相邻层的框架柱、核心筒剪力墙	
连接体及连接体相连的结构构件在连接体高度范围及其上、下层	
悬挑结构的关键构件以及与之相邻的主体结构关键构件	
体型收进部位上、下各2层塔楼周边竖向结构构件	

注：依据《高层建筑混凝土结构技术规程》JGJ 3—2010 第10.2.6条、第10.3.3条、第10.4.4条、第10.4.6条、第10.5.6条、第10.6.4条、第10.6.5条规定。

315　薄弱部位增设构件应该如何选取？

薄弱部位增设构件　　　　表315

位置	加强措施
当中央部分楼板有较大消弱时	必要时可在外伸段凹槽处设置连接梁或连接板
楼板开大洞消弱后	洞口边缘设置边梁、暗梁
错层处平面外受力的剪力墙	应设置与之垂直的墙肢或扶壁柱

注：依据《高层建筑混凝土结构技术规程》JGJ 3—2010 第3.4.7条、第3.4.8条、第10.4.6条规定。

316 薄弱部位柱轴压比限值减小应该如何选取？

薄弱部位柱轴压比限值减小   表 316

位置	加强措施
加强层及其相邻层的框架柱	轴压比限值应按其他楼层框架柱的数值减小 0.05 采用
与连接体相连的框架柱在连接体高度范围及其上、下层	轴压比限值应按其他楼层框架柱的数值减小 0.05 采用

注：依据《高层建筑混凝土结构技术规程》JGJ 3—2010 第 10.3.3 条、第 10.5.6 条规定。

317 薄弱部位剪力墙设置约束边缘构件应该如何选取？

薄弱部位剪力墙设置约束边缘构件   表 317

类别	加强措施
部分框支剪力墙结构的剪力墙底部加强部位，墙体两端	设置约束边缘构件
加强层及其相邻层核心筒剪力墙	应设置约束边缘构件
与连接体相连的剪力墙在连接体高度范围及其上、下层	应设置约束边缘构件
塔楼中与裙房相连的外围剪力墙从固定端至裙房屋面上一层的高度范围	宜设置约束边缘构件

注：依据《高层建筑混凝土结构技术规程》JGJ 3—2010 第 10.2.20 条、第 10.3.3 条、第 10.5.6 条、第 10.6.3 条规定。

318 薄弱部位规定最低混凝土强度等级应该如何选取？

薄弱部位规定最低混凝土强度等级   表 318

类别	加强措施
错层处框架柱、错层处剪力墙	混凝土强度等级不应低于 C30

注：依据《高层建筑混凝土结构技术规程》JGJ 3—2010 第 10.4.4 条、第 10.4.6 条规定。

319 薄弱部位提高构件配筋应该如何选取？

薄弱部位提高构件配筋   表 319

类别	加强措施
楼板开大洞消弱后	提高楼板的配筋率，采用双层双向配筋
加强层及其相邻层的框架柱	箍筋应全柱段加密配置
错层处框架柱	箍筋应全柱段加密配置
错层处剪力墙	水平和竖向分布钢筋的配筋率，非抗震设计时不应小于 0.3%，抗震设计时不应小于 0.5%
与连接体相连的框架柱在连接体高度范围及其上、下层	箍筋应全柱段加密配置
塔楼中与裙房相连的外围柱从固定端至裙房屋面上一层的高度范围内	柱纵向钢筋的最小配筋率宜适当提高
塔楼中与裙房相连的外围柱在裙房屋面上、下层的范围内	箍筋宜全高加密
多塔楼结构以及体型收进、悬挑结构，竖向体型突变部位的楼板	宜双层双向配筋，每层每个方向的钢筋网配筋率不宜小于 0.25%

注：依据《高层建筑混凝土结构技术规程》JGJ 3—2010 第 3.4.8 条、第 10.3.3 条、第 10.4.4 条、第 10.4.6 条、第 10.5.6 条、第 10.6.2 条、第 10.6.3 条规定。

320　薄弱部位增配构造钢筋应该如何选取？

薄弱部位构造钢筋　　　　　　　　　　　　　　　　　　　　　　表 320

类别	加强措施
楼板开大洞消弱后	在楼板洞口角部集中配置斜向钢筋

注：依据《高层建筑混凝土结构技术规程》JGJ 3—2010 第 3.4.8 条规定。

321　由于包兴格效应导致纵筋压屈应该如何加强？

（1）当框架柱在地震作用组合下处于小偏心受拉时，柱的纵筋总截面面积应比计算值增加 25%，是为了避免柱的受拉钢筋屈服后再受压时，由于包兴格效应导致纵筋压屈。

注：《建筑抗震设计规范》GB 50011—2010（2016 年版）第 6.3.8 条文说明。

（2）边柱、角柱及抗震墙端柱在小偏心受拉时，柱内纵筋总截面面积应比计算值增加 25%。

注：《建筑抗震设计规范》GB 50011—2010（2016 年版）第 6.3.8 条规定。

（3）边柱、角柱及剪力墙端柱考虑地震作用组合产生小偏心受拉时，柱内纵筋总截面面积应比计算值增加 25%。

注：《高层建筑混凝土结构技术规程》JGJ 3—2010 第 6.4.4 条规定。

11.15　薄弱部位的抗震计算要求

322　不规则的建筑应该如何计算？

1. 平面不规则而竖向规则的建筑

应采用空间结构计算模型，并应符合下列要求：

（1）扭转不规则时，应计入扭转影响，且在具有偶然偏心的规定水平力作用下，楼层两侧抗侧力构件弹性水平位移或层间位移的最大值与平均值的比值不宜大于 1.5，当最大层间位移远小于规范限值时，可适当放宽。

（2）凹凸不规则或楼板局部不连续时，应采用符合楼板平面内实际刚度变化的计算模型；高烈度或不规则程度较大时，宜计入楼板局部变形的影响。

（3）平面不对称且凹凸不规则或楼板局部不连续，可根据实际情况分块计算扭转位移比，对扭转较大的部位应采用局部的内力增大系数。

注：《建筑抗震设计规范》GB 50011—2010（2016 年版）第 3.4.4 条第 1 款规定。

（4）对于扭转不规则计算，需要注意以下几点：

① 按国外的有关规定，楼盖周边两端位移不超过平均位移 2 倍的情况称为刚性楼盖，超过 2 倍则属于柔性楼盖。因此这种"刚性楼盖"，并不是刚度无限大。计算扭转位移比时，楼盖刚度可按实际情况确定而不限于刚度无限大假定。详见表 322。

② 扭转位移比计算时，楼层的位移不采用各振型位移的 CQC 组合计算，按国外的规

定明确改为取"给定水平力"计算，可避免有时 CQC 计算的最大位移出现在楼盖边缘的中部而不在角部，而且对无限刚楼盖、分块无限刚楼盖和弹性楼盖均可采用相同的计算方法处理；该水平力一般采用振型组合后的楼层地震剪力换算的水平作用力，并考虑偶然偏心；结构楼层位移和层间位移控制值验算时，仍采用 CQC 的效应组合。

③ 偶然偏心大小的取值，除采用该方向最大尺寸的 5% 外，也可考虑具体的平面形状和抗侧力构件的布置调整。

④ 扭转不规则的判断，还可依据楼层质量中心和刚度中心的距离用偏心率的大小作为参考方法。

刚性楼盖与柔性楼盖 表 322

一端位移 δ_1	另一端位移 δ_2（最大层间位移）	平均位移 $\dfrac{\delta_1+\delta_2}{2}$	最大层间位移与其平均值的比值 $\delta_2/\left(\dfrac{\delta_1+\delta_2}{2}\right)$	楼盖
1.00	1.50	1.25	1.20	刚性
1.00	2.00	1.50	1.33	刚性
1.00	2.50	1.75	1.43	刚性
1.00	3.00	2.00	1.50	刚性
1.00	3.50	2.25	1.56	柔性
1.00	4.00	2.50	1.60	柔性

注：《建筑抗震设计规范》GB 50011—2010（2016 年版）第 3.4.3 条、第 3.4.4 条条文说明。

2. 平面规则而竖向不规则的建筑

应采用空间结构计算模型，刚度小的楼层的地震剪力应乘以不小于 1.15 的增大系数，其薄弱层应按本规范有关规定进行弹塑性变形分析，并应符合下列要求：

（1）竖向抗侧力构件不连续时，该构件传递给水平转换构件的地震内力应根据烈度高低和水平转换构件的类型、受力情况、几何尺寸等，乘以 1.25 ~ 2.0 的增大系数。

（2）侧向刚度不规则时，相邻层的侧向刚度比应根据其结构类型符合本规范相关章节的规定。

（3）楼层承载力突变时，薄弱层抗侧力结构的受剪承载力不应小于相邻上一楼层的 65%。

注：《建筑抗震设计规范》GB 50011—2010（2016 年版）第 3.4.4 条第 2 款规定。

3. 平面不规则且竖向不规则的建筑

应根据平面不规则类型的数量和程度，有针对性地采取不低于上述第 1、2 条要求的各项抗震措施。特别不规则的建筑，应经专门研究，采取更有效的加强措施或对薄弱部位采用相应的抗震性能化设计方法。

注：《建筑抗震设计规范》GB 50011—2010（2016 年版）第 3.4.4 条第 3 款规定。

323 应该如何考虑扭转影响？

质量和刚度分布明显不对称的结构，应计入双向水平地震作用下的扭转影响；其他情况，应允许采用调整地震作用效应的方法计入扭转影响。

注：《建筑抗震设计规范》GB 50011—2010（2016 年版）第 5.1.1 条第 3 款规定。

324　转换结构构件应该如何计算？

（1）跨度大于 8m 的转换结构构件应考虑竖向地震作用。

注：《高层建筑混凝土结构技术规程》JGJ 3—2010 第 4.3.2 条文说明及第 10.2.4 条规定。

（2）框支梁上部一层墙体的配筋宜按《高层建筑混凝土结构技术规程》JGJ 3—2010 第 10.2.22 条第 3 款规定进行校核。

（3）框支梁与其上部墙体的水平施工缝处宜按《高层建筑混凝土结构技术规程》JGJ 3—2010 第 7.2.12 条的规定验算抗滑移能力。

注：《高层建筑混凝土结构技术规程》JGJ 3—2010 第 10.2.22 条规定。

（4）部分框支剪力墙结构中，抗震设计的矩形平面建筑框支转换层楼板，其截面剪力设计值应按《高层建筑混凝土结构技术规程》第 10.2.24 条规定。

（5）部分框支剪力墙结构中，抗震设计的矩形平面建筑框支转换层楼板，当平面较长或不规则以及各剪力墙内力相差较大时，可采用简化方法验算楼板平面内受弯承载力。

注：《高层建筑混凝土结构技术规程》JGJ 3—2010 第 10.2.25 条规定。

325　带加强层结构应该如何计算？

（1）加强层水平伸臂构件宜贯通核心筒，其平面布置宜位于核心筒的转角、T 字节点处；水平伸臂构件与周边框架的连接宜采用铰接或半刚接；结构内力和位移计算中，设置水平伸臂桁架的楼层宜考虑楼板平面内的变形。

注：《高层建筑混凝土结构技术规程》JGJ 3—2010 第 10.3.2 条第 2 款规定。

（2）在施工程序及连接构造上应采取减小结构竖向温度变形及轴向压缩差的措施，结构分析模型应能反映施工措施的影响。

注：《高层建筑混凝土结构技术规程》JGJ 3—2010 第 10.3.2 条第 5 款规定。

326　错层处柱的截面承载力应该如何计算？

在设防烈度地震作用下，错层处框架柱的截面承载力宜符合本规程公式（3.11.3-2）的要求。

注：《高层建筑混凝土结构技术规程》JGJ 3—2010 第 10.4.5 条规定。

327　连体结构应该如何计算？

连体结构的计算应符合下列规定：

（1）刚性连接的连接体楼板应按本规程第 10.2.24 条进行受剪截面和承载力验算；

（2）刚性连接的连接体楼板较薄弱时，宜补充分塔楼模型计算分析。

注：《高层建筑混凝土结构技术规程》JGJ 3—2010 第 10.5.7 条规定。

328　大底盘多塔楼结构应该如何计算？

大底盘多塔楼结构，可按本规程第 5.1.14 条规定的整体和分塔楼计算模型分别验算整体结构和各塔楼结构扭转为主的第一周期与平动为主的第一周期的比值，并应符合本规程第 3.4.5 条的有关要求。

注：《高层建筑混凝土结构技术规程》JGJ 3—2010 第 10.6.3 条规定。

第12章 抗震设计

12.1 基本规定

329 抗震设防目标是什么?

多遇地震（小震）不坏，设防地震（中震）可修，罕遇地震（大震）不倒，目标地震（强震）完好。

330 哪些建筑必须进行抗震设计?

抗震设防烈度为6度及以上地区的建筑，必须进行抗震设计。

注：《建筑抗震设计规范》GB 50011—2010（2016年版）第1.0.2条规定。

331 什么是抗震设防烈度?

按国家有关主管部门规定的权限批准作为一个地区抗震设防依据的地震烈度。抗震设防烈度为6度、7度、8度、9度。

332 建筑抗震设防类别如何划分?

建筑工程应分为特殊设防类（简称甲类）、重点设防类（简称乙类）、标准设防类（简称丙类）、适度设防类（简称丁类）四个抗震设防类别。

注：依据《建筑工程抗震设防分类标准》GB 50223—2008第3.0.2条规定。

333 什么是设计地震动参数?

抗震设计用的地震加速度（速度、位移）时程曲线、加速度反应谱和峰值加速度。

334 什么是抗震设防标准?

衡量抗震设防要求高低的尺度，由抗震设防烈度或设计地震动参数及建筑抗震设防类别确定，应符合表334要求。

抗震设防标准　　　　　　　　　　　　　　　　表334

建筑抗震设防类别	抗震设防烈度	地震作用	抗震构造措施	
			场地Ⅱ、Ⅲ、Ⅳ类	场地Ⅰ类
标准设防类（丙类）	6度、7度、8度、9度	6度、7度、8度、9度	6度、7度、8度、9度	6度、6度、7度、8度
重点设防类（乙类）	6度、7度、8度、9度	6度、7度、8度、9度	7度、8度、9度、>9度	6度、7度、8度、9度

建筑抗震设防类别	抗震设防烈度	地震作用	抗震构造措施	
			场地Ⅱ、Ⅲ、Ⅳ类	场地Ⅰ类
特殊设防类（甲类）	6度、7度、8度、9度	高于6、7、8、9度	7度、8度、9度、＞9度	6度、7度、8度、9度
适度设防类（丁类）	6度、7度、8度、9度	6度、7度、8度、9度	6度、6度、7度、8度	6度、6度、7度、8度

注：依据《建筑工程抗震设防分类标准》GB 50223—2008 第3.0.3 条规定。

335 什么是设计基本地震加速度？

50年设计基准期超越概率10%的地震加速度的设计取值。

336 什么是设计特征周期？

抗震设计用的地震影响系数曲线中，反映地震震级、震中距和场地类别等因素的下降段起始点对应的周期值，简称特征周期。

337 建筑所在地区遭受的地震影响如何表征？

建筑所在地区遭受的地震影响，应采用相应于抗震设防烈度的设计基本地震加速度和特征周期表征。

注：《建筑抗震设计规范》GB 50011—2010（2016 年版）第3.2.1 条规定。

338 抗震设防烈度和设计基本地震加速度取值的对应关系？

抗震设防烈度和设计基本地震加速度取值的对应关系应符合表338 的规定。设计基本地震加速度为 0.15g 和 0.30g 地区内的建筑，除规范另有规定外，应分别按抗震设防烈度7度和8度的要求进行抗震设计。

抗震设防烈度和设计基本地震加速度值的对应关系 表 338

抗震设防烈度	6	7	8	9
设计基本地震加速度值	0.05g	0.10（0.15）g	0.20（0.30）g	0.40g

注：g 为重力加速度。
注：《建筑抗震设计规范》GB 50011—2010（2016 年版）第3.2.2 条规定。

339 建筑工程的设计地震分为几组？

设计地震共分为三组，一般把"设计地震第一、二、三组"简称为"第一组、第二组、第三组"。

12.2 场地

340 在抗震设计中，场地指什么？

具有相似的反应谱特征的工程群体所在地。其范围相当于厂区、居民小区和自然村或不小于 1.0km² 的平面面积。

341 地震影响的特征周期如何确定？

根据建筑所在地的设计地震分组和场地类别确定，按表 341 采用，计算罕遇地震作用时，特征周期应增加 0.05s。

特征周期值（s）　　　　　　　　　　　　　　表 341

设计地震分组	场地类别				
	I_0	I_1	II	III	IV
第一组	0.20	0.25	0.35	0.45	0.65
第二组	0.25	0.30	0.40	0.55	0.75
第三组	0.30	0.35	0.45	0.65	0.90

342 建筑场地如何划分？

选择建筑场地时，应按表 342 划分为对建筑抗震有利、一般、不利和危险地段。

有利、一般、不利和危险地段的划分　　　　　　表 342

地段类别	地质、地形、地貌
有利地段	稳定基岩，坚硬土，开阔、平坦、密实、均匀的中硬土等
一般地段	不属于有利、不利和危险的地段
不利地段	软弱土，液化土，条状突出的山嘴，高耸孤立的山丘，陡坡，陡坎，河岸和边坡的边缘，平面分布上成因、延性、状态明显不均匀的土层（含古河道、疏松的断层破碎带、暗埋的塘浜沟谷和半填半挖地基），高含水量的可塑黄土，地表存在结构性裂缝等
危险地段	地震时可能发生滑坡、崩塌、地陷、泥石流等及发震断裂带上可能发生地表位错的部位

注：《建筑抗震设计规范》GB 50011—2010（2016 年版）第 4.1.1 条规定。

343 如何选择建筑场地？不利地段建筑水平地震影响系数最大值增大系数取值范围？建筑的场地类别如何划分？

（1）选择建筑场地时，应根据工程需要和地质活动情况、工程地质和地震地质的有关资料，对抗震有利、一般、不利和危险地段作出综合评价。对不利地段，应提出避开要求；当无法避开时应采取有效的措施。对危险地段，严禁建造甲、乙类的建筑，不应建造丙类的建筑。

注：《建筑抗震设计规范》GB 50011—2010（2016 年版）第 3.3.1 条规定。

（2）当需要在条状突出的山嘴、高耸孤立的山丘、非岩石和强风化岩石的陡坡、河岸和边坡边缘等不利地段建造丙类及丙类以上建筑时，除保证其在地震作用下的稳定性外，尚应估计不利地段对设计地震动参数可能产生的放大作用，其水平地震影响系数最大值应乘以增大系数。其值应根据不利地段的具体情况确定，在 1.1 ～ 1.6 范围内采用。

注：《建筑抗震设计规范》GB 50011—2010（2016 年版）第 4.1.8 条规定。

（3）建筑场地的类别，应根据土层等效剪切波速和场地覆盖层厚度按表 343 划分为四类。其中 I 类分为 I_0、I_1 两个亚类。当有可靠的剪切波速和覆盖层厚度且其值处于表 343 所列场地类别的分界线附近时，应允许按插值方法确定地震作用计算所用的特征周期。

表 343

各类建筑场地的覆盖层厚度（m）

岩石的剪切波速或土的等效剪切波速（m/s）	场地类别				
	I_0	I_1	II	III	IV
$v_s > 800$	0				
$800 \geqslant v_s > 500$		0			
$500 \geqslant v_{se} > 250$		< 5	$\geqslant 5$		
$250 \geqslant v_{se} > 150$		< 3	3 ~ 50	> 50	
$v_{se} \leqslant 150$		< 3	3 ~ 15	15 ~ 80	> 80

注：表中 v_s 系岩石的剪切波速。
注：《建筑抗震设计规范》GB 50011—2010（2016 年版）第 4.1.6 条规定。

344　哪些建筑可不进行天然地基及基础的抗震承载力验算？

下列建筑可不进行天然地基及基础的抗震承载力验算：

（1）本规范规定可不进行上部结构抗震验算的建筑。

（2）地基主要受力层范围内不存在软弱黏性土层的下列建筑：

① 一般的单层厂房和单层空旷房屋；

② 砌体房屋；

③ 不超过 8 层且高度在 24m 以下的一般民用框架和框架-抗震墙房屋；

④ 基础荷载与③项相当的多层框架厂房和多层混凝土抗震墙房屋。

注：1. 软弱黏性土层指 7 度、8 度和 9 度时，地基承载力特征值分别小于 80kPa、100kPa 和 120kPa 的土层。

2.《建筑抗震设计规范》GB 50011—2010（2016 年版）第 4.2.1 条规定。

345　地基抗震承载力调整系数取值范围？

天然地基基础抗震验算时，应采用地震作用效应标准组合，且地基抗震承载力应取地基承载力特征值乘以地基抗震承载力调整系数（表 345）计算。

地基抗震承载力调整系数

表 345

岩土名称和性状	ζ_a
岩石，密实的碎石土，密实的砾、粗中砂，$f_{ak} \geqslant 300kPa$ 的黏性土和粉土	1.5
中密、稍密的碎石土，中密和稍密的砾、粗、中砂，密实和中密的细、粉砂，$150kPa \leqslant f_{ak} < 300kPa$ 的黏性土和粉土、坚硬黄土	1.3
稍密的细、粉砂，$150kPa \leqslant f_{ak} < 300kPa$ 的黏性土和粉土、可塑黄土	1.1
淤泥，淤泥质土，松散的砂，杂填土，新近堆积黄土及流塑黄土	1.0

注：依据《建筑抗震设计规范》GB 50011—2010（2016 年版）第 4.2.2 条规定及第 4.2.3 条表 4.2.3。

346 在地震作用下，高层建筑基础底面是否允许出现脱离区（零应力区）？

高宽比大于 4 的高层建筑，在地震作用下基础底面不宜出现脱离区（零应力区）；其他建筑，基础底面与地基土之间脱离区（零应力区）面积不应超过基础底面面积的 15%。

347 什么是液化？

土体由固态变为流态的现象。

348 减少地基液化危害的对策有哪些？

（1）液化判别的范围为除 6 度设防外存在饱和砂土和饱和粉土的土层；

（2）一旦属于液化土，应确定地基的液化等级；

（3）根据液化等级和建筑抗震设防分类，选择合适的处理措施，包括地基处理和对上部结构采取加强整体性的相应措施等。

349 什么是液化初步判别？

根据土层地质年代、黏粒含量、地下水位深度、上覆非液化土层厚度等较易获得的资料直接进行的液化评估。

350 什么是液化判别标准贯入锤击数临界值？

以标准贯入试验来判断地基土液化与否的一项经验指标。

351 什么是液化指数？什么是液化等级？液化等级与液化指数的对应关系？

液化指数——衡量地震液化引起的场地地面破坏程度的一种指标。

液化等级——按液化指数等指标对液化不良影响进行的分档。

液化等级与液化指数的对应关系见表 351。

液化等级与液化指数的对应关系　　　　　　　表 351

液化等级	轻微	中等	严重
液化指数 I_{lE}	$0 < I_{lE} \leq 6$	$6 < I_{lE} \leq 18$	$I_{lE} > 18$

352 什么是抗液化措施？

根据工程结构重要性和地基液化等级所采取的全部或部分消除液化危害的措施。包括对基础和上部结构采取措施和对可液化土层进行处理。

353 什么是震陷？

在强烈地震作用下，由于土层加密、塑性区扩大或强度降低而导致工程结构或地面产生的下沉。

354 哪些建筑可不进行桩基抗震承载力验算？

承受竖向荷载为主的低承台桩基，当地面下无液化土层，且桩承台周围无淤泥、淤泥质土和地基承载力特征值不大于 100kPa 的填土时，下列建筑可不进行桩基抗震承载力验算：

（1）6 度～8 度时的下列建筑：

① 一般的单层厂房和单层空旷房屋；

② 不超过 8 层且高度在 24m 以下的一般民用框架房屋和框架-抗震墙房屋；

③ 基础荷载与② 项相当的多层框架厂房和多层混凝土抗震墙房屋。

（2）本规范第 4.2.1 条规定的建筑及砌体结构。

注：《建筑抗震设计规范》GB 50011—2010（2016 年版）第 4.4.1 条规定。

12.3 地震作用

355 什么是地震作用？

抗震设计时，结构所承受的"地震力"实际上是由于地震地面运动引起的结构动态作用，包括地震加速度、速度和动位移的作用，属于间接作用，应称"地震作用"。一般情况下，应至少在结构两个主轴方向分别计算水平地震作用，8、9 度 [7 度（0.15g）高层建筑] 时的大跨度和长悬臂结构及 9 度时的高层建筑应计算竖向地震作用。

356 水平地震影响系数最大值应该如何确定？

水平地震影响系数最大值 表 356

地震影响	6 度	7 度	8 度	9 度
多遇地震	0.04	0.08（0.12）	0.16（0.24）	0.32
罕遇地震	0.28	0.50（0.72）	0.90（1.20）	1.40

注：括号中数值分别用于设计基本地震加速度值为 0.15g 和 0.30g 的地区。

357 结构应考虑的地震作用方向有哪些规定？

（1）某一方向水平地震作用主要由该方向抗侧力构件承担，如该构件带有翼缘、翼墙等，尚应包括翼缘、翼墙的抗侧力作用。

（2）有斜向抗侧力构件的结构，应考虑对各构件的最不利方向的水平地震作用。当相交角度大于 15° 时，应考虑斜向水平地震作用。

（3）具有明显不规则结构，应考虑双向水平地震作用下的扭转影响。

（4）9 度区高层建筑需考虑竖向地震作用。

（5）8 度时跨度大于 24m 的屋架、2m 以上的悬挑阳台和走廊；9 度和 9 度以上时，跨度大于 18m 的屋架、1.5m 以上的悬挑阳台和走廊，需考虑竖向地震作用。

358 各类建筑结构的抗震计算，应采用哪些方法？

底部剪力法和振型分解反应谱法是基本方法，时程分析法作为补充计算方法。

359 哪些建筑应采用时程分析法进行多遇地震下的补充计算？

特别不规则的建筑、甲类建筑和表 359 所列高度范围的高层建筑，应采用时程分析法进行多遇地震下的补充计算。

采用时程分析的房屋高度范围　　　　　　　　　　　　　表 359

烈度、场地类别	房屋高度范围（m）
8 度 I 、 II 类场地和 7 度	＞100
8 度III、IV 类场地	＞80
9 度	＞60

360 平面投影尺度很大的空间结构指哪些？如何进行抗震计算？

指跨度大于 120m、或长度大于 300m、或悬臂大于 40m 的结构。对周边支承空间结构，如网架，单、双层网壳，索穹顶，弦支穹顶屋盖和下部圈梁-框架结构，当下部支承结构为一个整体，且与上部空间结构侧向刚度比大于等于 2 时，可采用三向（水平两向加竖向）单点一致输入计算地震作用；当下部支承结构由结构缝分开，且每个独立的支承结构单元与上部空间结构侧向刚度比小于 2 时，采用三向多点输入计算地震作用；对两线边支承空间结构，如拱、拱桁架；门式刚架，门式桁架；圆柱面网壳等结构，当支承于独立基础时，应采用三向多点输入计算地震作用；对长悬臂空间结构，应视其支承结构特点，采用多向单点一致输入，或多向多点输入计算地震作用。

361 解释单点一致、多点、多向单点或多向多点输入？

单点一致输入，即仅对基础底部输入一致的加速度反应谱或加速度时程进行结构计算。多向单点输入，即沿空间结构基础底部，三向同时输入，其地震动参数（加速度峰值或反应谱最大值）比例取：水平主向：水平次向：竖向=1.00：0.85：0.65。多点输入，即考虑地震行波效应和局部场地效应，对各独立基础或支承结构输入不同的设计反应谱或加速度时程进行计算，估计可能造成的地震效应。

362 什么是重力荷载代表值？

建筑抗震设计用的重力性质的荷载，为结构构件的永久荷载（包括自重）标准值和各种竖向可变荷载组合值之和。其组合值系数根据地震时竖向可变荷载的遇合概率确定。

363 地震影响系数的特点是什么？

（1）同样烈度、同样场地条件的反应谱形状，随着震源机制、震级大小、震中距远近等的变化，有较大的差别，影响因素很多。

（2）通常根据大量实际地震记录的反应谱进行统计并结合工程经验判断加以规定。

（3）按二阶段设计要求，在截面承载力验算时的设计地震作用，取众值烈度（多遇地震）下结构按完全弹性分析的数值，在罕遇地震的变形验算时，按超越概率 2%～3% 提供了对应的地震影响系数最大值。

（4）考虑到不同结构类型建筑的抗震设计要求，提供了不同阻尼比（0.02～0.30）地震影响系数曲线相对于标准的地震影响系数（阻尼比为 0.05）的修正方法。

364 结构的截面抗震验算，应符合哪些要求？

（1）6 度时的建筑（不规则建筑及建造于Ⅳ类场地上较高的高层建筑除外），以及生土房屋和木结构房屋等，应符合有关的抗震措施要求，但应允许不进行截面抗震验算。

（2）6 度时不规则建筑、建造于Ⅳ类场地上较高的高层建筑，7 度和 7 度以上的建筑结构（生土房屋和木结构房屋等除外），应进行多遇地震作用下的截面抗震验算。

365 采用底部剪力法时，多质点系等效质量系数取值？地震作用如何分布？

底部剪力法视多质点体系为等效单质点系。引入等效质量系数 0.85，它反映了多质点系底部剪力值与对应单质点系（质量等于多质点系总质量，周期等于多质点系基本周期）剪力值的差异。地震作用沿结构高度分布接近于倒三角形。

366 什么是 SRSS 法？什么是 CQC 法？如何选用这两种方法？

取各振型反应的平方和的方根作为总反应的振型组合方法称为 SRSS 法，或称平方和开方法。取各振型反应的平方与不同振型耦联项的总和的开方作为总反应的振型组合方法称为 CQC 法，或称完全开方组合法。

当相邻振型的周期比为 0.85 时，耦联系数大约为 0.27，采用 SRSS 法进行振型组合的误差不大；而当周期比为 0.90 时，耦联系数增大一倍，约为 0.50，两个振型之间的互相影响不可忽略，这时，计算地震作用效应不能采用 SRSS 法，而应采用 CQC 法。

367 水平地震作用下，建筑结构的扭转耦联地震效应如何考虑？

（1）规则结构不考虑扭转耦联计算时，应采用增大边榀构件地震内力的简化处理方法。

（2）扭转不规则时，应计入扭转影响。

（3）质量和刚度分布明显不对称的结构，应计入双向水平地震作用下的扭转影响。

（4）如果考虑扭转影响的地震作用效应小于考虑偶然偏心引起的地震效应时，应取后者以策安全。

368 为什么规定剪力系数？当不满足时，如何调整？

对于扭转效应明显或基本周期小于 3.5s 的结构，由此计算所得的水平地震作用下的结构效应可能太小。而对于基本周期大于 5.0s 的结构，地震动态作用中的地面运动速度和位移可能对结构的破坏具有更大影响。出于结构安全的考虑，提出了对结构总水平地震剪力及各楼层水平地震剪力最小值的要求，规定了不同烈度下的剪力系数，当不满足时，需改变结构布置或调整结构总剪力和各楼层的水平地震剪力使之满足要求。

（1）当结构底部的总地震剪力略小于规范规定而中、上部楼层均满足最小值时，可采用下列方法调整：

① 若结构基本周期位于设计反应谱的加速度控制段时，则各楼层均需乘以同样大小的增大系数；

② 若结构基本周期位于反应谱的位移控制段时，则各楼层 i 均需按底部的剪力系数的

差值 $\Delta\lambda_0$ 增加该层的地震剪力，即 $\Delta F_{Eki} = \Delta\lambda_0 G_{Ei}$；

③ 若结构基本周期位于反应谱的速度控制段时，则增加值应大于 $\Delta\lambda_0 G_{Ei}$；

④ 顶部增加值可取动位移作用和加速度作用二者的平均值；

⑤ 中间各层的增加值可近似按线性分布。

（2）当底部总剪力相差较多时，结构的选型和总体布置需重新调整，不能仅采用乘以增大系数方法处理。

（3）只要底部总剪力不满足要求，则结构各楼层的剪力均需要调整，不能仅调整不满足的楼层。

（4）当各层的地震剪力需要调整时，原先计算的倾覆力矩、内力和位移均需要相应调整。

（5）采用时程分析法时，其计算的总剪力也需复合最小地震剪力的要求。

（6）不考虑阻尼比的不同，是最低要求，各类结构，包括钢结构、隔震和消能减震结构均需一律遵守。

369　如何判断扭转效应明显？

一般可由考虑耦联的振型分解反应谱分析结果判断，例如前三个振型中，两个水平方向的振型参与系数为同一个量级，即存在明显的扭转效应。对于扭转效应明显或基本周期小于 3.5s 的结构，剪力系数取 $0.2\alpha_{max}$，保证足够的抗震安全。对于存在竖向不规则的结构，突变部位的薄弱层，地震剪力应乘以不小于 1.15 的增大系数。

370　结构的楼层水平地震剪力，应按哪些原则分配？

（1）现浇和装配整体式混凝土楼、屋盖等刚性楼、屋盖建筑，宜按抗侧力构件等效刚度的比例分配。

（2）木楼盖、木屋盖等柔性楼、屋盖建筑，宜按抗侧力构件从属面积上重力荷载代表值的比例分配。

（3）普通的预制装配式混凝土楼、屋盖等半刚性楼、屋盖的建筑，可取上述两种分配结果的平均值。

（4）计入空间作用、楼盖变形、墙体弹塑性变形和扭转的影响时，按规范规定对上述分配结果作适当调整。

371　如何查到我国城镇（县级及县级以上城镇）中心地区的抗震设防烈度、设计基本地震加速度值和所属的设计地震分组？

可查阅《建筑抗震设计规范》GB 50011—2010（2016 年版）附录 A。

第13章 地基基础

13.1 基础埋置深度

372 基础的埋置深度应该如何选取？

基础的埋置深度，应按下列条件确定：

（1）建筑物的用途，有无地下室、设备基础和地下设施，基础的形式和构造；

（2）作用在地基上的荷载大小和性质；

（3）工程地质和水文地质条件；

（4）相邻建筑物的基础埋置；

（5）地基土冻胀和融陷的影响。

注:《建筑地基基础设计规范》GB 50007—2011 第 5.1.1 条规定。

373 基础持力层应该如何选取？

在满足地基稳定和变形要求的条件下，当上层地基的承载力大于下层土时，宜利用上层土作持力层。除岩石地基外，基础埋置深度不宜小于 0.5m。

注:《建筑地基基础设计规范》GB 50007—2011 第 5.1.2 条规定。

374 高层建筑基础的埋置深度应该如何选取？

高层建筑基础的埋置深度应满足地基承载力、变形和稳定性要求。位于岩石地基上的高层建筑，其基础埋置深度应满足抗滑稳定性要求。

注:《建筑地基基础设计规范》GB 50007—2011 第 5.1.3 条规定。

375 基础的高深比应该如何选取？

在抗震设防区，除岩石地基外，天然地基上的箱形和筏形基础埋置深度不宜小于建筑物高度的 1/15；桩箱和桩筏基础的埋置深度（不计桩长）不宜小于建筑物高度的 1/18。

注:《建筑地基基础设计规范》GB 50007—2011 第 5.1.4 条规定。

376 高层建筑基础的高深比应该如何选取？

基础应有一定的埋置深度。在确定埋置深度时，应综合考虑建筑物的高度、体型、地基土质、抗震设防烈度等因素。基础埋置深度可从室外地坪算至基础底面，并宜符合下列规定：

（1）天然地基或复合地基，可取房屋高度的 1/15；

（2）桩基础，不计桩长，可取房屋高度的 1/18。

当建筑物采用岩石地基或采取有效措施时，在满足地基承载力、稳定性要求及《高层建筑混凝土结构技术规程》第 12.1.7 规定的前提下，基础埋深可比本条第（1）、（2）两款的规定适当放松。

当地基可能产生滑移时，应采取有效的抗滑移措施。

注：《高层建筑混凝土结构技术规程》JGJ 3—2010 第 12.1.8 条规定。

377 有地下水时基础的埋深应该如何选取？

基础宜埋置在地下水位以上，当必须埋在地下水位以下时，应采取地基土在施工时不受扰动的措施。当基础埋置在易风化的岩层上，施工时应在基坑开挖后立即铺筑垫层。

注：《建筑地基基础设计规范》GB 50007—2011 第 5.1.5 条规定。

378 相邻建筑物的基础埋置深度应该如何选取？

当存在相邻建筑物时，新建建筑物的基础埋置深度不宜大于原有建筑基础。当埋深大于原有建筑基础时，两基础间应保持一定净距，其数值应根据建筑荷载大小、基础形式和土质情况确定。

注：《建筑地基基础设计规范》GB 50007—2011 第 5.1.6 条规定。

379 季节性冻土地区基础埋置深度应该如何选取？

季节性冻土地区基础埋置深度宜大于场地冻结深度。对于深厚季节冻土地区，当建筑基础底面土层为不冻胀、弱冻胀、冻胀土时，基础埋置深度可以小于场地冻结深度，基础底面下允许冻土层最大厚度应根据当地经验确定。没有地区经验时可按本规范附录 G 查取。此时，基础最小埋置深 $d_{min} = z_d - h_{max}$，其中 h_{max} 为基础底面下允许冻土层最大厚度（m）。

注：《建筑地基基础设计规范》GB 50007—2011 第 5.1.8 条规定。

13.2 柱下独立基础

380 柱下独立基础的构造主要有哪些规定？

（1）锥形基础的边缘高度不宜小于 200mm，且两个方向的坡度不宜大于 1：3；阶梯形基础的每阶高度，宜为 300mm ～ 500mm。

（2）垫层的厚度不宜小于 70mm，垫层混凝土强度等级不宜低于 C10。

（3）受力钢筋最小配筋率不应小于 0.15%；底板受力钢筋的最小直径不应小于 10mm，间距不应大于 200mm，也不应小于 100mm。当有垫层时钢筋保护层的厚度不应小于 40mm；无垫层时不应小于 70mm。

（4）混凝土强度等级不应低于 C20。

（5）当柱下钢筋混凝土独立基础的边长大于或等于 2.5m 时，底板受力钢筋的长度可取边长的 0.9 倍，并宜交错布置。

注：《建筑地基基础设计规范》GB 50007—2011 第 8.2.1 条规定。

381　柱纵筋在基础内的锚固长度应该如何选取？

钢筋混凝土柱纵向受力钢筋在基础内的锚固长度 l_a（抗震锚固长度 l_{aE}），当基础高度小于 l_a（l_{aE}）时，纵向受力钢筋的总锚固长度应符合 l_a（l_{aE}）外，其最小直锚段的长度不应小于 20d，弯折段的长度不应小于 150mm。

注：《建筑地基基础设计规范》GB 50007—2011 第 8.2.2 条规定。

382　现浇柱的基础插筋应该如何选取？

现浇柱的基础，其插筋的数量、直径以及钢筋种类应与柱内纵向受力钢筋相同。插筋的下端宜做成直钩放在基础底板钢筋网上。当柱轴压或小偏压的基础高度大于或等于 1200mm（柱为大偏心受压，基础高度大于或等于 1400mm）时，可仅将四角的插筋伸至底板钢筋网上，其余插筋在基础顶面下锚固 l_a（l_{aE}）。

注：《建筑地基基础设计规范》GB 50007—2011 第 8.2.3 条规定。

383　柱下独立基础的计算应符合哪些规定？

（1）验算柱与基础交接处以及基础变阶处的受冲切承载力；

（2）验算柱与基础交接处的基础受剪切承载力；

（3）计算基础底板的受弯承载力；

（4）当基础的混凝土强度等级小于柱的混凝土强度等级时，验算柱下基础顶面的局部受压承载力。

注：《建筑地基基础设计规范》GB 50007—2011 第 8.2.7 条规定。

384　柱下独立基础的设计应符合哪些要求？

（1）台阶的高宽比小于或等于 2.5 且偏心距小于或等于 1/6 基础宽度。

（2）按最小配筋率计算配筋面积时，对阶形或锥形基础截面，可将其截面折算成矩形截面，截面的折算宽度和截面的有效高度，按《建筑地基基础设计规范》GB 50007—2011 附录 U 计算。

（3）当柱下独立基础底面长边与短边之比 ω 在 ≥2、≤3 的范围时，基础底板短向钢筋应按下述方法布置：将 λA_s 钢筋均匀分布在与柱中心重合的宽度等于基础短边的中间带宽范围内，其余（$1-\lambda$）A_s 的短向钢筋则均匀分布在中间带宽的两侧。长向配筋应均匀分布在基础全宽范围内。见表 384。

独立基础底面长边与短边之比 2 ≤ ω ≤ 3 时底板受力钢筋配置参数　　　　表 384

$\omega = b/l$	2	2.1	2.2	2.3	2.4	2.5	2.6	2.7	2.8	2.9	3.0
$\lambda = 1 - \omega/6$	0.67	0.65	0.63	0.62	0.60	0.58	0.57	0.55	0.53	0.52	0.50
$1 - \lambda$	0.33	0.35	0.37	0.38	0.40	0.42	0.43	0.45	0.47	0.48	0.50

13.3 墙下条形基础

385 墙下条形基础的构造主要有哪些规定？

（1）边缘高度不宜小于 200mm，且坡度不宜大于 1:3。

（2）垫层的厚度不宜小于 70mm，垫层混凝土强度等级不宜低于 C10。

（3）受力钢筋最小配筋率不应小于 0.15%，底板受力钢筋的最小直径不应小于 10mm，间距不应大于 200mm，也不应小于 100mm。纵向分布钢筋的直径不应小于 8mm，间距不应大于 300mm；每延米分布钢筋的面积不应小于受力钢筋面积的 15%。当有垫层时钢筋保护层的厚度不应小于 40mm；无垫层时不应小于 70mm。

（4）混凝土强度等级不应低于 C20。

（5）墙下钢筋混凝土条形基础宽度大于或等于 2.5m 时，底板受力钢筋的长度可取宽度的 0.9 倍，并宜交错布置。

（6）钢筋混凝土条形基础底板在 T 形及十字形交接处，底板横向受力钢筋仅沿一个主要受力方向通长布置，另一方向的横向受力钢筋可布置到主要受力方向底板宽度 1/4 处。在拐角处底板横向受力钢筋应沿两个方向布置。

注：《建筑地基基础设计规范》GB 50007—2011 第 8.2.1 条规定。

386 墙纵筋在基础内的锚固长度应该如何选取？

钢筋混凝土剪力墙纵向受力钢筋在基础内的锚固长度 l_a（抗震锚固长度 l_{aE}），当基础高度小于 l_a（l_{aE}）时，纵向受力钢筋的总锚固长度应符合 l_a（l_{aE}）外，其最小直锚段的长度不应小于 20d，弯折段的长度不应小于 150mm。

注：《建筑地基基础设计规范》GB 50007—2011 第 8.2.2 条规定。

387 墙下条形基础的计算应符合哪些规定？

（1）验算墙与基础底板交接处截面受剪承载力；

（2）计算基础底板的受弯承载力。

注：《建筑地基基础设计规范》GB 50007—2011 第 8.2.10 条、第 8.2.14 条规定。

13.4 柱下条形基础

388 柱下条形基础的构造主要有哪些规定？

柱下条形基础的构造，除应符合本规范第 8.2.1 条的要求外，尚应符合下列规定：

（1）柱下条形基础梁的高度宜为柱距的 1/4 ~ 1/8。翼板厚度不应小于 200mm。当翼板厚度大于 250mm 时，宜采用变厚度翼板，其顶面坡度宜小于等于 1:3。

（2）条形基础的端部宜向外伸出，其长度宜为第一跨距的 0.25 倍。

（3）现浇柱与基础梁的交接处，基础梁的平面尺寸应大于柱的平面尺寸，且柱的边缘至基础梁边缘的距离不得小于 50mm（《建筑地基基础设计规范》图 8.3.1）。

（4）条形基础梁顶部和底部的纵向受力钢筋除应满足计算要求外，顶部钢筋应按计算配筋全部贯通，底部通长钢筋不应少于底部受力钢筋截面总面积的 1/3。

柱下条形基础的混凝土强度等级，不应低于 C20。

注：《建筑地基基础设计规范》GB 50007—2011 第 8.3.1 条规定。

389　柱下条形基础的计算应符合哪些规定？

柱下条形基础的计算，除应符合本规范第 8.2.6 条的要求外，尚应符合下列规定：

（1）在比较均匀室的地基上，上部结构刚度较好，荷载分布较均匀，且条形基础梁高度不小于 1/6 柱距时，地基反力可按直线分布，条形基础梁的内力可按连续梁计算，此时边跨跨中弯矩、第一内支座的弯矩值宜乘以 1.2 的系数。

（2）当不满足第（1）款要求时，宜按弹性地基梁计算。

（3）对交叉条形基础，交点上的柱荷载，可按静力平衡条件及变形协调条件进行分配。其内力可按上述规定，分别进行计算。

（4）应验算柱边缘处基础梁的受剪承载力。

（5）当存在扭矩时，尚应作抗扭计算。

（6）当条形基础的混凝土强度等级小于柱的混凝土强度等级时，应验算柱下条形基础梁顶面的局部受压承载力。

注：《建筑地基基础设计规范》GB 50007—2011 第 8.3.2 条规定。

13.5　高层建筑筏形基础

390　筏形基础应该如何选型？

筏形基础分为梁板式和平板式两种类型，其选型应根据地基土质、上部结构体系、柱距、荷载大小、使用要求以及施工条件等因素确定。框架-核心筒结构和筒中筒结构宜采用平板式筏形基础。

注：《建筑地基基础设计规范》GB 50007—2011 第 8.4.1 条规定。

391　筏形基础的平面尺寸应该如何确定？

筏形基础的平面尺寸，应根据工程地质条件、上部结构的布置、地下结构底层平面及荷载分布等因素按《建筑地基基础设计规范》第 5 章有关规定确定。对单幢建筑物，在地基土比较均匀的条件下，基底平面形心宜与结构竖向永久荷载重心重合。当不能重合时，在作用的准永久组合下，偏心距 e 宜符合下式规定：

$$e \leqslant 0.1W/A \tag{391}$$

式中　W——与偏心距方向一致的基础底面边缘抵抗矩（m^3）；

　　　A——基础底面积（m^2）。

注：《建筑地基基础设计规范》GB 50007—2011 第 8.4.2 条规定。

392 大面积整体基础应该如何选型？

大面积整体基础上的建筑宜均匀对称布置。当整体基础面积较大且其上建筑数量较多时，可将整体基础按单幢建筑的影响范围分块，每幢建筑的影响范围可根据荷载情况、基础刚度、地下结构及裙房刚度、沉降后浇带的位置等因素确定。每幢建筑竖向永久荷载重心宜与影响范围内的基底平面形心重合。当不能重合时，宜符合本规范第 5.1.3 条的规定。

注：依据《高层建筑筏形与箱形基础技术规范》JGJ 6—2011 第 5.1.4 条规定。

393 什么条件下，按刚性地基假定计算的基底水平地震剪力、倾覆力矩可乘以折减系数？

对四周与土层紧密接触带地下室外墙的整体式筏基和箱基，当地基持力层为非密实的土和岩石，场地类别为Ⅲ类和Ⅳ类，抗震设防烈度为 8 度和 9 度，结构基本自振周期处于特征周期的 1.2 倍～5 倍范围时，按刚性地基假定计算的基底水平地震剪力、倾覆力矩可按设防烈度分别乘以 0.9 和 0.85 的折减系数。

注：《建筑地基基础设计规范》GB 50007—2011 第 8.4.3 条规定。

394 基础防水混凝土的抗渗等级应该如何选取？

筏形基础的混凝土强度等级不应低于 C30，当有地下室时应采用防水混凝土。防水混凝土抗渗等级按表 394 选用。对重要建筑，宜采用自防水并设置架空排水层。

防水混凝土抗渗等级　　　　　　　　　　　　　　　　　　表 394

埋置深度 d（mm）	设计抗渗等级	埋置深度 d（mm）	设计抗渗等级
$d < 10$	P6	$20 \leqslant d < 30$	P10
$10 \leqslant d < 20$	P8	$d \geqslant 30$	P12

注：《建筑地基基础设计规范》GB 50007—2011 第 8.4.4 条规定。

395 采用筏形基础的地下室应符合哪些规定？

采用筏形基础的地下室，钢筋混凝土外墙厚度不应小于 250mm，内墙厚度不宜小于 200mm。墙的截面设计除满足承载力要求外，尚应考虑变形、抗裂及外墙防渗等要求。墙体内应设置双面钢筋，钢筋不宜采用光面圆钢筋，水平钢筋的直径不应小于 12mm，竖向钢筋的直径不应小于 10mm，间距不应大于 200mm。

注：《建筑地基基础设计规范》GB 50007—2011 第 8.4.5 条规定。

396 平板式筏基的板厚应该如何选取？

平板式筏基的板厚应满足受冲切承载力的要求。

注：《建筑地基基础设计规范》GB 50007—2011 第 8.4.6 条规定。

397 筏形基础内力计算应符合哪些规定？

当地基土比较均匀、地基压缩层范围内无柔弱土层或可液化土层、上部结构刚度较好，柱网和荷载较均匀、相邻柱荷载及柱间距的变化不超过 20%，且梁板式筏基梁的高跨比或平板式筏基板的厚跨比不小于 1/6 时，筏形基础可仅考虑局部弯曲作用。筏形基础的内力，可按基底反力直线分布进行计算，计算时基底反力应扣除底板自重及其上填土的自重。当不满足上述要求时，筏基内力可按弹性地基梁板方法进行分析计算。

注：《建筑地基基础设计规范》GB 50007—2011 第 8.4.14 条规定。

398　筏形基础计算应符合哪些规定？

（1）平板式筏基柱下冲切验算；

（2）平板式筏基内筒下的板厚受冲切承载力；

（3）距内筒和柱边缘 h_0 处截面、变厚度处筏板受剪承载力；

（4）梁板式筏基的板厚受冲切承载力、受剪切承载力；

（5）梁板式筏基底板正截面受弯承载力；

（6）柱下局部受压承载力，9 度高层建筑应计入竖向地震作用对柱轴力的影响。

注：《建筑地基基础设计规范》GB 50007—2011 第 8.4.7 条、第 8.4.8 条、第 8.4.9 条、第 8.4.11 条、第 8.4.18 条规定。

399　平板式筏基构造应符合哪些规定？

（1）板的最小厚度不应小于 500mm。

（2）当柱荷载较大，等厚度筏板的受冲切承载力不能满足要求时，可在筏板上面增设柱墩或在筏板下局部增加板厚或采用抗冲切钢筋等措施。

（3）柱下板带中，有效宽度范围内（柱宽及其两侧各 0.5 倍板厚且不大于 1/4 板跨）其钢筋配置量不应小于柱下板带钢筋数量的一半，且应能承受部分不平衡弯矩 $\alpha_m M_{unb}$。

（4）平板式筏基柱下板带和跨中板带的底部支座钢筋应有不少于 1/3 贯通全跨，顶部钢筋应按计算配筋全部连通，上下贯通钢筋的配筋率不应小于 0.15%。

注：《建筑地基基础设计规范》GB 50007—2011 第 8.4.7 条、第 8.4.16 条规定。

400　梁板式筏形基础构造应符合哪些规定？

（1）底板厚度与其最大双向板格的短边净跨之比不应小于 1/14，且板厚不应小于 400mm。

（2）按基底反力直线分布计算的梁板式筏基，其基础梁的内力可按连续梁分析，边跨跨中弯矩以及第一内支座的弯矩值宜乘以 1.2 的系数。梁板式筏基的底板和基础梁的配筋除满足计算要求外，纵横方向的底部钢筋尚应有不少于 1/3 贯通全跨，顶部钢筋按计算配筋全部连通，底板上下贯通钢筋的配筋率不应小于 0.15%。

（3）柱、墙的边缘至基础梁边缘的距离不应小于 50mm，当不满足要求时，地下室底层柱与基础梁连接处应设置八字角，柱角与八字角之间的净距不宜小于 50mm。

注：《建筑地基基础设计规范》GB 50007—2011 第 8.4.12 条、第 8.4.15 条规定。

401 带裙房的高层建筑筏形基础应符合哪些规定？

（1）当高层建筑与相连的裙房之间设置沉降缝时，高层建筑的埋深应大于裙房基础的埋深至少 2m。地面以下沉降缝的缝隙应采用粗砂填实。

（2）当高层建筑与相连的裙房之间不设沉降缝时，宜在裙房一侧设置用于控制沉降差的后浇带，当沉降实测值和计算确定的后期沉降差满足设计要求后，方可进行后浇带混凝土浇筑。当高层建筑基础面积满足地基承载力和变形要求时，后浇带宜设在与高层建筑相邻裙房的第一跨内。当需要增大高层建筑地基承载力、降低高层建筑沉降量、减少高层建筑与裙房间的沉降差而增大高层建筑基础面积时，后浇带可设在距主楼边柱的第二跨内，此时应满足以下条件：

① 地基土质较均匀；

② 裙房结构刚度较好且基础以上的地下室和裙房层数不少于两层；

③ 后浇带一侧与主楼连接的裙房基础底板厚度与高层建筑的基础底板厚度相同。

（3）当高层建筑与相连的裙房之间不设沉降缝和后浇带时，高层建筑及与其紧邻一跨裙房的筏板应采用相同厚度，裙房基础的厚度宜从第二跨裙房开始逐渐变化，应同时满足主、裙楼基础整体性和基础板的变形要求，应进行地基变形和基础内力的验算，验算时应分析地基与结构间变形的相互影响，并采取有效措施防止产生不利影响的差异沉降。

注：《建筑地基基础设计规范》GB 50007—2011 第 8.4.20 条规定。

402 大面积整体筏形基础设计应符合哪些规定？

（1）在同一大面积整体筏形基础上建有多幢高层和低层建筑时，筏板厚度和配筋宜按上部结构、基础与地基土共同作用的基础变形和基底反力计算确定。

注：《建筑地基基础设计规范》GB 50007—2011 第 8.4.21 条规定。

（2）在同一大面积整体筏形基础上有多幢高层和低层建筑时，筏基的结构计算宜考虑上部结构、基础与地基土的共同作用。筏基可采用弹性地基梁板的理论进行整体计算；也可按各建筑物的有效影响区域将筏基划分为若干单元分别进行计算，计算时应考虑各单元的相互影响和交界处的变形协调条件。

注：《高层建筑筏形与箱形基础技术规范》JGJ 6—2011 第 6.2.15 条规定。

（3）带裙房的高层建筑下的整体筏形基础，其主楼下筏板的整体挠度值不宜大于0.05%，主楼与相邻的裙房柱的差异沉降不应大于其跨度的 0.1%。

注：《建筑地基基础设计规范》GB 50007—2011 第 8.4.22 条规定。

（4）采用大面积整体筏形基础时，与主楼连接的外扩地下室其角隅处的楼板板角，除配置两个垂直方向的上部钢筋外，尚应布置斜向上部构造钢筋，钢筋直径不应小于10mm、间距不应大于 200mm，该钢筋伸入板内的长度不宜小于 1/4 短边跨度；与基础整体弯曲方向一致的垂直于外墙的楼板上部钢筋以及主裙楼交界处的楼板上部钢筋，钢筋直径不应小于 10mm，间距不应大于 200mm，且钢筋的面积不应小于《混凝土结构设计规范》GB 50010 中受弯构件的最小配筋率，钢筋的锚固长度不应小于 30d。

注：《建筑地基基础设计规范》GB 50007—2011 第 8.4.23 条规定。

13.6 高层建筑箱形基础

403 箱形基础计算应符合哪些规定？

（1）当地基压缩层深度范围内的土层在竖向和水平方向较均匀，且上部结构为平、立面布置较规则的剪力墙、框架、框架-剪力墙结构体系时，箱形基础的顶、底板可仅按局部弯曲计算，计算时地基反力应扣除板的自重。顶、底板钢筋配置量除满足局部弯曲的计算要求外，跨中钢筋应按实际配筋全部连通，支座钢筋尚应有 1/4 贯通全跨，底板上下贯通钢筋的配筋率均不应小于 0.15%。

注：《高层建筑筏形与箱形基础技术规范》JGJ 6—2011 第 6.3.7 条规定。

（2）对不符合上述第（1）条要求的箱形基础，应同时计算局部弯曲及整体弯曲作用。计算整体弯曲作用时应采用上部结构、箱形基础和地基共同作用的分析方法；底板局部弯曲产生的弯矩应乘以 0.8 折减系数；箱形基础的自重应按均布荷载处理；基底反力可按《高层建筑筏形与箱形基础技术规范》附录 E 确定。对等柱距或柱距相差不大于 20% 的框架结构，箱形基础整体弯矩的简化计算可按附录 F 进行。

在箱形基础顶、底板配筋时，应综合考虑承受整体弯曲的钢筋与局部弯曲的钢筋的配置部位，使截面各部位的钢筋能充分发挥作用。

注：《高层建筑筏形与箱形基础技术规范》JGJ 6—2011 第 6.3.8 条规定。

404 箱形基础的底板计算应符合哪些规定？

（1）底板受冲切承载力；
（2）底板斜截面受剪承载力；
（3）底板正截面受弯承载力。

注：《高层建筑筏形与箱形基础技术规范》JGJ 6—2011 第 6.3.4 条、第 6.3.5 条规定。

405 箱形基础的内、外墙计算有哪些规定？

（1）各片墙的墙身的竖向受剪承载力。
（2）单层或多层箱基洞口上、下过梁受剪、受弯承载力。
（3）底层柱下墙体的局部受压承载力。

注：《高层建筑筏形与箱形基础技术规范》JGJ 6—2011 第 6.3.10 条、第 6.3.12 条、第 6.3.13 条、第 6.3.14 条规定。

406 箱形基础构造应符合哪些规定？

（1）箱形基础的平面尺寸应根据地基土承载力和上部结构布置以及荷载大小等因素确定。外墙宜沿建筑物周边布置，内墙应沿上部结构的柱网或剪力墙位置纵横均匀布置，墙体水平截面总面积不宜小于箱形基础外墙外包尺寸的水平投影面积的 1/10。对基础平面长宽比大于 4 的箱形基础，其纵墙水平截面面积不应小于箱形基础外墙外包尺寸水平投影面积的 1/18。

注：《高层建筑混凝土结构技术规程》JGJ 3—2010 第 12.3.16 条规定。

（2）箱形基础的高度应满足结构的承载力、刚度及建筑使用功能要求，一般不宜小于箱基长度的 1/20，且不宜小于 3m。此外，箱基长度不计墙外悬挑板部分。

注：《高层建筑混凝土结构技术规程》JGJ 3—2010 第 12.3.17 条规定。

（3）箱形基础的底板厚度应根据实际受力情况、整体刚度及防水要求确定，底板厚度不应小于 400mm，且板厚与最大双向板格的短边净跨之比不应小于 1/14。

注：《高层建筑筏形与箱形基础技术规范》JGJ 6—2011 第 6.3.4 条规定。

（4）箱形基础的墙身厚度应根据实际受力情况、整体刚度及防水要求确定。外墙厚度不应小于 250mm；内墙厚度不宜小于 200mm。

注：《高层建筑筏形与箱形基础技术规范》JGJ 6—2011 第 6.3.6 条规定。

（5）箱形基础的顶板、底板及墙体均应采用双层双向配筋。墙体的竖向和水平钢筋直径均不应小于 10mm，间距均不应大于 200mm。除上部为剪力墙外，内、外墙的墙顶处宜配置两根直径不小于 20mm 的通长构造钢筋。

注：《高层建筑混凝土结构技术规程》JGJ 3—2010 第 12.3.22 条规定。

（6）上部结构底层柱纵向钢筋伸入箱形基础墙体的长度应符合下列规定：

① 柱下三面或四面有箱形基础墙的内柱，除柱四角纵向钢筋直通到基底外，其余钢筋可伸入顶板底面以下 40 倍纵向钢筋直径处；

② 外柱、与剪力墙相连的柱及其他柱的纵向钢筋应直通到基底。

注：《高层建筑混凝土结构技术规程》JGJ 3—2010 第 12.3.23 条规定。

（7）底层柱与箱形基础的交界处，柱边和墙边或柱角和八字角之间的净距不宜小于 50mm，并应验算底层柱下墙体的局部受压承载力；当不满足时，应增加墙体的承压面积或采取其他有效措施。

注：《高层建筑筏形与箱形基础技术规范》JGJ 6—2011 第 6.3.14 条规定。

13.7　桩基础

407　基桩应该如何分类？

基桩的分类 表 407

桩的分类		定义	桩的分类		定义
按承载性状分	摩擦型桩	桩顶竖向荷载由桩侧阻力承受	按受力性质分	受压桩	承受竖向压力的桩
	端承型桩	桩顶竖向荷载由桩端阻力承受		抗拔桩	承受拔力的桩
按成桩方法分	非挤土桩	干作业（泥浆、套管护壁）钻（挖）孔灌注桩		受水平作用桩	受水平荷载和地震作用的桩

桩的分类		定义	桩的分类		定义
按成桩方法分	部分挤土桩	冲孔灌注桩、预钻孔打入（静压）预制桩、打入（静压）H 型钢柱	按桩身材料分	混凝土桩	截面形状为方形、圆形、实心、空心、敞口、闭口
	挤土桩	沉管灌注桩、沉管夯（挤）扩灌注桩、打入（静压）预制桩		预应力混凝土桩	
按桩径大小分	小直径桩	$d \leqslant 250mm$		钢桩	敞（闭）口钢管桩、H 型钢桩
	中等直径桩	$250mm < d < 800mm$	按特殊条件下分		软土、湿陷性黄土、季节性冻土和膨胀土、岩溶、坡地、岸边、抗震设防、负摩阻力、抗拔、嵌岩
	大直径桩	$d \geqslant 800mm$			

408　基桩的布置应符合哪些条件？

（1）基桩的最小中心距应符合表 408 的规定；当施工中采取减小挤土效应的可靠措施时，可根据当地经验适当减小。

基桩的最小中心距　　　　　　　　　　　表 408

土类与成桩工艺		排数不少于 3 排且桩数不少于 9 根的摩擦型桩桩基	其他情况
非挤土灌注桩		$3.0d$	$3.0d$
部分挤土桩	非饱和土、饱和非黏性土	$3.5d$	$3.0d$
	饱和黏性土	$4.0d$	$3.5d$
挤土桩	非饱和土、饱和非黏性土	$4.0d$	$3.5d$
	饱和黏性土	$4.5d$	$4.0d$
钻、挖孔扩底桩		$2D$ 或 $D+2.0m$（当 $D>2m$）	$1.5D$ 或 $D+1.5m$（当 $D>2m$）
沉管夯扩、钻孔挤扩桩	非饱和土、饱和非黏性土	$2.2D$ 且 $4.0d$	$2.0D$ 且 $3.5d$
	饱和黏性土	$2.5D$ 且 $4.5d$	$2.2D$ 且 $4.0d$

注：1. d—圆桩设计直径或方桩设计边长；D—扩大端设计直径。

　　2. 当纵横向桩距不相等时，其最小中心距应满足"其他情况"一栏的规定。

　　3. 当为端承桩时，非挤土灌注桩的"其他情况"一栏可减小至 $2.5d$。

（2）排列基桩时，宜使桩群承载力合力点与竖向永久荷载合力点重合，并使基桩受水平力和力矩较大方向有较大抗弯截面模量。

（3）对于桩箱基础、剪力墙结构桩筏（含平板和梁板式承台）基础，宜将桩布置于墙下。

（4）对于框架-核心筒结构桩筏基础应按荷载分布考虑相互影响，将桩相对集中布置于核心筒和柱下；外围框架柱宜采用复合桩基，有合适桩端持力层时，桩长宜减小。

（5）应选择较硬土层作为桩端持力层。桩端全断面进入持力层的深度，对于黏性土、粉土不宜小于 2d，砂土不宜小于 1.5d，碎石类土不宜小于 1d。当存在软弱下卧层时，桩端以下硬持力层厚度不宜小于 3d。

（6）对于嵌岩桩，嵌岩深度应综合荷载、上覆土层、基岩、桩径、桩长诸因素确定；对于嵌入倾斜的完整和较完整岩的全断面深度不宜小于 0.4d 且不小于 0.5m，倾斜度大于 30% 的中风化岩，宜根据倾斜度及岩石完整性适当加大嵌岩深度；对于嵌入平整、完整的坚硬岩和较硬岩的深度不宜小于 0.2d，且不应小于 0.2m。

注：《建筑桩基技术规范》JGJ 94—2008 第 3.3.3 条规定。

409 桩基设计应符合哪些规定？

	桩基设计 表 409
1	所有桩基均应进行承载力和桩身强度计算。对预制桩，尚应进行运输、吊装和锤击等过程中的强度和抗裂验算
2	地基基础设计等级为甲级的建筑物桩基，体型复杂、荷载不均匀或桩端以下存在软弱土层的设计等级为乙级的建筑物桩基，摩擦型桩基应进行沉降验算
3	桩基础的抗震承载力验算
4	桩基宜选用中、低压缩性土层作桩端持力层
5	同一结构单元内的桩基，不宜选用压缩性差异较大的土层为桩端持力层，不宜采用部分摩擦桩和部分端承桩
6	引起桩周土的沉降大于桩的沉降时，应考虑桩侧负摩阻力对桩基承载力和沉降的影响
7	对位于坡地、岸边的桩基，应进行桩基的整体稳定验算。桩基应与边坡工程统一规划，同步设计
8	岩溶地区的桩基，当岩溶上覆土层的稳定性有保证，且桩端持力层承载力及厚度满足要求，可利用上覆土层作为桩端持力层。当必须采用嵌岩桩时，应对岩溶进行施工勘察
9	应考虑桩基施工中挤土效应对桩基及周边环境的影响；在深厚饱和软土中不宜采用大片密集有挤土效应的桩基
10	应考虑深基坑开挖中，坑底土回弹隆起对桩身受力及桩承载力的影响
11	桩基设计时，应结合地区经验考虑桩、土、承台的共同工作
12	在承台及地下室周围的回填中，应满足填土密实度要求

注：《建筑地基基础设计规范》GB 50007—2011 第 8.5.2 条规定。

410 桩和桩基的构造，应符合哪些规定：

（1）摩擦型桩的中心距不宜小于桩身直径的 3 倍；扩底灌注桩的中心距不宜小于扩底直径的 1.5 倍，当扩底直径大于 2m 时，桩端净距不宜小于 1m。在确定桩距时尚应考虑施工工艺中挤土等效应对邻近桩的影响。

（2）扩底灌注桩的扩底直径，不应大于桩身直径的 3 倍。

（3）桩底进入持力层的深度，宜为桩身直径的 1 倍～3 倍。在确定桩底进入持力层的深度时，尚应考虑特殊土、岩溶以及震陷液化等影响。嵌岩灌注桩周边嵌入完整和较完整的未风化、微风化、中风化硬质岩体最小深度不宜小于 0.5m。

（4）布置桩位时宜使桩基承载力合力点与竖向永久荷载合力作用点重合。

（5）设计使用年限不少于 50 年时，非腐蚀环境中预制桩的混凝土强度等级不应低于 C30，预应力桩不应低于 C40，灌注桩的混凝土强度等级不应低于 C25；二 b 类环境及三类及四类、五类微腐蚀环境中不应低于 C30；在腐蚀环境中的桩，桩身混凝土的强度等级应符合《混凝土结构设计规范》GB 50010 的有关规定。设计使用年限不少于 100 年的桩，桩身混凝土的强度等级宜适当提高。水下灌注桩混凝土的桩身混凝土强度等级不宜高于 C40。参见表 410-1。

桩的最低混凝土强度等级　　　　　　　　　　　　　　表 410-1

非腐蚀环境中	预制桩	C30	非腐蚀环境中	灌注桩	C25
	预应力桩	C40	二 b 类环境及三类及四类、五类微腐蚀环境中		C30

（6）桩身混凝土的材料、最小水泥用量、水灰比、抗渗等级等应符合《混凝土结构设计规范》GB 50010、《工业建筑防腐蚀设计规范》GB 50046 及《混凝土结构耐久性设计规范》GB/T 50476 的有关规定。

（7）桩的主筋配置应经计算确定，预制桩的最小配筋率不宜小于 0.8%（锤击沉桩）、0.6%（静压沉桩），预应力桩不宜小于 0.5%；灌注桩最小配筋率不宜小于 0.2% ～ 0.65%（小直径桩取大值）。桩顶以下 3 倍～ 5 倍桩身直径范围内，箍筋宜适当加强加密。参见表 410-2。

桩的最小配筋率　　　　　　　　　　　　　　表 410-2

类别		最小配筋率（%）	类别	最小配筋率（%）
预制桩	锤击沉桩	0.80	预应力桩	0.50
	静压沉桩	0.60	灌注桩	0.2 ～ 0.65（小直径桩取高值）

（8）桩身纵向钢筋配筋长度应符合下列规定：

① 受水平荷载和弯矩较大的桩，配筋长度应通过计算确定；

② 桩基承台下存在淤泥、淤泥质土或液化土层时，配筋长度应穿过淤泥、淤泥质土层或液化土层；

③ 坡度岸边的桩、8 度及 8 度以上地震区的桩、抗拔桩、嵌岩端承桩通长配筋；

④ 钻孔灌注桩构造钢筋的长度不宜小于桩长的 2/3；桩施工在基坑开挖前完成，其钢筋长度不宜小于基坑深度的 1.5 倍。

（9）桩身配筋可根据计算结果及施工工艺要求，可沿桩身纵向不均匀配筋。腐蚀环境中的灌注桩主筋直径不宜小于 16mm，非腐蚀环境中灌注桩主筋直径不应小于 12mm。

（10）桩顶嵌入承台内的长度不应小于 50mm。主筋伸入承台内的锚固长度不应小于钢筋直径（HPB235）的 30 倍和钢筋直径（HRB335 和 HRB400）的 35 倍。对于大直径灌注桩，当采用一桩一柱时，可设置承台或将桩和柱直接连接。桩和柱的连接可按本规范第 8.2.5 条高杯口基础的要求选择截面尺寸和配筋，柱纵筋插入桩身的长度应满足锚固长度的要求。

（11）灌注桩主筋混凝土保护层厚度不应小于 50mm；预制桩不应小于 45mm，预应力管桩不应小于 35mm；腐蚀环境中的灌注桩不应小于 55mm。参见表 410-3。

注：《建筑地基基础设计规范》GB 50007—2011 第 8.5.3 条规定。

桩主筋混凝土保护层最小厚度　　　　　　　　　　　　　　表 410-3

桩类别	主筋最小混凝土保护层厚度（mm）	
	非腐蚀环境	腐蚀环境
灌注桩	50	55
预制桩	45	45
预应力管桩	35	35

411　桩身混凝土强度等级应该如何选取？

桩身混凝土强度等级应满足桩的承载力设计要求。

注：《建筑地基基础设计规范》GB 50007—2011 第 8.5.10 条规定。

412　桩基承台应该如何设计？

桩基承台设计　　　　　　　　　　　　　　表 412

承台类别	计算内容	承台构造
柱下桩基独立承台	1. 柱边和承台高度变化处的受弯承载力。 2. 柱边或台阶变阶处对承台、角桩对承台顶面或承台变阶处的受冲切承载力。 3. 柱边和桩边、变阶处和桩边连线形成的斜截面受剪承载力。 4. 柱下或桩上承台的局部受压承载力（承台的混凝土强度等级低于柱或桩）	1. 承台的宽度≥500mm。边桩中心至承台边缘的距离不宜小于桩的直径或边长，且桩的外边缘至承台边缘的距离≥150mm。 2. 承台的最小厚度≥300mm。 3. 承台的配筋，对于矩形承台，其钢筋应按双向均匀通长配置，钢筋直径不宜小于 10mm，间距不宜大于 200mm；对于三桩承台，钢筋应按三向板带均匀布置，且最里面的三根钢筋围成的三角形应在柱截面范围内。 4. 柱下独立桩基承台的最小配筋率不应小于 0.15%。 5. 钢筋锚固长度自边桩内侧（当为圆桩时，应将其直径乘以 0.886 等效为方桩）算起，锚固长度不应小于 35 倍钢筋直径，当不满足时应将钢筋向上弯折，此时钢筋水平段的长度不应小于 25 倍钢筋直径，弯折段的长度不应小于 10 倍钢筋直径。 6. 承台混凝土强度等级≥C20；纵向钢筋的混凝土保护层厚度≥70mm，当有混凝土垫层时≥50mm；且不应小于桩头嵌入承台内的长度
墙下桩基承台梁	可按倒置弹性地基梁计算弯矩和剪力	1. 纵向受力钢筋的最小配筋率为 0.20 和 45f_t/f_y 中的较大值。 2. 桩的外边缘至承台梁边缘的距离应≥75mm。 3. 承台的最小厚度应≥300mm。 4. 主筋直径宜≥12mm，架立筋宜≥10mm，箍筋直径宜≥6mm。 5. 钢筋锚固长度自边桩内侧（当为圆桩时，应将其直径乘以 0.886 等效为方桩）算起，锚固长度不应小于 35 倍钢筋直径，当不满足时应将钢筋向上弯折，此时钢筋水平段的长度不应小于 25 倍钢筋直径，弯折段的长度不应小于 10 倍钢筋直径。 6. 承台混凝土强度等级≥C20；纵向钢筋的混凝土保护层厚度≥70mm，当有混凝土垫层时≥50mm；且不应小于桩头嵌入承台内的长度
柱下桩基承台梁	1. 按弹性地基梁进行分析计算。 2. 按连续梁计算（当桩端持力层深厚坚硬且桩柱轴线不重合时）	
桩筏	1. 按地基-桩-承台-上部结构共同作用原理分析计算。	1. 混凝土强度等级应≥C30，垫层混凝土强度等级应≥C10，垫层厚度应≥70mm。

续表

承台类别	计算内容	承台构造
桩筏	2. 当桩端持力层深厚坚硬、上部结构刚度较好等可仅按局部弯矩作用进行计算	2. 仅按局部弯矩计算时,筏板顶部跨中钢筋应全部连通,筏基的底部支座钢筋应 1/3 贯通全跨,上下贯通钢筋的配筋率均不应小于 0.15%。 3. 底板下部纵向受力钢筋的保护层厚度在有垫层时应 ≥ 50mm,无垫层时应 ≥ 70mm,此外尚不应小于桩头嵌入底板内的长度
桩箱	1. 按地基-桩-承台-上部结构共同作用原理分析计算。 2. 当桩端持力层基岩、密实的碎石土、砂土且深厚均匀时等可仅按局部弯矩作用进行计算	1. 混凝土强度等级应 ≥ C30,垫层混凝土强度等级应 ≥ C10,垫层厚度应 ≥ 70mm。 2. 仅按局部弯矩计算时,筏板顶部跨中钢筋应全部连通,筏基的底部支座钢筋应 1/4 贯通全跨,上下贯通钢筋的配筋率均不应小于 0.15%。 3. 底板下部纵向受力钢筋的保护层厚度在有垫层时应 ≥ 50mm,无垫层时应 ≥ 70mm,此外尚不应小于桩头嵌入底板内的长度

13.8　建筑地基处理

413　地基处理方法及适用范围应该如何选取?

地基处理方法及适用范围　　　　　　　　表 413

地基处理方法		适用范围
换填垫层		换填垫层适用于浅层软弱土层或不均匀土层的地基处理。换填垫层厚度宜为 0.5m ～ 3.0m
预压地基		预压地基适用于处理淤泥质土、淤泥、冲填土等饱和黏性土地基。预压地基按处理工艺可分为堆载预压、真空预压、真空和堆载联合预压
压实地基		压实地基适用于处理大面积填土地基
夯实地基		夯实地基可分为强夯和强夯置换地基处理。强夯处理地基适用于碎石土、砂土、低饱和度的粉土与黏性土、湿陷性黄土、素填土和杂填土等地基;强夯置换适用于高饱和度的粉土与软塑～流塑的黏性土地基上对变形要求不严格的工程
复合地基	振冲碎石桩和沉管砂石桩复合地基	适用于挤密处理松散砂土、粉土、粉质黏土、素填土等地基,以及用于处理可液化地基。饱和黏性土地基,如对变形控制不严格,可采用砂石桩置换处理
	水泥土搅拌桩复合地基	适用于处理正常固结的淤泥、淤泥质土、素填土、黏性土(软塑、可塑)、粉土(稍密、中密)、粉细砂(松散、中密)、中粗砂(松散、稍密)、饱和黄土等土层。不适用于含大孤石或障碍物较多且不宜清除的杂填土、欠固结的淤泥和淤泥质土、硬塑及坚硬的黏性土、密实的砂类土,以及地下水渗流影响成桩质量的土层。当地基土的天然含水量小于 30%(黄土含水量小于 25%)时不宜采用粉体搅拌法。冬期施工时,应考虑负温对处理地基效果的影响。 水泥土搅拌桩的施工工艺分为浆液搅拌法(以下简称湿法)和粉体搅拌法(以下简称干法)。可采用单轴、双轴、多轴搅拌或连续成槽搅拌形成柱状、壁状、格栅状或块状水泥土加固体
	旋喷桩复合地基	适用于处理淤泥、淤泥质土、黏性土(流塑、软塑和可塑)、粉土、砂土、黄土、素填土和碎石土等地基

地基处理方法		适用范围
复合地基	灰土挤密桩和土挤密桩复合地基	适用于处理地下水位以上的粉土、黏性土、素填土、杂填土和湿陷性黄土等地基,可处理地基的厚度宜为 3m ~ 15m。当以消除地基土的湿陷性为主要目的时,可选用土挤密桩;当以提高地基土的承载力或增强其稳定性为主要目的时,宜选用灰土挤密桩
	夯实水泥土桩复合地基	适用于处理地下水位以上的粉土、黏性土、素填土和杂填土等地基,处理地基的深度不宜大于 15m
	水泥粉煤灰碎石桩复合地基	适用于处理黏性土、粉土、砂土和自重固结已完成的素填土地基。 水泥粉煤灰碎石桩是由水泥、粉煤灰、碎石、石屑或砂加水拌和形成的高粘结强度桩(简称 CFG 桩),桩、桩间土和褥垫层一起构成复合地基
	柱锤冲扩桩复合地基	适用于处理地下水位以上的杂填土、粉土、黏性土、素填土和黄土等地基
	多桩型复合地基	适用于处理不同深度存在相对硬层的正常固结土,或浅层存在欠固结土、湿陷性黄土、可液化土等特殊土,以及地基承载力和变形要求较高的地基
注浆加固	水泥浆液	适用于建筑地基的局部加固处理,适用于砂土、粉土、黏性土和人工填土等地基加固。加固材料可选用水泥浆液、硅化浆液和碱液等固化剂
	硅化浆液	
	碱液	
微型桩加固	—	适用于既有建筑地基加固或新建建筑的地基处理
	树根桩	适用于淤泥、淤泥质土、黏性土、粉土、砂土、碎石土及人工填土等地基处理
	预制桩	适用于淤泥、淤泥质土、黏性土、粉土、砂土和人工填土等地基处理
	注浆钢管桩	适用于淤泥质土、黏性土、粉土、砂土和人工填土等地基处理

注:依据《建筑地基处理技术规范》JGJ 79—2012 第 4.1.1 条、第 5.1.1 条、第 6.1.1 条、第 6.1.2 条、第 7.2.1 条、第 7.3.1 条、第 7.4.1 条、第 7.5.1 条、第 7.6.1 条、第 7.7.1 条、第 7.8.1 条、第 7.9.1 条、第 8.1.1 条、第 9.1.1 条、第 9.2.1 条、第 9.3.1 条、第 9.4.1 条规定。

414 地基处理的设计应符合哪些要求?

地基处理的设计要求 表 414

地基处理方法		设计要求
换填垫层		1. 垫层材料的选用:砂石、粉质黏土、灰土、粉煤灰、矿渣、其他工业废渣、土工合成材料。 2. 垫层厚度的确定:应根据需置换软弱土(层)的深度或下卧土层的承载力计算确定。 3. 垫层底面的宽度:应满足基础底面应力扩散的要求。 4. 垫层的压实标准:压实系数 $\lambda_c \geqslant 0.97$,对灰土、粉煤灰 $\lambda_c \geqslant 0.95$,采用重型击实试验时,对粉质黏土、灰土、粉煤灰及其他材料为 $\lambda_c \geqslant 0.94$。 5. 换填垫层的承载力:宜通过现场静荷载试验确定
预压地基	堆载预压	1. 选择塑料排水带或砂井,确定其断面尺寸、间距、排列方式和深度; 2. 确定预压区范围、预压荷载大小、荷载分级、加载速率和预压时间; 3. 计算堆载荷载作用下地基土的固结度、强度增长、稳定性和变形

地基处理方法		设计要求
预压地基	真空预压	1. 竖井断面尺寸、间距、排列方式和深度; 2. 预压区面积和分块大小; 3. 真空预压施工工艺; 4. 要求达到的真空度和土层的固结度; 5. 真空预压和建筑物荷载下地基的变形计算; 6. 真空预压后的地基承载力增长计算
	真空和堆载联合预压	当设计地基预压荷载大于 80kPa,且进行真空预压处理地基不能满足设计要求时可采用真空和堆载联合预压地基处理
压实地基		1. 压实填土的填料可选用粉质黏土、灰土、粉煤灰、级配良好的砂土或碎石土,以及质地坚硬、性能稳定、无腐蚀性和无放射性危害的工业废料等。 2. 确定碾压分层厚度、碾压遍数、碾压范围和有效加固深度等施工参数。 3. 对已经回填完成且回填厚度超过碾压分层厚度,或粒径超过 100mm 的填料含量超过 50% 的填土地基,应采用较高性能的压实设备或采用夯实法进行加固。 4. 根据结构类型和压实填土所在部位,确定控制压实填土质量的压实系数 λ_c。 5. 压实填土的最大干密度和最优含水量。 6. 设置在斜坡上的压实填土,应验算其稳定性。 7. 确定压实填土的边坡坡度允许值。 8. 冲击设备、分层填料的虚铺厚度、分层压实的遍数等的设计应根据土质条件、工期要求等因素综合确定。 9. 压实填土地基承载力特征值,应根据现场静载荷试验确定,或可通过动力触探、静力触探等试验,并结合静载荷试验结果确定。 10. 压实填土地基的变形计算
夯实地基		1. 强夯的有效加固深度,应根据现场试夯或地区经验确定。 2. 夯点的夯击次数,应根据现场试夯的夯击次数和夯沉量关系曲线确定。 3. 夯击遍数应根据地基土的性质确定。 4. 两遍夯击之间,应有一定的时间间隔,间隔时间取决于土中超静孔隙水压力的消散时间。 5. 夯击点位置可根据基础底面形状,采用等边三角形、等腰三角形或正方形布置。 6. 强夯处理范围应大于建筑物基础范围。 7. 根据初步确定的强夯参数,提出强夯试验方案,进行现场试夯。 8. 根据基础埋深和试夯时所测得的夯沉量,确定起夯面标高、夯坑回填方式和夯后标高。 9. 强夯地基承载力特征值应通过现场静载荷试验确定。 10. 强夯地基变形计算
复合地基	振冲碎石桩和沉管砂石桩	1. 地基处理范围应根据建筑物的重要性和场地条件确定。 2. 桩位布置。 3. 振冲碎石桩桩径宜为 800mm ～ 1200mm;沉管砂石桩桩径宜为 300mm ～ 800mm。 4. 桩间距应通过现场试验确定。 5. 桩长可根据工程要求和工程地质条件,通过计算确定。 6. 振冲桩桩体材料。 7. 桩顶和基础之间宜铺设厚度为 300mm ～ 500mm 的垫层。 8. 复合地基的承载力。 9. 复合地基变形计算
	水泥土搅拌桩	1. 搅拌桩的长度,干法的加固深度不宜大于 15m,湿法加固深度不宜大于 20m。 2. 复合地基的承载力特征值。

地基处理方法		设计要求
复合地基	水泥土搅拌桩	3. 单桩承载力特征值。 4. 桩长超过 10m 时，可采用固化剂变掺量设计。 5. 桩的平面布置。 6. 处理范围以下存在软弱下卧层时，进行软弱下卧层地基承载力验算。 7. 复合地基的变形计算
	旋喷桩	1. 加固体强度和直径，应通过现场试验确定。 2. 复合地基承载力特征值和单桩竖向承载力特征值应通过现场静载荷试验确定。 3. 复合地基的地基变形计算
	灰土挤密桩和土挤密桩 ＊	1. 地基的处理面积。 2. 处理地基的深度。 3. 桩孔直径宜为 300mm ～ 600mm。 4. 桩间土的平均挤密系数。 5. 桩孔的数量。 6. 桩孔内的灰土填料，其消石灰与土的体积配合比，宜为 2 ∶ 8 或 3 ∶ 7。 7. 孔内填料应分层回填夯实，填料的平均压实系数不应低于 0.97，其中压实系数最小值不应低于 0.93。 8. 桩顶标高以上应设置 300mm ～ 600mm 厚的褥垫层。 9. 复合地基承载力特征值。 10. 复合地基的变形计算
	夯实水泥土桩	1. 宜在建筑物基础范围内布置。 2. 桩长的确定。 3. 桩孔直径宜为 300mm ～ 600mm。 4. 桩孔内的填料。 5. 孔内填料应分层回填夯实，填料的平均压实系数不应低于 0.97，压实系数最小值不应低于 0.93。 6. 桩顶标高以上应设置厚度为 100mm ～ 300mm 的褥垫层。 7. 复合地基承载力特征值。 8. 复合地基的变形计算
	水泥粉煤灰碎石桩	1. 应选择承载力和压缩模量相对较高的土层作为桩端持力层。 2. 桩径：长螺旋钻中心压灌、干成孔和振动沉管成桩宜为 350mm ～ 600mm；泥浆护壁钻孔成桩宜为 600mm ～ 800mm；钢筋混凝土预制桩宜为 300mm ～ 600mm。 3. 桩间距确定。 4. 桩顶和基础之间应设置褥垫层。 5. 可只在基础范围内布桩。 6. 复合地基承载力特征值。 7. 处理后的地基变形计算
	柱锤冲扩桩 ＊	1. 处理范围应大于基底面积。 2. 桩位布置。 3. 桩径宜为 500mm ～ 800mm。 4. 地基处理深度。 5. 桩顶部应铺设 200mm ～ 300mm 厚砂石垫层。 6. 桩体材料。 7. 承载力特征值应通过现场复合地基静载荷试验确定。 8. 处理后地基变形计算。 9. 处理深度以下存在软弱下卧层时，应进行软弱下卧层地基承载力验算

地基处理方法		设计要求
复合地基	多桩型	1. 桩型及施工工艺的确定。 2. 应选择相对较好的持力层，桩长应穿越欠固结土层、湿陷性土层、可液化土层。 3. 可采用长桩与短桩的组合方案。 4. 对浅部存在软土或欠固结土，宜先处理浅层地基，再采用桩身强度相对较高的长桩进行地基处理。 5. 对湿陷性黄土应处理湿陷性，再采用桩身强度相对较高的长桩进行地基处理。 6. 对可液化地基，可采用碎石桩等方法处理液化土层，再采用有粘结强度桩进行地基处理
注浆加固	水泥浆液	1. 对软弱地基土处理，可选用以水泥为主剂的浆液及水泥和水玻璃的双液型混合碱液；对有地下水流动的软弱地基，不应采用单液水泥浆液。 2. 注浆孔间距宜取 1.0m～2.0m。 3. 在砂土地基中，浆液的初凝时间宜为 5min～20min；在黏性土地基中，浆液的初凝时间宜为（1～2）h。 4. 注浆量和注浆有效范围，应通过现场注浆试验确定。 5. 对劈裂注浆的注浆压力确定。 6. 对人工填土地基，应采用多次注浆
注浆加固	硅化浆液	1. 砂土、黏性土宜采用压力双液硅化注浆。 2. 防渗注浆加固用的水玻璃模数确定。 3. 双液硅化注浆用的氧化钙溶液中的杂质含量、悬浮颗粒含量、溶液的 pH 值。 4. 硅化注浆的加固半径确定。 5. 注浆孔的排间距、间距等；分层注浆时，加固层厚度。 6. 单液硅化法应采用浓度为 10%～15% 的硅酸钠，并掺入 2.5% 氯化钠溶液；加固湿陷性黄土的溶液用量估算。 7. 当硅化钠溶液浓度大于加固湿陷性黄土所要求的浓度时，应进行稀释。 8. 采用单液硅化法加固湿陷性黄土地基，灌注孔的布置
注浆加固	碱液	1. 处理地下水位以上渗透系数为（0.1～2.0）m/d 的湿陷性黄土地基，对自重湿陷性黄土地基的适应性应通过试验确定。 2. 选择单液法或双液灌浆加固。 3. 碱液加固地基的深度确定，加固深度宜为 2m～5m。 4. 碱液加固土层的厚度 h。 5. 碱液加固地基的半径 r。 6. 加固既有建（构）筑物的地基时，灌浆孔的平面布置。 7. 每孔碱液灌注量估算
微型桩加固		1. 应选择较好的土层作为桩端处理层，进入持力层深度不宜小于 5 倍的桩径或边长。 2. 对不排水抗剪强度小于 10kPa 的土层应进行试验性施工。 3. 应采取间隔施工、控制注浆压力和速度等措施，控制基础不均匀沉降及总沉降。 4. 在成孔、注浆或压桩施工过程中，应监测相邻建筑和边坡的变形

13.9　湿陷性黄土

415　建筑物应该如何分类？

拟建在湿陷性黄土场地上的建筑物，根据其重要性、地基受水浸湿可能性大小和在使用期间对不均匀沉降限制的严格程度，可分为甲、乙、丙、丁四类。

注：《湿陷性黄土地区建筑规范》GB 50025—2004 第3.0.1条规定。

416 设计措施可分为几种？

（1）地基处理措施，见表416-1。

地基处理措施 表 416-1

建筑物分类	地基处理
甲类建筑	应消除地基的全部湿陷量，或采用桩基础穿透全部湿陷性黄土层，或将基础设置在非湿陷性黄土层上
乙、丙类建筑	应消除地基的部分湿陷量
丁类建筑	地基可不处理

（2）防水措施，见表416-2。

防水措施 表 416-2

基本防水措施	在建筑物布置、场地排水、屋面排水、地面防水、散水、排水沟、管道敷设、管道材料和接口等方面，应采取措施防止雨水和生产、生活用水的渗漏
捡漏防水措施	在基本防水措施的基础上，对防护范围内的地下管道，应增加捡漏管沟和捡漏井
严格防水措施	在捡漏防水措施的基础上，应提高防水地面、排水沟、捡漏管沟和捡漏井等设施的材料标准，如增设可靠的防水层、采用钢筋混凝土排水沟等

（3）结构措施：减小或调整建筑物的不均匀沉降，或使结构适应地基的变形。

注：《湿陷性黄土地区建筑规范》GB 50025—2004 第3.0.2条、第6.1.1条规定。

417 黄土湿陷性应该如何评价？

（1）判定非湿陷性黄土、湿陷性黄土。
（2）区分湿陷程度：湿陷性轻微、湿陷性中等、湿陷性强烈。
（3）判定非自重湿陷性黄土场地、自重湿陷性黄土场地。
（4）判定湿陷性黄土地基的湿陷等级：
① 非自重湿陷性场地：Ⅰ（轻微）、Ⅱ（中等）；
② 自重湿陷性场地：Ⅱ（中等）、Ⅲ（严重）、Ⅳ（很严重）。

注：《湿陷性黄土地区建筑规范》GB 50025—2004 第4.4.1条、第4.4.2条、第4.4.3条、第4.4.7条规定。

418 湿陷性黄土地基常用的处理方法应该如何选取？

湿陷性黄土地基常用的处理方法 表 418

名称	适用范围	可处理的湿陷性黄土层厚度（m）
垫层法	地下水位以上，局部或整片处理	1～3
强夯法	地下水位以上，$S_r \leqslant 60\%$ 的湿陷性黄土，局部或整片处理	3～12
挤密法	地下水位以上，$S_r \leqslant 65\%$ 的湿陷性黄土	5～15

名称	适用范围	可处理的湿陷性黄土层厚度（m）
预浸水法	自重湿陷性黄土场地，地基湿陷等级为Ⅲ级或Ⅳ级，可消除地面下 6m 以下湿陷性黄土层的全部湿陷性	6m 以上，尚应采用垫层或其他方法处理
其他方法	经试验研究或工程实践证明行之有效	

注：《湿陷性黄土地区建筑规范》GB 50025—2004 第 6.1.10 条规定。

13.10　软弱下卧层验算

419　当地基受力层范围内有软弱下卧层时，应符合哪些规定？

（1）应按下式验算软弱下卧层的地基承载力：

$$p_z + p_{cz} \leqslant f_{az} \tag{419-1}$$

式中　p_z——相应于作用的标准组合时，软弱下卧层顶面处的附加压力值（kPa）；

　　　p_{cz}——软弱下卧层顶面处土的自重压力值（kPa）；

　　　f_{az}——软弱下卧层顶面处经深度修正后的地基承载力特征值（kPa）。

（2）对条形基础和矩形基础，式（419-1）中的 p_z 值可按下列公式简化计算：

条形基础

$$p_z = \frac{b(p_k - p_c)}{(b + 2z \tan\theta)} \tag{419-2}$$

矩形基础

$$p_z = \frac{lb(p_k - p_c)}{(b + 2z \tan\theta)(l + 2z \tan\theta)} \tag{419-3}$$

式中　b——矩形基础或条形基础底边的宽度（m）；

　　　l——矩形基础底边的长度（m）；

　　　p_c——基础底面处土的自重压力值（kPa）；

　　　z——基础底面至软弱下卧层顶面的距离（m）；

　　　θ——基础压力扩散线与垂直线的夹角（°），可按表 419 采用。

地基压力扩散角 θ　　　　　　　　　　　　　　　　　　　表 419

E_{s1}/E_{s2}	z/b	
	0.25	0.50
3	6°	23°
5	10°	25°
10	20°	30°

注：1. E_{s1} 为上层土压缩模量；E_{s2} 为下层土压缩模量。

　　2. z/b < 0.25 时取 θ=0°，必要时，宜由试验确定；z/b > 0.50 时 θ 值不变。

　　3. z/b 在 0.25 与 0.50 之间可插值使用。

　　4.《建筑地基基础设计规范》GB 50007—2011 第 5.2.7 条规定。

420　基础底面处土的自重压力值 p_c、软弱下卧层顶面处土的自重压力值 p_{cz} 应该如何计算？

$$p_c = \gamma d_1 + \gamma'(d - d_1) \tag{420-1}$$

$$p_{cz} = \gamma h_1 + \gamma'(h - h_1) \qquad (420\text{-}2)$$

421 $E_{s1}/E_{s2} < 3$，软弱下卧层顶面处的附加压力值 p_z 应该如何计算？

下卧层视为均质土层： $\qquad p_z = \alpha(p_k - p_c) = \alpha p_0 \qquad (421)$

式中 α——附加应力系数。

422 换填垫层厚度应该如何确定？

（1）垫层底面处经深度修正后的地基承载力特征值按式（419-1）计算。

（2）垫层底面处的附加压力值 p_z 可分别按式（419-2）和式（419-3）计算，其中 z 为基础底面下垫层的厚度（m）。

（3）垫层（材料）的压力扩散角 θ（°），宜通过试验确定。无试验资料时，可按表 422 采用。

土和砂石材料压力扩散角 θ（°）　　　　　　　　　表 422

换填材料 z/b	中砂、粗砂、砾砂、圆砾、角砾、石屑、卵石、碎石、矿渣	粉质黏土、粉煤灰	灰土
0.25	20	6	28
≥ 0.50	30	23	

注：1. 当 $z/b < 0.25$ 时，除灰土取 $\theta = 28°$ 外，其他材料均取 $\theta = 0°$，必要时宜由试验确定。

　　2. 当 $0.25 < z/b < 0.50$ 时，θ 值可以内插。

　　3. 土工合成材料加筋垫层其压力扩散角宜由现场静载荷试验确定。

　　4.《建筑地基处理技术规范》JGJ 7—2012 第 4.2.2 条规定。

423 湿陷性黄土采用垫层法地基处理，地基压力扩散线与垂直线的夹角 θ 应该如何选取？

地基压力扩散线与垂直线的夹角，一般为 $22° \sim 30°$，用素土处理宜取小值，用灰土处理宜取大值，当 $z/b < 0.25$ 时，可取 $\theta = 0°$。

注：《湿陷性黄土地区建筑规范》GB 50025—2004 第 6.1.8 条规定。

424 经处理后的地基，当在受力层范围内仍存在软弱下卧层时，应符合哪些规定？

应进行软弱下卧层地基承载力验算：

（1）对压实、夯实、注浆加固地基及散体材料增强体复合地基等按压力扩散角，按《建筑地基基础设计规范》GB 50007—2011 第 5.2.7 规定验算。

（2）对有粘结强度的增强体复合地基，按其荷载传递特性，可按实体深基础法验算。

注：《建筑地基处理技术规范》JGJ 7—2012 第 3.0.5 条规定及条文说明。

13.11　抗浮锚杆设计

425 如何进行抗浮稳定性验算？

（1）抗浮稳定性计算公式

$$\frac{G_k}{N_{w,k}} \geqslant K_w \qquad (425\text{-}1)$$

式中　G_k——结构自重及压重之和；

$\quad N_{w,k}$——浮力作用值；

$\quad K_w$——抗浮稳定安全系数，一般情况下可取 1.05。

注：《建筑地基基础设计规范》GB 50007—2011 第 5.4.3 条规定。

（2）浮力作用值

$$N_{w,k} = \gamma_w d_w A \qquad (425\text{-}2)$$

式中　γ_w——地下水重度；

$\quad A$——基底面积；

$\quad d_w$——抗浮设防水位与建筑物基础底标高之间高度。

（3）结构自重及压重之和

$$G_k = G_{s,k} + G_{p,k} \qquad (425\text{-}3)$$

式中　$G_{s,k}$——结构自重；

$\quad G_{p,k}$——压重。

（4）结构自重

$$G_{s,k} = S_i + Q_i + Z_i \qquad (425\text{-}4)$$

式中　S_i——基础底板、各层楼板、屋面板自重之和；

$\quad Q_i$——各层墙体自重之和；

$\quad Z_i$——各层柱自重之和。

（5）压重

$$G_{p,k} = T_1 + T_2 + T_3 \qquad (425\text{-}5)$$

式中　T_1——地下室顶板覆土自重产生的压重；

$\quad T_2$——基础底板顶面覆土自重产生的压重；

$\quad T_3$——基础下非预应力抗浮锚杆范围内土体重量产生的吊重。

$$T_1 = (\gamma h_1 + \gamma' h_2) A \qquad (425\text{-}6)$$

$$T_2 = \gamma h_3 A \qquad (425\text{-}7)$$

$$T_3 = \gamma' \left[\left(L_a - \frac{S-D}{2\mathrm{tg}30^\circ} \right) A + \frac{n(S^2 - D^2)}{12\mathrm{tg}30^\circ} \right] \qquad (425\text{-}8)$$

式中　γ——土的重度；

$\quad \gamma'$——土的浮重度；

$\quad h_1$——抗浮设防水位以上覆土高度；

$\quad h_2$——地下室顶板至抗浮设防水位之间高度；

$\quad h_3$——基础底板顶面覆土高度；

$\quad A$——基底面积；

$\quad L_a$——锚杆锚固段长度；

$\quad S$——锚杆锚固段间距；

$\quad D$——锚杆锚固段钻孔直径；

n——基础下的锚杆数量。

注:《岩土锚杆与喷射混凝土支护工程技术规范》GB 50086—2015 第 11.2.4 条规定。

426 抗浮锚杆受拉承载力应该如何计算?

(1)抗浮锚杆拉力标准值

由 $\dfrac{G_k}{N_{w,k}} = \dfrac{G_{s,k}+G_{p,k}}{\gamma_w d_w A} = 1.05$,$G_{p,k} = 1.05\gamma_w d_w A - G_{s,k}$,可得:

$$N_k \geqslant \frac{1.05\gamma_w d_w A - G_{s,k}}{n} \tag{426-1}$$

式中 N_k——抗浮锚杆拉力标准值。

(2)锚杆的拉力设计值

$$N_d = 1.35\gamma_w N_k \text{(永久性锚杆)}$$

$$N_d = 1.25 N_k \text{(临时性锚杆)}$$

式中 N_d——抗浮锚杆拉力设计值;

  γ_w——工作条件系数,一般情况取 1.1。

注:《岩土锚杆与喷射混凝土支护工程技术规范》GB 50086—2015 第 4.6.6 条规定。

(3)锚杆受拉承载力

$$N_d \leqslant f_y A_s \tag{426-2}$$

式中 f_y——普通钢筋抗拉强度设计值;

  A_s——普通钢筋的截面面积。

注:《岩土锚杆与喷射混凝土支护工程技术规范》GB 50086—2015 第 4.6.8 条规定。

427 锚杆及单元锚杆锚固段的抗拔承载力应该如何计算?

按下列公式计算,锚固段的设计长度应取设计长度的较大值:

$$N_d \leqslant f'_{ms} n\pi d L_a \xi \tag{427-1}$$

$$N_d \leqslant \frac{f_{mg}}{K} \pi D L_a \psi \tag{427-2}$$

式中 N_d——锚杆或锚固段轴向拉力设计值;

  L_a——锚固段长度;

  f_{mg}——锚固段注浆体与地层间极限粘结强度标准值(表 427-1);

  f'_{ms}——锚固段注浆体与筋体间粘结强度设计值(表 427-2);

  D——锚杆锚固段钻孔直径;

  d——钢筋或钢绞线直径;

  K——锚杆锚固段注浆体与地层间的粘结抗拔安全系数(表 427-3);

  ξ——采用 2 根或 2 根以上钢筋或钢绞线时,界面粘结强度降低系数,取 0.70 ～ 0.85;

  ψ——锚固段长度对极限粘结强度的影响系数(表 427-4);

  n——钢筋或钢绞线根数。

注:《岩土锚杆与喷射混凝土支护工程技术规范》GB 50086—2015 第 4.6.10 条规定。

锚杆锚固段注浆体与周边地层间的极限粘结强度标准值　　　　表 427-1

岩土类别		极限粘结强度标准值 f_{mg}（N/mm²）	岩土类别		极限粘结强度标准值 f_{mg}（N/mm²）
岩石	坚硬岩	1.5 ～ 2.5	砂	10	0.10 ～ 0.15
	较软岩	1.0 ～ 1.5		20	0.15 ～ 0.20
	软岩	0.6 ～ 1.2		30	0.20 ～ 0.27
	极软岩	0.6 ～ 1.0		40	0.28 ～ 0.32
砂砾	N 标准贯入试验锤击数	10	0.10 ～ 0.20		50	0.30 ～ 0.40
		20	0.15 ～ 0.25	黏性土	软塑	0.02 ～ 0.04
		30	0.25 ～ 0.30		可塑	0.04 ～ 0.06
		40	0.30 ～ 0.40		硬塑	0.05 ～ 0.07
					坚硬	0.08 ～ 0.12

注：1. 表中数值为锚杆粘结段长 10m（土层）或 6m（岩石）的灌浆体与岩土层间的平均极限粘结强度经验值，灌浆体采用一次注浆；若对锚固段注浆采用带袖阀管的重复高压注浆，其极限粘结强度标准值可显著提高，提高幅度与注浆压力大小关系密切。
　　2. N 值为标准贯入试验锤击数。
　　3.《岩土锚杆与喷射混凝土支护工程技术规范》GB 50086—2015 第 4.6.10 条规定。

锚杆锚固段注浆体与杆体间粘结强度设计值（MPa）　　　　表 427-2

灌浆体抗压强度（MPa）		20	25	30	40
锚杆类型	临时	1.0	1.2	1.35	1.5
	永久	—	0.8	0.9	1.0

锚杆锚固段注浆体与地层间的粘结抗拔安全系数　　　　表 427-3

锚固工程安全等级	破坏后果	安全系数 K	
		临时锚杆	永久锚杆
		＜ 2 年	≥ 2 年
I	危害大，会构成公共安全问题	1.8	2.2
II	危害较大，但不致出现公共安全问题	1.6	2.0
III	危害较轻，不构成公共安全问题	1.5	2.0

注：蠕变明显地层中永久锚杆锚固体的最小抗拔安全系数宜取 3.0。

锚固段长度对极限粘结强度的影响系数建议值　　　　表 427-4

锚固地层	土层				岩石				
锚固段长度（m）	14 ～ 18	10 ～ 14	10	10 ～ 6	6 ～ 4	9 ～ 12	6 ～ 9	6	6 ～ 3	3 ～ 2
Ψ 值	0.8 ～ 0.6	1.0 ～ 0.8	1.0	1.0 ～ 1.3	1.3 ～ 1.6	0.8 ～ 0.6	1.0 ～ 0.8	1.0	1.0 ～ 1.3	1.3 ～ 1.6

注：《岩土锚杆与喷射混凝土支护工程技术规范》GB 50086—2015 第 4.6.10 条规定。

428　永久性锚杆的锚固段不得设置在哪些土层中？

永久性锚杆的锚固段不得设置在未经处理的有机质土层、液限 w_L 大于 50% 的土层或相对密实度 D_r 小于 0.3 的土层中。

注：《岩土锚杆与喷射混凝土支护工程技术规范》GB 50086—2015 第 4.1.4 条规定。

第14章 设计对施工的要求

14.1 钢筋代换

429 构件钢筋代换应符合哪些要求？

（1）在施工中，当需要以强度等级较高的钢筋替代原设计中的纵向受力钢筋时，应按照钢筋受拉承载力设计值相等的原则换算，并应满足最小配筋率要求。

注：《建筑抗震设计规范》GB 50011—2010（2016年版）第3.9.4条规定。

（2）当进行钢筋代换时，除应符合设计要求的构件承载力、最大力下的总伸长率、裂缝宽度验算以及抗震规定以外，尚应满足最小配筋率、钢筋间距、保护层厚度、钢筋锚固长度、接头面积百分率及搭接长度等构造要求。参见表429。

注：《混凝土结构设计规范》GB 50010—2010（2015年版）第4.2.8条规定。

构件钢筋代换要求 表429

内容	柱	边缘构件	连梁	墙身	梁	板
受拉承载力设计值相等	计算	计算	计算	计算	计算	计算
最小配筋率、钢筋的间距、混凝土保护层的厚度	验算	验算	验算	验算	验算	验算
正常使用阶段的裂缝宽度	—	—	—	—	验算	验算

430 HRB400级钢筋代换HRB335级钢筋（高强度代换低强度）应该如何选取？

$$w_{\max}=\alpha_{cr}\psi\,\frac{\sigma_s}{E_s}\left(1.9c_s+0.08\,\frac{d_{eq}}{\rho_{te}}\right) \tag{430-1}$$

$$\psi=1.1-0.65\,\frac{f_{tk}}{\rho_{te}\sigma_s}=1.1-0.57\,\frac{f_{tk}A_{te}h_0}{M_q} \tag{430-2}$$

由于 E_s、ψ、c_s 不变，代换后的裂缝宽度不大于代换前的裂缝宽度，则

$$w_{2\max}\leqslant w_{1\max} \tag{430-3}$$

$$\alpha_{cr}\psi\,\frac{\sigma_{s2}}{E_s}\left(1.9c_s+0.08\,\frac{d_{eq2}}{\rho_{te2}}\right)\leqslant\alpha_{cr}\psi\,\frac{\sigma_{s1}}{E_s}\left(1.9c_s+0.08\,\frac{d_{eq1}}{\rho_{te1}}\right) \tag{430-4}$$

$$\sigma_{s2}\left(1.9c_s+0.08\,\frac{d_{eq2}}{\rho_{te2}}\right)\leqslant\sigma_{s1}\left(1.9c_s+0.08\,\frac{d_{eq1}}{\rho_{te1}}\right) \tag{430-5}$$

代换后钢筋受拉承载力相等 $f_{y2}A_{s2}=f_{y1}A_{s1}$，则

$$A_{s2}=\frac{f_{y1}}{f_{y2}}A_{s1}\text{ 或 }\frac{A_{s1}}{A_{s2}}=\frac{f_{y2}}{f_{y1}} \tag{430-6}$$

$$\rho_{\text{te2}} = \frac{A_{s2}}{A_{\text{te}}} = \frac{f_{y1}}{f_{y2}} \frac{A_{s1}}{A_{\text{te}}} = \frac{300}{360} \rho_{\text{te1}} = \frac{5}{6} \rho_{\text{te1}} \tag{430-7}$$

代换后受拉钢筋应力相等 $\sigma_{s2} A_{s2} = \sigma_{s1} A_{s1}$，则

$$\sigma_{s2} = \frac{A_{s1}}{A_{s2}} \sigma_{s1} = \frac{f_{y2}}{f_{y1}} \sigma_{s1} = \frac{360}{300} \sigma_{s1} = 1.2 \sigma_{s1} \tag{430-8}$$

$$1.2 \sigma_{s1} \left(1.9 c_s + 0.08 \frac{6 d_{\text{eq2}}}{5 \rho_{\text{te1}}} \right) \leq \sigma_{s1} \left(1.9 c_s + 0.08 \frac{d_{\text{eq1}}}{\rho_{\text{te1}}} \right) \tag{430-9}$$

$$d_2 \leq 0.69 d_1 - 3.30 c_s \rho_{\text{te1}} \tag{430-10}$$

同理得到：$d_2 \leq 0.68 d_1 - 3.39 c_s \rho_{\text{te1}}$（HRB500 级钢筋代换 HRB400 级钢筋）

431 HRB335 级钢筋代换 HRB400 级钢筋（低强度代换高强度）应该如何选取？

$$w_{\text{max}} = \alpha_{\text{cr}} \psi \frac{\sigma_s}{E_s} \left(1.9 c_s + 0.08 \frac{d_{\text{eq}}}{\rho_{\text{te}}} \right) \tag{431-1}$$

$$\psi = 1.1 - 0.65 \frac{f_{\text{tk}}}{\rho_{\text{te}} \sigma_s} = 1.1 - 0.57 \frac{f_{\text{tk}} A_{\text{te}} h_0}{M_q} \tag{431-2}$$

由于 E_s、ψ、c_s 不变，代换后的裂缝宽度不大于代换前的裂缝宽度，则

$$w_{2\text{max}} \leq w_{1\text{max}} \tag{431-3}$$

$$\alpha_{\text{cr}} \psi \frac{\sigma_{s2}}{E_s} \left(1.9 c_s + 0.08 \frac{d_{\text{eq2}}}{\rho_{\text{te2}}} \right) \leq \alpha_{\text{cr}} \psi \frac{\sigma_{s1}}{E_s} \left(1.9 c_s + 0.08 \frac{d_{\text{eq1}}}{\rho_{\text{te1}}} \right) \tag{431-4}$$

$$\sigma_{s2} \left(1.9 c_s + 0.08 \frac{d_{\text{eq2}}}{\rho_{\text{te2}}} \right) \leq \sigma_{s1} \left(1.9 c_s + 0.08 \frac{d_{\text{eq1}}}{\rho_{\text{te1}}} \right) \tag{431-5}$$

代换后钢筋受拉承载力相等 $f_{y2} A_{s2} = f_{y1} A_{s1}$，则

$$A_{s2} = \frac{f_{y1}}{f_{y2}} A_{s1} \text{或} \frac{A_{s1}}{A_{s2}} = \frac{f_{y2}}{f_{y1}} \tag{431-6}$$

$$\rho_{\text{te2}} = \frac{A_{s2}}{A_{\text{te}}} = \frac{f_{y1}}{f_{y2}} \frac{A_{s1}}{A_{\text{te}}} = \frac{360}{300} \rho_{\text{te1}} = \frac{6}{5} \rho_{\text{te1}} \tag{431-7}$$

代换后受拉钢筋应力相等 $\sigma_{s2} A_{s2} = \sigma_{s1} A_{s1}$，则

$$\sigma_{s2} = \frac{A_{s1}}{A_{s2}} \sigma_{s1} = \frac{f_{y2}}{f_{y1}} \sigma_{s1} = \frac{300}{360} \sigma_{s1} = \frac{5}{6} \sigma_{s1} \tag{431-8}$$

$$\frac{5}{6} \sigma_{s1} \left(1.9 c_s + 0.08 \frac{5 d_{\text{eq2}}}{6 \rho_{\text{te1}}} \right) \leq \sigma_{s1} \left(1.9 c_s + 0.08 \frac{d_{\text{eq1}}}{\rho_{\text{te1}}} \right) \tag{431-9}$$

$$d_2 \leq 1.44 d_1 + 5.7 c_s \rho_{\text{te1}} \tag{431-10}$$

同理得到：$d_2 \leq 1.46 d_1 + 5.98 c_s \rho_{\text{te1}}$（HRB400 级钢筋代换 HRB500 级钢筋）

432 同牌号钢筋不同直径代换（同强度代换）应该如何选取？

$$w_{\text{max}} = \alpha_{\text{cr}} \psi \frac{\sigma_s}{E_s} \left(1.9 c_s + 0.08 \frac{d_{\text{eq}}}{\rho_{\text{te}}} \right) \tag{432-1}$$

$$\psi = 1.1 - 0.65 \frac{f_{\text{tk}}}{\rho_{\text{te}} \sigma_s} = 1.1 - 0.57 \frac{f_{\text{tk}} A_{\text{te}} h_0}{M_q} \tag{432-2}$$

由于 E_s、ψ、c_s、σ_s、ρ_{te} 不变，代换后的裂缝宽度不大于代换前的裂缝宽度，则

$$w_{2\max} \leqslant w_{1\max} \tag{432-3}$$

$$\alpha_{cr}\psi\frac{\sigma_s}{E_s}\left(1.9c_s + 0.08\frac{d_{eq2}}{\rho_{te}}\right) \leqslant \alpha_{cr}\psi\frac{\sigma_s}{E_s}\left(1.9c_s + 0.08\frac{d_{eq1}}{\rho_{te}}\right) \tag{432-4}$$

$$d_{eq2} \leqslant d_{eq1} \tag{432-5}$$

433 钢筋代换直径应该如何选取？

（1）高强度代换低强度钢筋，代换后的钢筋直径应小于原钢筋直径；

（2）低强度代换高强度钢筋，代换后的钢筋直径可大于原钢筋直径；

（3）同强度代换钢筋，代换后的钢筋直径应不大于原钢筋直径。

详见表433。

钢筋代换直径选用表

表 433

序号	钢筋牌号	钢筋直径（mm）									
1	钢筋代换前 HRB335（d_1）	8	10	12	—	—	—	—	—	—	—
	钢筋代换后 HRB400（d_2）	—	6	≤ 8	—	—	—	—	—	—	—
2	钢筋代换前 HRB400（d_1）	8	10	—	—	—	—	—	—	—	—
	钢筋代换后 HRB335（d_2）	≤ 10	≤ 14	—	—	—	—	—	—	—	—
3	钢筋代换前 HRB400（d_1）	8	10	12	14	16	18	20	22	25	28
	钢筋代换后 HRB500（d_2）	—	6	≤ 8	≤ 8	≤ 10	≤ 12	≤ 12	≤ 14	≤ 16	≤ 18
4	钢筋代换前 HRB500（d_1）	8	10	12	14	16	18	20	22	25	28
	钢筋代换后 HRB400（d_2）	≤ 10	≤ 14	≤ 16	≤ 20	≤ 22	≤ 25	≤ 28	≤ 32	≤ 36	≤ 40
5	同强度钢筋代换前（d_1）	8	10	12	14	16	18	20	22	25	28
	同强度钢筋代换后（d_2）	6	≤ 8	≤ 10	≤ 12	≤ 14	≤ 16	≤ 18	≤ 20	≤ 22	≤ 25

14.2 先砌墙后浇构造柱

434 如何确保砌体抗震墙与构造柱、底层框架柱的连接？

钢筋混凝土构造柱和底部框架-抗震墙房屋中的砌体抗震墙，其施工应先砌墙，后浇构造柱和框架梁柱。

注：《建筑抗震设计规范》GB 50011—2010（2016 年版）第 3.9.6 条规定。

435 构造柱与砌体墙连接应符合哪些要求？

构造柱与砌体墙连接处应砌成马牙槎，沿墙高每隔 500mm 设 2ϕ6 水平钢筋和 ϕ4 分布短筋平面内点焊组成的拉结网片或 ϕ4 点焊钢筋网片，每边伸入墙内不宜小于 1m，6、7 度时底部 1/3 楼层，8 度时底部 1/2 楼层，9 度时全部楼层，上述拉结钢筋网片应沿墙体水平通长设置。

为了保证钢筋混凝土构造柱的施工质量，构造柱须有外露面。一般利用马牙槎外露即可。

注：《建筑抗震设计规范》GB 50011—2010（2016 年版）第 7.3.2 条规定及条文说明。

436 构造柱与砌块墙连接应符合哪些要求？

构造柱与砌块墙连接处应砌成马牙槎，与构造柱相邻的砌块孔洞，6 度时宜填实，7 度时应填实，8、9 度时应填实并插筋。构造柱与砌块墙之间沿墙高每隔 600mm 设置 $\phi4$ 点焊拉结钢筋网片，并应沿墙体水平通长设置。6、7 度时底部 1/3 楼层，8 度时底部 1/2 楼层，9 度时全部楼层，上述拉结钢筋网片沿墙高间距不大于 400mm。

注：《建筑抗震设计规范》GB 50011—2010（2016 年版）第 7.4.3 条规定。

14.3 后浇带

437 后浇带施工应符合哪些规定？

后浇带应按设计要求预留，并按规定时间浇筑混凝土，进行覆盖养护。当设计对混凝土无特殊要求时，后浇带混凝土应高于其相邻结构一个强度等级。

注：《高层建筑混凝土结构技术规程》JGJ 3—2010 第 13.8.11 条规定。

438 温度后浇带应符合哪些规定？

（1）每 30m～40m 间距留出施工后浇带；带宽 800mm～1000mm，钢筋采用搭接接头，后浇带混凝土宜在 45d 后浇筑。

注：《高层建筑混凝土结构技术规程》JGJ 3—2010 第 3.4.13 条规定。

（2）高层建筑地下室不宜设置变形缝。当地下室长度超过伸缩缝最大间距时，可考虑利用混凝土后期强度，减低水泥用量；也可每隔 30m～40m 设置贯通顶板、底板及墙板的施工后浇带。后浇带可设置在柱距三等分的中间范围内以及剪力墙附近，其方向宜与梁正交，沿竖向应在结构同跨内；底板及外墙的后浇带宜增设附加防水层；后浇带封闭时间宜滞后 45d 以上，其混凝土强度等级宜提高一级，宜采用无收缩混凝土，低温入模。

注：《高层建筑混凝土结构技术规程》JGJ 32—010 第 12.2.3 条规定。

439 沉降后浇带应符合哪些规定？

当高层建筑与相连的裙房之间不设置沉降缝时，宜在裙房一侧设置用于控制沉降差的后浇带，当沉降实测值和计算确定的后期沉降差满足设计要求后，方可进行后浇带混凝土浇筑。当高层建筑基础面积满足地基承载力和变形要求时，后浇带宜设在与高层建筑相邻裙房的第一跨内。当需要满足高层建筑地基承载力、降低高层建筑沉降量，减少高层建筑与裙房间的沉降差而增大高层建筑基础面积时，后浇带当设在距主楼边柱的第二跨内，此时应满足以下条件：

（1）地基土质较均匀；

（2）裙房结构刚度较好且基础以上的地下室和裙房结构层数不少于两层；

（3）后浇带一侧与主楼连接的裙房基础底板厚度与高层建筑的基础底板厚度相同。

注:《建筑地基基础设计规范》GB 50007—2011 第 8.4.20 条第 2 款规定。

14.4 梁柱节点

440 对柱、墙与梁、板混凝土强度等级不同时的混凝土浇筑应符合哪些要求？

结构柱、墙混凝土设计强度等级高于梁、板混凝土设计强度等级时，应在交界区域采取分隔措施。分隔位置应在低强度等级的构件中，且与高强度等级构件边缘的距离不宜小于 500mm。应先浇筑高强度等级混凝土，后浇筑低强度等级混凝土。

提出对柱、墙与梁、板混凝土强度不同时的混凝土浇筑要求。施工中，当强度相差不超过两个等级时，已有采用较低强度等级的梁板混凝土浇筑核心区（直接浇筑或采取必要加强措施）的实践，但必须经设计和有关单位协商认可。

注:《高层建筑混凝土结构技术规程》JGJ 3—2010 第 13.8.9 条规定及条文说明。

14.5 基坑降水

441 基坑降水应符合哪些要求？

（1）土方开挖前应采取降低水位措施，将地下水降到低于基底设计标高 500mm 以下。当含水丰富、降水困难时，或满足节约地下水资源、减少对环境的影响要求时，宜采用止水帷幕等截水措施。停止降水时间应符合设计要求，以防水位过早上升使建筑物发生上浮等问题。

注:《高层建筑混凝土结构技术规程》JGJ 3—2010 第 13.3.3 条文说明。

（2）地下工程施工期间，地下水位控制在基坑面以下 0.5m ～ 1.5m。

注:《建筑地基基础设计规范》GB 50007—2011 第 9.9.2 条第 1 款规定。

（3）高地下水位地区，当水文地质条件复杂，基坑周边环境保护要求高，设计等级为甲级的基坑工程，应进行地下水位控制专项设计，并应包括下列内容：

①应具备专门的水文地质勘察资料、基坑周边环境调查报告及现场抽水试验资料；

②基坑降水风险分析及降水设计；

③降水引起的地面沉降计算及环境保护措施；

④基坑渗流的风险预测及抢险措施；

⑤降水运营、检测与管理措施。

注:《建筑地基基础设计规范》GB 50007—2011 第 9.9.6 条规定。

（4）当地下水位较高需降水时，可根据周围环境情况采用内降水或外降水措施。

注:《建筑桩基技术规范》JGJ 94—2008 第 8.1.4 条规定。

14.6　基坑开挖

442　基坑开挖应符合哪些要求？

（1）基坑土方开挖应严格按设计要求进行，不得超挖。基坑周边堆载不得超过设计规定。土方开挖完成后应立即施工垫层，对基坑进行封闭，防止水浸和暴露，并应及时进行地下结构施工。

注：《建筑地基基础设计规范》GB 50007—2011 第 9.1.9 条规定。

（2）桩基承台施工顺序宜先深后浅。

（3）挖土应均衡分层进行，对流塑状软土的基坑开挖，高差不应超过 1m。

（4）挖出的土方不得堆置在基坑附近。

（5）机械挖土时必须确保基坑内的桩体不受损坏。

注：《建筑桩基技术规范》JGJ 94—2008 第 8.1.1 条、第 8.1.5 条、第 8.1.6 条、第 8.1.7 条规定。

14.7　基槽检验

443　基槽检验应符合哪些要求？

（1）建筑物地基均应进行施工验槽。当地基条件与原勘察报告不符时，应进行施工勘察。

注：《建筑地基基础设计规范》GB 50007—2011 第 3.0.4 条第 3 款规定。

（2）基槽（坑）开挖到底后，应进行基槽（坑）检验。当发现地质条件与勘察报告和设计文件不一致或遇到异常情况时，应结合地质条件提出处理意见。

注：《建筑地基基础设计规范》GB 50007—2011 第 10.2.1 条规定。

（3）基础外廓轴线尺寸允许偏差应符合表 443 的规定。

基础外廓轴线尺寸允许偏差　　　　　表 443

长度 L、宽度 B（m）	L（B）$\leqslant 30$	$30 < L$（B）$\leqslant 60$	$60 < L$（B）$\leqslant 90$	$90 < L$（B）$\leqslant 120$	$120 < L$（B）$\leqslant 150$	L（B）> 150
允许偏差（mm）	±5	±10	±15	±20	±25	±30

注：《高层建筑混凝土结构技术规程》JGJ 3—2010 第 13.2.4 条规定。

（4）基槽（坑）检验工作应包括下列内容：

① 应做好验槽（坑）准备工作，熟悉勘察报告，了解拟建建筑物的类型和特点，研究基础设计图纸及环境监测资料。当遇到下列情况时，应列为验槽（坑）的重点：

A. 当持力土层的顶板标高有较大的起伏变化时；

B. 基础范围内存在两种以上不同成因类型的地层时；

C. 基础范围内存在局部异常土质或坑穴、古井、老地基或古迹遗址时；

D. 基础范围内遇有断层破碎带、软弱岩脉以及古河道、湖、沟、坑等不良地质条件时；

E. 有雨期或冬期等不良气候条件下施工，基底土质可能受到影响时。

② 验槽（坑）应首先核对基槽（坑）的施工位置。平面尺寸和槽（坑）底标高的允许误差，可视具体的工程情况和基础类型确定。一般情况下，槽（坑）底标高的偏差应控制在 0 ~ 50mm 范围内；平面尺寸，由设计中心线向两边两侧，长、宽尺寸不应小于设计要求。

验槽（坑）方法宜采用轻型动力触探或袖珍贯入仪等简便易行的方法，当持力层下埋藏有下卧砂层而承压水头高于基底时，则不宜进行钎探，以免造成涌砂。当施工揭露的岩土条件与勘察报告有较大差别或者验槽（坑）人员认为有必要时，可有针对性地进行补勘察测试工作。

③ 基槽（坑）检验报告是岩土工程的重要技术资料，应做到资料齐全，及时归档。

注：《建筑地基基础设计规范》GB 50007—2011 第 10.2.1 条文说明。

444　采用轻型圆锥动力触探（钎探）检验应符合哪些规定？

轻便触探器穿心锤的质量 10kg，钎探杆直径 25mm 焊上圆锥头（直径 40mm，锥角 60°），净长度 1.5m ~ 1.8m，上部穿心锤自由净落距等于 500mm。贯入 30cm 的读数 N_{10}，主要适用岩土为浅部的填土、砂土、粉土、黏性土。锤击速率每分钟宜为 15 ~ 30 击，当 $N_{10} > 100$ 或贯入 15cm 锤击数超过 50 时，可停止试验。

注：《岩土工程勘察规范》GB 50021—2001 第 10.4.1 条、第 10.4.2 条规定。

445　如何依据轻型圆锥动力触探锤击数 N_{10} 验证北京地区地基承载力标准值 f_{ka}？

一般第四纪黏性土及粉土地基承载力标准值 f_{ka}　　　　　表 445-1

压缩模量 E_s（MPa）	4	6	8	10	12	14	16	18	20	22	24
轻型圆锥动力触探锤击数 N_{10}	10	17	22	29	39	50	60	70	80	90	100
承载力标准值 f_{ka}（kPa）	120	160	190	210	230	250	270	290	310	330	350

新近沉积黏性土及粉土地基承载力标准值 f_{ka}　　　　　表 445-2

压缩模量 E_s（MPa）	4	3	4	5	6	7	8	9	10	11
轻型圆锥动力触探锤击数 N_{10}	6	8	10	12	14	16	18	20	23	25
承载力标准值 f_{ka}（kPa）	50	80	100	110	120	130	150	160	180	190

素填土和变质炉灰地基承载力标准值 f_{ka}　　　　　表 445-3

压缩模量 E_s（MPa）		1.5	3.0	5.0	7.0	9.0	11.0
轻型圆锥动力触探锤击数 N_{10}		5	9	14	20	26	31
承载力标准值 f_{ka}（kPa）	素填土	60 ~ 80	75 ~ 100	90 ~ 120	105 ~ 135	120 ~ 155	135 ~ 170
	变质炉灰	50 ~ 70	65 ~ 85	80 ~ 100	855 ~ 120	95 ~ 135	105 ~ 150

注：依据《北京地区建筑地基基础勘察设计规范（2016 版）》DBJ 11—501—2009 第 7.3.4 条规定。

14.8 基坑回填土

446 基坑回填土应符合哪些要求?

(1)筏形与箱形基础地下室施工完毕后,应及时进行基坑回填工作。回填土应按设计要求选料。回填时应先清除基坑内的杂物,在相对的两侧或四周同时回填并应分层夯实,回填土的压实系数不应小于 0.94。

注:《高层建筑筏形与箱形基础技术规范》JGJ 6—2011 第 6.1.2 条规定。

(2)筏形基础地下室施工完毕后,应及时进行基坑回填土工作。填土应按设计选料,回填时应先清除基坑中的杂物,在相对的两侧或四周同时回填并分层夯实,回填土的压实系数不应小于 0.94。

注:《建筑地基基础设计规范》GB 50007—2011 第 8.4.24 条规定。

(3)高层建筑地下室外周回填土应采用级配砂石、砂土或灰土,并应分层夯实。

注:《高层建筑混凝土结构技术规程》JGJ 3—2010 第 12.2.6 条规定。

(4)承台和地下室外墙与基坑侧壁间隙应灌注素混凝土或搅拌流动性水泥土,或采用灰土、级配砂石、压实性较好的素土分层夯实,其压实系数不宜小于 0.94。

注:《建筑桩基技术规范》JGJ 942—008 第 4.2.7 条规定。

(5)承台和地下室侧墙周围应采用灰土、级配砂石、压实性较好的素土回填,并分层夯实,也可采用素混凝土回填。

注:《建筑桩基技术规范》JGJ 94—2008 第 3.4.6 条第 2 款规定。

(6)在承台和地下室外墙与基坑侧壁间隙回填土前,应排除积水,清除虚土和建筑垃圾,填土应按设计要求选料,分层夯实,对称进行。

注:《建筑桩基技术规范》JGJ 94—2008 第 8.1.9 条规定。

14.9 复合地基

447 复合地基承载力的确定方法应符合哪些要求?

(1)复合地基应进行桩身完整性和单桩竖向承载力检验以及单桩或多桩复合地基静载荷试验,施工工艺对桩间土承载力有影响时还应进行桩间土承载力检验。

注:《建筑地基基础设计规范》GB 50007—2011 第 10.2.10 条规定。

(2)对散体材料复合地基增强体应进行密实度检验;对有粘结强度复合地基增强体应进行强度及桩身完整性检验。

注:《建筑地基处理技术规范》JGJ 7—2012 第 7.1.2 条规定。

(3)复合地基承载力的验收检验应采用复合地基静载荷试验,对有粘结强度的复合地基增强体尚应进行单桩静载荷试验。

注:《建筑地基处理技术规范》JGJ 7—2012 第 7.1.3 条规定。

14.10 桩基

448 工程桩承载力和桩身完整性检验应符合哪些要求？

（1）人工挖孔桩终孔时，应进行桩端持力层检验。单柱单桩的大直径嵌岩桩，应视岩性检验孔底下 3 倍桩身直径或 5m 深度范围内有无土洞、熔洞、破碎带或软弱夹层等不良地质条件。

注：《建筑地基基础设计规范》GB 50007—2011 第 10.2.13 条规定。

（2）施工完成后的工程桩应进行桩身完整性检验和竖向承载力检验。承受水平力较大的桩应进行水平承载力检验，抗拔桩应进行抗拔承载力检验。

注：《建筑地基基础设计规范》GB 50007—2011 第 10.2.14 条规定。

449 桩身完整性检验应符合哪些要求？

桩身完整性检验宜采用两种或多种合适的检验方法进行。直径大于 800mm 的混凝土嵌岩桩应采用钻孔抽芯法或声波透射法检测，检测桩数不得少于总桩数的 10%，且不得少于 10 根，且每根柱下承台的抽检桩数不应少于 1 根。直径不大于 800mm 的桩以及直径大于 800mm 的非嵌岩桩，可根据桩径和桩长的大小，结合桩的类型和当地经验采用钻孔抽芯法、声波透射法或动测法进行检测。检测的桩数不应少于总桩数的 10%，且不得少于 10 根。

注：《建筑地基基础设计规范》GB 50007—2011 第 10.2.6 条规定。

450 竖向承载力检验应符合哪些要求？

竖向承载力检验的方法和数量可根据地基基础设计等级和现场条件，结合当地可靠的经验和技术确定。复杂地质条件下的工程桩竖向承载力的检验应采用静载荷试验，检验桩数不得少于同条件下总桩数的 1%，且不得少于 3 根。大直径嵌岩桩的承载力可根据终孔时桩端持力层岩性报告结合桩身质量检验报告核验。

注：《建筑地基基础设计规范》GB 50007—2011 第 10.2.16 条规定。

14.11 监测

451 基坑开挖应该如何监测？

基坑开挖应根据设计要求进行监测，实施动态设计和信息化施工。

注：《建筑地基基础设计规范》GB 50007—2011 第 10.3.2 条规定。

14.12 沉降变形观测

452 哪些建筑物应进行沉降变形观测？

下列建筑物应在施工期间及使用期间进行沉降变形观测：

（1）地基基础设计等级为甲级建筑物；

（2）软弱地基上的地基基础设计等级为乙级建筑物；

（3）处理地基上的建筑物；

（4）加层、扩建建筑物；

（5）受邻近深基坑开挖施工影响或受场地地下水等环境因素变化影响的建筑物；

（6）采用新型基础或新型结构的建筑物。

注：《建筑地基基础设计规范》GB 50007—2011 第 10.3.8 条规定。

第15章 施工图设计"错漏缺"浅析

15.1 计算机程序主体结构计算书

453 输入信息"错漏缺"应该如何察看？

输入信息"错漏缺"

表 453

类别	输入项目	"错漏缺"内容	更正方法
总信息	混凝土容重 25kN/m³	未考虑梁、柱、墙表面抹灰重量	取 26kN/m³ ~ 27kN/m³
	钢材容重 78.5kN/m³	未考虑加劲肋、节点板、高强度螺栓等附加重量以及防锈涂装、防火涂料等面层重量	取 82kN/m³ ~ 92kN/m³
	裙房层数	有裙房时未输入裙房层数或输入不正确	包括地下室层数
	转换层所在层号	未输入转换层所在层号或输入不正确	包括地下室层数
	嵌固端所在层号	当结构嵌固在基础顶面时	嵌固端所在层号为 1
	地下室层数	有地下室时未输入地下室层数或输入不正确	按实际地下室层数
	转换层指定为薄弱层	转换层未指定为薄弱层	应指定为薄弱层
	恒活荷载计算信息	大型体育场馆、有吊车荷载时勾选模拟施工加载 3	勾选模拟施工加载 1
	对所有楼层强制采用刚性楼板假定计算信息（仅在计算位移比和周期比勾选）	对于复杂结构（如不规则坡屋顶、体育馆看台、工业厂房，或者柱顶、墙顶不在同一标高，或者没有楼板等情况）、错层或带夹层的结构勾选此选项	位移比和周期比计算时也不应勾选此选项
	强制刚性楼板假定时保留弹性板面外刚度	板柱体系未勾选此选项	应勾选此选项
风荷载信息	结构基本周期	未按计算结果返代	返代输入
	承载力设计时风荷载效应放大系数	高度大于 60m 的高层建筑取 1.0	按基本风压的 1.1 倍
	用于舒适度验算的风压	按 50 年一遇的风压	按 10 年一遇的风压
	考虑横风向风振影响	高度超过 150m 或高宽比大于 5 的高层建筑未考虑	宜考虑横风向风振的影响
	体型系数	L 形、槽形等平面建筑取 1.3	取 1.4
	地面粗糙度类别	海岛、海岸、湖岸及沙漠地区取 B 类	取 A 类

续表

类别	输入项目	"错漏缺"内容	更正方法
地震信息	设计地震分组	未按《建筑抗震设计规范》（2016 版）	依据局部修订版
	设防烈度	未按《建筑抗震设计规范》（2016 版）	依据局部修订版
	场地类别	未按《建筑抗震设计规范》（2016 版）	依据局部修订版
	抗震等级	乙类建筑未提高一度确定其抗震等级	提高一度确定抗震等级
	考虑双向地震作用	质量和刚度分布明显不对称的结构未考虑	应考虑
	考虑偶然偏心	扭转不规则未考虑	应考虑
	周期折减系数	未按框架 0.6～0.7，框-剪 0.7～0.8，框筒 0.8～0.9，剪力墙 0.8～1.0	合理折减
	结构的阻尼比	钢结构、钢和混凝土混合结构为 5%	钢结构 3%，混合结构 4%
	计算振型个数	按扭转耦联振型分解法计算，未取 9～15 个，多塔结构小于塔楼数的 9 倍	增加振型个数
	斜交抗侧力构件方向附加地震数	当相交角度大于 15° 时未输入附加地震数	输入附加地震数
活荷载信息	柱、墙设计时活荷载	未折减	可折减
	传给基础的活荷载	未折减	可折减
	梁活荷不利布置的最高层号	楼面活荷载大于 4kN/m² 时未考虑	应考虑
调整信息	托墙梁刚度放大系数	一般可取为 100 左右	也可以不考虑
	地震作用下连梁刚度折减系数	8、9 度时折减系数小于 0.5，6、7 度时折减系数小于 0.7，跨高比大于 5 的连梁、重力作用效应比水平风荷载、水平地震作用效应更为明显时刚度折减	8、9 度时折减系数不宜小于 0.5，6、7 度时折减系数可取 0.7，其他慎重考虑
	按抗震规范（5.2.5）调整各楼层地震内力	未调整	应调整
	指定的薄弱层个数	侧向刚度不规则、竖向抗侧力构件不连续、楼层承载力突变未指定薄弱层	指定薄弱层
	$0.2V_0$ 分段调整	框架-剪力墙结构和框架-核心筒结构未调整	应调整
	调整与框支柱相连的梁的内力	未调整	应调整
设计信息	结构重要性系数	甲类、乙类建筑按 $\gamma_0=1.0$ 输入	应按 $\gamma_0=1.1$
	结构中的框架部分轴压比限值按照纯框架结构的规定采用	当框架部分承受的地震倾覆力矩大于结构总地震倾覆力矩的 50% 时未勾选此选项	应勾选此选项
	框架梁端配筋考虑受压钢筋	勾选否	应勾选是
	当边缘构件轴压比小于抗规（6.4.5）规定的限值时一律设置构造边缘构件	部分框支剪力墙结构的剪力墙底部加强部位勾选此选项	不应勾选此选项

续表

类别	输入项目	"错漏缺"内容	更正方法
设计信息	梁柱重叠部分简化为刚域	异形柱结构未勾选此选项	应勾选此选项
	柱配筋计算原则	角柱按单偏压计算(异形柱结构程序自动按双偏压计算)	特殊构件补充定义中定义角柱
	采用二阶弹性设计方法	当结构在地震作用下的重力附加弯矩大于初始弯矩的10%时未勾选此选项	应勾选此选项
	执行《混规》GB 50010—2010第9.2.6-1条有关规定	未勾选此选项	应勾选此选项
	执行《混规》GB 50010—2010第11.3.7条有关规定	未勾选此选项	应勾选此选项
配筋信息	钢筋级别	梁、柱、墙主筋或箍筋级别不正确	按实际
	墙分布筋配筋率	不符合最小配筋率	按最小配筋率
荷载组合信息	地震与风同时组合	60m以上的高层建筑未考虑	应考虑
	考虑竖向地震为主的组合	8度、9度时的大跨度、长悬臂结构,高层建筑7度(0.15g)时的大跨度、长悬臂结构,9度时的高层建筑未考虑	应考虑
地下室信息	土层水平抗力系数的比例系数	一般在2.5~100之间,填0时表示地下室侧向没有约束,填-m时表示有m层地下室无水平位移	合理选择
	回填土容重	小于18kN/m³	一般18kN/m³,或按地勘报告
	回填土侧压力系数	小于0.5(当地下室施工采用护坡桩时可取0.33)	可取静止土压力系数k_0=0.5
	室外地面附加荷载	室外活荷载取0kN/m²	5.0kN/m²,有车辆取10.0kN/m²
性能设计	按中震(或大震)设计	水平长悬臂结构和大跨度结构中的关键构件未考虑	宜考虑

454 特殊构件补充定义"错漏缺"应该如何察看?

特殊构件补充定义"错漏缺"　　　　　表454

类别	补充定义构件	"错漏缺"内容	更正方法
特殊梁	连梁	跨高比小于5未定义连梁	补充定义
	转换梁	未定义	补充定义
	铰接梁	次梁外端未定义	补充定义
特殊柱	角柱、转换柱	未定义	补充定义
	错层处框架柱	抗震等级应提高一级采用	补充定义
特殊墙	地下室外墙、临空墙	未定义	补充定义
	错层处平面外受力的剪力墙	抗震等级应提高一级采用	补充定义
弹性楼板	弹性楼板6、弹性板3、弹性膜	未根据实际情况定义	补充定义

455　输出信息"错漏缺"应该如何察看？

输出信息"错漏缺"

表 455

类别	输出项目	"错漏缺"内容	更正方法
楼层信息	构件材料	梁、柱、墙混凝土强度等级与图纸不一致	计算模型修改
	梁柱板钢筋强度及保护层厚度	梁、柱的纵筋、箍筋强度与图纸不一致，梁、柱不满足最小保护层厚度	输入信息修改
	墙钢筋强度	边缘构件主筋、箍筋，墙水平、竖向分布筋强度与图纸不一致	输入信息修改
	墙分布筋配筋率	不满足最小配筋率	输入信息修改
各层等效尺寸	层高、面积、形心等	层高与图纸不一致	计算模型修改
层塔属性	约束边缘构层、底部加强区楼层、转换层等	底部加强区楼层、约束边缘构件层范围与图纸不一致	计算模型修改
工况和组合	工况设定	高层建筑 7 度（0.15g）时的大跨度、长悬臂结构未考虑竖向地震作用	输入信息修改
	永久荷载、可变荷载、地震作用信息	分项系数错误	输入信息修改
	构件内力基本组合系数	60m 以上的高层建筑未考虑风荷载组合	输入信息修改
质量信息	结构质量分布	楼层质量大于相邻下部楼层质量的 1.5 倍	计算模型修改
	各层刚心、偏心率信息	偏心率大于 15%	计算模型修改
荷载信息	风荷载信息	坡度大于 30° 的双坡屋面未考虑屋面风荷载	特殊风荷载定义
立面规则性	楼层侧向剪切刚度	地下室顶板作为上部结构的嵌固部位时，地下一层与首层侧向刚度比小于 2	计算模型修改
	（楼层剪力/层间位移）刚度	本层与相邻上层的比值小于 0.9、1.1（层高比大于 1.5）、1.5（对结构底部嵌固层）	计算模型修改
	各楼层受剪承载力	小于其相邻上一层受剪承载力的 80%	计算模型修改
	楼层薄弱层调整系数	软弱层刚度比不满足，薄弱层受剪承载力不满足	计算模型修改
抗震分析及调整	结构周期及振型方向	扭转周期比不满足	计算模型修改
	各地震方向与振型的有效质量系数	小于 90%	增加振型数
	地震作用下结构剪重比及其调整	剪重比不满足	输入信息修改
	偶然偏心	未考虑	输入信息修改
结构体系指标及二道防线调整	竖向构件倾覆力矩及百分比	框架-剪力墙结构底部框架部分承担的地震倾覆力矩大于 50%，未按框架结构确定抗震等级；短肢剪力墙承担的底部倾覆力矩大于 50%	输入信息修改；计算模型修改
	竖向构件地震剪力及百分比	框架-剪力墙结构、框架-核心筒结构总剪力未按 $0.2V_0$ 和 $1.5V_{f,\max}$ 两者的较小值采用	输入信息修改

续表

类别	输出项目	"错漏缺"内容	更正方法
变形验算	X向、Y向正、负偏心静震（规定水平力）工况的位移	大于1.2	计算模型修改
	X向、Y向地震工况的位移	框架结构大于1/550、框架-剪力墙大于1/800、剪力墙结构、框筒结构大于1/1000	计算模型调整
	X向、Y向风荷载工况的位移		
舒适度验算	结构顶点风振加速度	房屋高度不小于150m的高层混凝土结构不满足	计算模型调整
抗倾覆和稳定验算	抗倾覆验算	高宽比大于4的高层建筑基础底面出现零应力区	计算模型调整
	整体稳定刚重比验算	剪力墙结构、框架-剪力墙结构、筒体结构小于1.4，或框架结构小于10	计算模型调整

456 荷载简图"错漏缺"应该如何察看？

荷载简图"错漏缺"　　　　　　　　　　　　　　　　表456

类别	项目	"错漏缺"内容	更正方法
楼面荷载	楼面静载	楼面做法统计漏项或计算错误，固定隔墙和楼板自重未计入	修改，计入固定隔墙和楼板自重
	楼面活载	通风机房、电梯机房、消防车等活荷载取值错误，未计入非固定隔墙的自重	修改，计入非固定隔墙的自重
施工荷载	首层在地下室顶板设计时	未考虑施工活荷载	一般不小于4.0kN/m²
	计算挑檐、悬挑雨篷的承载力时	未取一个集中荷载	每隔1.0m取一个1.0kN集中荷载
	高低层相邻的屋面	低层屋面未考虑施工活荷载	一般不小4.0kN/m²
楼梯荷载	板面静载	取值偏小	一般不小于8.0kN/m²
	板面活载	除多层住宅外取2.0kN/m²	取3.5kN/m²
梁上荷载	填充墙、隔墙自重	取值偏小，未计入墙面保温、外装修重量	轻骨料砌体自重不小于8.0kN/m³
墙上荷载	首层在地下室外墙顶面	首层外填充墙自重漏输	补充输入
	门窗洞口或结构洞口	门窗自重或洞口填充墙自重漏输	补充输入
屋面荷载	屋顶花园、屋顶运动场地	活荷载取值错误	取3.0kN/m²
	光伏、太阳能设备	未计入	光伏不小于1.0kN/m²，太阳能设备按实际情况确定
地下室荷载	地下室顶板覆土	覆土厚度与实际不符	按实际厚度
	消防车活荷载	双向板楼盖板跨介于3m～6m时取值错误	应按跨度线性插值确定
	地下室土压力	静止土压力系数取值错误	取0.5，或0.33（有护坡桩）
	室外地面附加荷载	取0 kN/m²	一般不小于5.0kN/m²，有车辆取10.0kN/m²

457　计算简图"错漏缺"应该如何察看？

计算简图"错漏缺"　　　　　　　　　　　　　　　　　　表 457

类别	项目	"错漏缺"内容	更正方法
柱	柱截面尺寸	与图纸不一致	计算模型修改
	柱最小截面尺寸	不满足构造要求	计算模型修改
	柱剪跨比	不满足构造要求	计算模型修改或采取加强措施
	柱截面高宽比	大于 3	计算模型修改
	边框柱截面	与该榀框架其他柱的截面不同	计算模型修改
	外框筒柱距	大于 4m	计算模型修改
	外框筒角柱	截面面积未取中柱的 1～2 倍	计算模型修改
	错层处框架柱截面高度	小于 600mm	计算模型修改
	地下室伸缩缝双柱	分缝	不分缝
转换柱	柱截面宽度	抗震设计时小于 450mm	计算模型修改
	柱截面高度	抗震设计时小于转换梁跨度的 1/12	计算模型修改
	与相邻落地剪力墙的距离	1～2 层框支层时大于 12m，3 层及 3 层以上框支层时大于 10m	计算模型修改
框架梁	梁截面尺寸	与图纸不符	计算模型修改
	梁截面高度	不按计算跨度的 1/10～1/18 确定	计算模型修改
	梁截面宽度	小于 200mm	计算模型修改
	梁截面高宽比	大于 4	计算模型修改
	梁净跨与截面高度之比	小于 4	计算模型修改
转换梁	梁截面高度	小于计算跨度的 1/8	计算模型修改
	梁截面宽度	大于框支柱截面宽度，或小于其上墙体截面厚度的 2 倍和 400mm 的较大值，或小于其上所托柱的截面宽度	计算模型修改
框筒梁	外框筒梁的截面高度	不取柱净距的 1/4	计算模型修改
	跨高比不大于 2 的框筒梁截面宽度	小于 400mm	计算模型修改
剪力墙	剪力墙截面厚度	与图纸不一致	计算模型修改
	剪力墙截面最小厚度	不满足构造要求	计算模型修改
	剪力墙墙段长度	大于 8m	计算模型修改
	当剪力墙与其平面外相交的楼面梁刚接时	未设置与梁相连的剪力墙、扶壁柱或在墙内未设置暗柱	计算模型修改
	短肢剪力墙	抗震设防烈度为 9 度的高层建筑布置短肢剪力墙	计算模型修改
	剪力墙间距	不满足构造要求	计算模型修改

类别	项目	"错漏缺"内容	更正方法
剪力墙	错层处剪力墙的截面厚度	平面外受力时小于250mm，未设置与之垂直的墙肢或扶壁柱	计算模型修改
	约束边缘构件阴影区截面尺寸	不满足构造要求	计算模型修改
	构造边缘构件阴影区截面尺寸	不满足构造要求	计算模型修改或采取加强措施
	连梁截面尺寸	与图纸不一致	计算模型修改
	剪力墙洞口位置、洞口尺寸	与图纸不一致	计算模型修改
	连梁	楼面梁支承在剪力墙的连梁上	计算模型修改
核心筒或内筒	外墙厚度	小于200mm	计算模型修改
	内墙厚度	小于160mm	计算模型修改
	筒角内壁至洞口的距离	小于500mm和开洞墙截面厚度的较大值	计算模型修改
	洞间墙肢的截面高度	小于1.2m	计算模型修改
	连梁	楼盖主梁搁置在核心筒或内筒的连梁上	计算模型修改
	跨高比不大于2的内筒连梁截面宽度	小于400mm	计算模型修改
楼板	作为上部结构嵌固部位的地下室顶板	楼板厚度小于180mm	不宜小于180mm
	普通地下室顶板	楼板厚度小于160mm	不宜小于160mm
	顶层楼板（屋面板）	楼板厚度小于120mm	不宜小于120mm
	框支转换层楼板	楼板厚度小于180mm	不宜小于180mm
	连接体结构楼板	楼板厚度小于150mm	不宜小于150mm
	竖向体型突变部位的楼板	楼板厚度小于150mm	不宜小于150mm
	单向板的跨高比	大于30	不大于30
	双向板的跨高比	大于40	不大于40
	无柱帽板的跨高比	大于30	不大于30
	悬挑板	悬挑长度大于1200mm	布置挑梁
	地下一层顶板	采用板柱结构	宜采用梁板结构
结构平面	轴线尺寸	与图纸不一致	计算模型修改
	柱与轴线位置	与图纸不一致	计算模型修改
	剪力墙与轴线位置	与图纸不一致	计算模型修改
	梁与轴线位置	与图纸不一致	计算模型修改
	夹层结构	漏输	计算模型修改
	坡屋面	与图纸不一致	计算模型修改
	局部、部分或整个平面	与图纸不一致	计算模型修改

续表

类别	项目	"错漏缺"内容	更正方法
结构平面	剪力墙两端未设置端柱或与另一方向的剪力墙相连	不满足抗震构造要求	宜调整
	平面凸出尺寸超限	不满足抗震构造要求	宜调整
	楼板有效宽度小于50%	不满足抗震构造要求	宜调整
	地下室伸缩缝双柱、双墙、双梁未形成闭合	侧向稳定	双柱、双墙、双梁合并
结构竖向	层高	与图纸不一致	计算模型修改
	层数	与图纸不一致	计算模型修改
	错开的楼层归并为一层	未考虑错层影响	计算模型修改
	局部收进尺寸超限	不满足抗震构造要求	宜调整
	柱、剪力墙上下层不一致	未布置转换构件	计算模型调整
	外挑尺寸超限	不满足抗震构造要求	宜调整
	剪力墙底部加强部位	采用上下洞口不对齐的错洞墙	不宜采用
	剪力墙全高	采用洞口局部重叠的叠合错洞墙	全高均不宜采用
	剪力墙门窗洞口	上下不对齐	宜上下对齐

15.2 基础计算书

458 地基和桩基计算"错漏缺"应该如何察看？

地基和桩基计算"错漏缺"　　　　　　　　　　　表458

类别	项目	"错漏缺"内容	更正方法
地基承载力	复合地基承载力特征值	地基承载力修正系数取值错误	$\eta_b=0$, $\eta_d=1.0$
	中等风化、微风化、未风化岩石地基承载力特征值	深宽修正	不修正
	主裙楼一体结构地基承载力特征值	基础埋置深度取值错误	超载折算成土层厚度作为基础埋深
	软弱下卧层的地基承载力	未验算或不满足	应验算且应满足
	地基承载力计算	$p_k > f_a$ 或 $p_{kmax} > 1.2f_a$	$p_k \leqslant f_a$ 或 $p_{kmax} \leqslant 1.2f_a$
	地基抗震承载力计算	$p > f_{aE}$ 或 $p_{max} > 1.2f_{aE}$	$p \leqslant f_{aE}$ 或 $p_{max} \leqslant 1.2f_{aE}$
	勘察等级为甲级的高层建筑	拟采用复合地基方案时，未进行充分论证	拟采用复合地基方案时，尚应进行充分论证
地基变形	设计等级为甲级、乙级的建筑物	未验算或大于地基变形允许值	应验算且不应大于地基变形允许值

类别	项目	"错漏缺"内容	更正方法
地基变形	设计等级为丙级的建筑物:地基承载力特征值小于 130kPa,且体型复杂的建筑;软弱地基上的建筑物存在偏心荷载时;相邻建筑距离近,可能发生倾斜时等情况时	未验算或大于地基变形允许值	应验算且不应大于地基变形允许值
	处理后的地基	未验算或大于地基变形允许值	应验算且不应大于地基变形允许值
	在同一整体大面积基础上有多栋高低层建筑	未考虑上部结构、基础与地基的共同作用进行变形计算	宜考虑上部结构、基础与地基的共同作用进行变形计算
桩基承载力	单桩竖向承载力特征值	除设计等级为丙级的建筑物外,未采用竖向静载荷试验确定	应采用竖向静载荷试验确定
	嵌入完整和较完整的未分化、微分化、中等风化硬质岩石的嵌岩桩	桩长较小时计入侧阻	只计端阻
	对于嵌入破碎岩和软质岩石中的桩	按嵌岩桩计算	按相应土类计算
	单桩水平承载力特征值	未由单桩水平荷载试验确定	应由单桩水平荷载试验确定
	桩侧负摩阻力计算	松散填土、自重湿陷性黄土、软弱土层等未计入桩侧负摩阻力	应计入桩侧负摩阻力
	基桩的抗拔极限承载力	设计等级为甲级和乙级,未通过现场单桩上拔静载荷试验确定	应通过现场单桩上拔静载荷试验确定
桩基沉降	甲级、部分乙级的建筑桩基,摩擦型桩基	超过建筑物的沉降允许值,或大于地基变形允许值	不得超过建筑物的沉降允许值,并不应大于地基变形允许值
桩的承载力	受压桩受压承载力设计值	未计算或不满足	应计算且应满足
	抗拔桩受拉承载力设计值	未计算或不满足	应计算且应满足
	受水平作用桩受弯承载力和设计值受剪承载力设计值	未计算或不满足	应计算且应满足
裂缝控制	抗拔桩的裂缝控制	未验算或不满足	应验算且应满足
稳定性	建造在斜坡或边坡附近的建筑	未计算	应计算
	抗浮计算	未计算或不满足	应计算且应满足

459 基础和承台计算"错漏缺"应该如何察看?

基础和承台计算"错漏缺"　　　　　　　　**表 459**

类别	项目	"错漏缺"内容	更正方法
独立基础	受冲切承载力	当冲切破坏锥体落在基础底面以内时,未验算或不满足	应验算且应满足
	受剪切承载力	对基础底面短边尺寸小于或等于柱宽加两倍基础有效高度,未验算或不满足	应验算且应满足

续表

类别	项目	"错漏缺" 内容	更正方法
独立基础	局部受压承载力	当基础的混凝土强度等级小于柱的混凝土强度等级时，未验算或不满足	应验算且应满足
	抗弯计算	台阶的宽高比大于 2.5	小于或等于 2.5
		偏心距大于 1/6 基础宽度	小于或等于 1/6
条形基础	受剪切承载力	墙下条形基础未验算或不满足	应验算且应满足
	基础面积	在条形基础相交处，重复计入基础面积	不应重复计入
柱下条形基础	基础面积	在条形基础相交处，重复计入基础面积	不应重复计入
	计算简图	条形基础梁的高度小于 1/6 柱距时，按连续梁计算	按弹性地基梁计算
	受剪承载力	未验算或不满足	应验算且应满足
	抗扭计算	当存在扭矩时，未计算	尚应作计算
	局部受压承载力	当条形基础的混凝土强度等级小于柱的混凝土强度等级时，未验算或不满足	应验算且应满足
筏形基础	偏心距	基础平面形心与结构竖向永久荷载重心不能重合时，偏心距 $e > 0.1W/A$	$e \leqslant 0.1W/A$
	受弯承载力	超筋	应调整
	受冲切承载力	筏板冲切计算未考虑不平衡弯矩产生的附加剪力，或未考虑地震作用组合	尚应验算且应满足
	受剪切承载力	未验算平板式筏形基础未验算内筒和柱边缘 h_0 处截面受剪承载力，或筏板变厚度处的受剪承载力	应验算且应满足
		未计算梁板式筏形基础双向底板受剪承载力	应计算
		当底板板格为单向板时，未验算	应验算
	局部受压承载力	对抗震设防烈度为 9 度的高层建筑，未计入竖向地震作用对柱轴力的影响	应计入
	整体挠度值，差异沉降	带裙房的高层建筑下筏板的整体挠度值大于 0.05%，主楼与相邻的裙房柱的差异沉降大于其跨度的 0.1%	前者宜 $\leqslant 0.05\%$，后者应 $\leqslant 0.1\%$
	筏板厚度和配筋	在同一整体大面积基础上有多栋高低层建筑，未按上部结构、基础与地基的共同作用的基础变形和基底反力计算确定	宜按上部结构、基础与地基的共同作用计算
桩基承台	正截面受弯承载力	两桩承台未按受弯构件计算	按深受弯构件计算
	受冲切承载力	柱对承台的冲切、角桩对承台的冲切未计算	应计算
	受剪计算	对柱边和桩边、变阶处和桩边连线形成的斜截面未进行受剪计算	应计算
	局部受压承载力	当承台的混凝土强度等级低于柱或桩的混凝土强度等级时，未验算	应验算
	箱形承台、筏形承台	未按地基-桩-承台-上部结构共同作用原理分析计算	宜按桩土共同作用原理分析计算

类别	项目	"错漏缺"内容	更正方法
桩基承台	箱形承台、筏形承台	未按变刚度调平原则布桩时，仅按局部弯矩作用进行计算	考虑实际存在的整体弯曲的影响
		按变刚度调平设计的桩基，未按上部结构-承台-桩-土共同工作分析	宜进行桩土共同工作分析

15.3 手算计算书

460 荷载计算"错漏缺"应该如何察看？

荷载计算"错漏缺" 表 460

类别	项目	"错漏缺"内容	更正方法
楼面	楼面做法	未按楼面材料做法计算确定，有吊顶时未考虑吊顶重量，或未计入设备管线重量	按材料做法取值，计入吊顶重量，或设备管线重量
屋面	屋面做法	未按屋面做法计算确定，有吊顶时未考虑吊顶重量，或未计入设备管线重量	按屋面做法取值，计入吊顶重量，或设备管线重量
	女儿墙	女儿墙高度与实际情况不符	按实际高度计算自重
填充墙、隔墙	墙体自重	层高不同自重相同，内外填充墙自重相同	按层高分别计算，外墙填充墙应计入外装修自重
幕墙	自重	未按实际情况计算确定	应按实际情况取值
无上部结构的地下室顶板	覆土重量	覆土高度与实际情况不符	按实际覆土高度计算自重
	景观	有假山、喷泉等景观时未计入其自重	计入其自重

461 挡土墙计算"错漏缺"应该如何察看？

挡土墙计算"错漏缺" 表 461

类别	项目	"错漏缺"内容	更正方法
主体结构整体计算	回填土容重	小于 18kN/m³	一般取 18kN/m³，或地勘报告提供的容重
	回填土侧压力系数	小于 0.5	可取静止土压力系数 $k_0=0.5$
	室外地面附加荷载	室外活荷载取 0kN/m²	一般可取 5.0kN/m²，有车辆取 10.0kN/m²
手算	采用的计算简图	不符合实际情况	采用符合实际情况的计算简图
	挡土墙的土压力、水压力	不符合实际情况	按实际情况计算水土压力
	土压力、水压力分项系数	取值错误，或不符合地方规范规定	由永久荷载效应控制的组合取 $\gamma_G=1.35$，北京市地方规范，水、土压力分项系数取 1.30
	墙体厚度、混凝土强度等级、钢筋牌号	与图纸不一致	按实际情况确定
	墙体竖向、水平钢筋配筋率	不满足构造要求	应满足最小配筋率要求
	计算内容	不完整	应补充完整

462 水池计算"错漏缺"应该如何察看？

类别	项目	"错漏缺"内容	更正方法
手算	采用的计算简图	不符合实际情况	采用符合实际情况的计算简图
	水压力	不符合实际情况	按实际情况计算水压力
	池壁厚度、混凝土强度等级、钢筋牌号	与图纸不一致	按实际情况确定
	池壁竖向、水平钢筋配筋率	不满足构造要求	应满足最小配筋率要求

463 楼梯计算"错漏缺"应该如何察看？

类别	项目	"错漏缺"内容	更正方法
手算	采用的计算简图	不符合实际情况	采用符合实际情况的计算简图
	荷载取值	不符合实际情况	按实际情况取值
	梯板厚度、混凝土强度等级、钢筋牌号	与图纸不一致	按实际情况确定
	计算内容	不完整	应补充完整

15.4　结构设计总说明

464 工程概况应该如何编写？

（1）工程总体情况

类别	内容
工程名称	本工程为＿＿＿＿＿公司的第＿＿期＿＿＿园＿＿号楼
工程地点	本工程位于＿＿＿省＿＿＿市＿＿＿区＿＿＿街（路）＿＿＿号
工程周边环境	本工程临＿＿＿河岸附近，本工程临＿＿＿山下自然斜坡附近，本工程临＿＿＿地铁＿＿＿站附近
工程分区或子项	本工程分 A、B 二个区，本工程分 A、B、C 三个区，或本工程由＿＿＿子项、＿＿＿子项、＿＿＿子项组成
主要功能	本工程地上商业、住宅，地下层停车库、设备用房

（2）各单体（或分区）的结构特点

类别	＿＿分区或＿＿＿子项	＿＿分区或＿＿＿子项
长度（m）	××.×m	××.×m
宽度（m）	××.×m	××.×m
房屋高度（m）	××.×m	××.×m

续表

类别		__分区或____子项	__分区或____子项
层数	地上	××	××
	地下	×	×
各层层高	地下一层	×.×m	×.×m
	首层	×.×m	×.×m
	×层~×层	×.×m	×.×m
	顶层	×.×m	×.×m
主要结构跨度（m）		×.×m	×.×m
结构类型		□框架□框架-剪力墙□剪力墙□部分框支剪力墙□框架-核心筒□筒中筒□板柱-剪力墙	□框架□框架-剪力墙□剪力墙□部分框支剪力墙□框架-核心筒□筒中筒□板柱-剪力墙
结构规则性判别		平面不规则类型□扭转不规则，□或偏心布置□凹凸不规则，□或组合平面□楼板局部不连续	平面不规则类型□扭转不规则，□或偏心布置□凹凸不规则，□或组合平面□楼板局部不连续
		竖向不规则类型□侧向刚度不规则□竖向抗侧力构件不连续□楼层承载力突变	竖向不规则类型□侧向刚度不规则□竖向抗侧力构件不连续□楼层承载力突变
		局部不规则□局部的穿层柱□斜柱□夹层□个别构件错层或转换□个别楼层扭转位移比略大于1.2	局部不规则□局部的穿层柱□斜柱□夹层□个别构件错层或转换□个别楼层扭转位移比略大于1.2
特殊结构及造型		□带转换层高层建筑结构□带加强层高层建筑结构□错层结构□连体结构□竖向体型收进、悬挑结构	□带转换层高层建筑结构□带加强层高层建筑结构□错层结构□连体结构□竖向体型收进、悬挑结构
		□各部分层数、刚度、布置不同的错层□连体两端塔楼高度、体型或沿大底盘某个主轴方向的振动周期显著不同的结构	□各部分层数、刚度、布置不同的错层□连体两端塔楼高度、体型或沿大底盘某个主轴方向的振动周期显著不同的结构

（3）装配式结构情况

装配式结构情况

表 464-3

工程分区或子项	结构类型	预制构件类型
__分区或____子项	装配整体式剪力墙结构	预制墙板、叠合板、预制楼梯
__分区或____子项	装配整体式框架结构	叠合梁、预制柱、叠合板、预制楼梯

465　设计依据应该如何编写？

（1）建筑结构的设计使用年限、设计基准期、重现期（表 465-1）。

建筑结构的设计使用年限、设计基准期、重现期

表 465-1

建筑类别示例	设计使用年限（年）	设计基准期（年）	重现期 R（年）	
普通房屋、构筑物	□ 50	□ 50	舒适度计算	□ 10
纪念性建筑、标志性建筑、特别重要的建筑结构	□ 100		承载力计算	□ 50 □ 100

（2）自然条件（表 465-2）。

自然条件　　　　　　　　　　　　　　　　　　　　　　　表 465-2

序	自然条件
1	基本风压 w_0 ＝____ kN/m²，地面粗糙度类别□ A □ B □ C □ D
2	基本雪压 s_0 ＝____ kN/m²，雪荷载分区□ Ⅰ □ Ⅱ □Ⅲ
3	基本气温 T_{max} ＝____ ℃，T_{min} ＝____ ℃
4	海拔高度____ m
5	抗震设防烈度□ 6 度□ 7 度□ 8 度□ 9 度，设计基本地震加速度值□ 0.05g □ 0.10g □ 0.15g □ 0.20g □ 0.30g □ 0.40g 设计地震分组□ 第一组□ 第二组□ 第三组，建筑的场地类别□ I_0 □ I_1 □ Ⅱ □Ⅲ□Ⅳ
6	标准冻结深度 z_0 ＝____ m，抗浮设防水位标高为____ . ____ m
7	液化等级□ 轻微□ 中等□ 严重
8	湿陷类型□ 非自重湿陷性场地□ 自重湿陷性场地，湿陷等级□ Ⅰ（轻微）□ Ⅱ（中等）□Ⅲ（严重）□Ⅳ（很严重）

（3）工程地质勘察报告：勘察报告名称和编号、编制单位和日期、审查合格日期。

（4）必要时提供的评价报告和试验报告：报告名称和编号、编制单位和日期、批复文件名称和文号（表 465-3）。

必要时提供的评价报告和试验报告　　　　　　　　　　　　表 465-3

类别	依据
场地地震安全性评价报告 应包括下列内容：工程概况和地震安全性评价的技术要求、地震活动环境评价、地震地质构造评价、设防烈度或设计地震动参数、地震地质灾害评价和其他有关地质资料	《地震安全性评价管理条例》国务院令第 323 号，自 2002 年 1 月 1 日起施行，2017 年 3 月 1 日《国务院关于修改和废止部分行政法规的决定》删去第十二条、第十三条、第十五条
风洞试验报告 基本内容应包括：试验依据、试验设备、试验条件、试验方法、试验内容、试验结果和应用建议	《建筑工程风洞试验方法标准》JGJ/T 338—2014，自 2015 年 8 月 1 日起实施
相关节点和构件试验报告 应包括下列内容：试验概况、试验方案、试验记录、结果分析、试验结论	《混凝土结构试验方法标准》GB/T 50152—2012，自 2012 年 8 月 1 日起实施
振动台试验报告 评估新型结构、超限结构及具有隔震、减震装置结构等抗震性能的重要手段	《液压振动台基础技术规范》GB 50699—2011，自 2012 年 5 月 1 日起实施

（5）建设单位提出的与结构有关的符合有关标准、法规的书面要求：

① 主体结构设计使用年限；

② 人防地下室抗力等级；

③ 特殊的功能要求（如放射线防护要求）；

④ 特殊的活荷载（如大型会展中心）；

⑤ 特殊的吊挂荷载及设备荷载；

⑥ 特殊的抗震要求（如隔震或消能减震）等。

（6）初步设计的审查、批复文件：批复文件名称和文号。

（7）超限高层建筑设计可行性论证报告：批复文件名称和文号。

（8）桩基检测报告：报告名称和编号、编制单位和日期。

（9）结构设计所执行的主要标准：标准的名称、编号、年号和版本号（表465-4）。

主要标准的名称、编号、年号和版本号　　　　　　表465-4

类别	国家标准	行业标准
□通用	《工程结构可靠性设计统一标准》GB 50153—2008	—
	《建筑结构可靠度设计统一标准》GB 50068—2001	
	《建筑工程抗震设防分类标准》GB 50223—2008	
	《建筑抗震设计规范》GB 50011—2010（2016年版）	
	《建筑结构荷载规范》GB 50009—2012	
	《建筑地基基础设计规范》GB 50007—2011	
	《混凝土结构耐久性设计规范》GB/T 50476—2008	
	《建筑结构制图标准》GB/T 50105—2010	
□混凝土结构	《混凝土结构设计规范》GB 50010—2010（2015年版）	《预应力混凝土结构设计规范》JGJ 369—2016
□砌体结构	《砌体结构设计规范》GB 50003—2011	《混凝土小型空心砌块建筑技术规程》JGJ/T 14—2011
□钢结构	《钢结构设计标准》GB 50017—2017	《钢结构高强度螺栓连接技术规程》JGJ 82—2011
	《冷弯薄壁型钢结构技术规范》GB 50018—2002	《建筑钢结构防腐蚀技术规程》JGJ/T 251—2011
	《门式钢架轻型房屋钢结构技术规范》GB 51022—2015	《轻型钢结构住宅技术规程》JGJ 209—2012
	《钢结构焊接规范》GB 50661—2011	《拱形钢结构技术规程》JGJ/T 249—2011
□木结构	《木结构设计标准》GB 50005—2017	—
□组合结构	《钢管混凝土结构技术规范》GB 50936—2014	《组合结构设计规范》JGJ 138—2016
□高层建筑	—	《高层建筑混凝土结构技术规程》JGJ 3—2010
		《高层建筑筏形与箱形基础技术规范》JGJ 6—2011
		《高层民用建筑钢结构技术规程》JGJ 99—2015
□住宅建筑	《住宅建筑规范》GB 50368—2005	—
□绿色建筑	《绿色建筑评价标准》GB/T 50378—2014	《民用建筑绿色设计规范》JGJ/T 229—2010
□装配式建筑	《装配式混凝土建筑技术标准》GB/T 51231—2016	《装配式混凝土结构技术规程》JGJ 1—2014
	《装配式钢结构建筑技术标准》GB/T 51232—2016	
	《装配式木结构建筑技术标准》GB/T 51233—2016	
□桩基	《先张法预应力混凝土管桩》GB 13476—2009	《建筑桩基技术规范》JGJ 94—2008
		《大直径扩底灌注桩技术规程》JGJ/T 225—2010
		《载体桩设计规程》JGJ 135—2007

续表

类别		国家标准	行业标准
□地基处理		《复合地基技术规范》GB/T 50783—2012	《建筑地基处理技术规范》JGJ 79—2012
□湿陷性黄土		《湿陷性黄土地区建筑规范》GB 50025—2004	—
环境类别	□四	《海港工程混凝土结构防腐蚀技术规范》JTJ 275—2000	
	□五	《工业建筑防腐蚀设计规范》GB 50046—2008	
□地下室		《地下工程防水技术规范》GB 50108—2008	—
□人防工程		《人民防空地下室设计规范》GB 50038—2005	
□基坑工程		《复合土钉墙基坑支护技术规范》GB 50739—2011	《建筑基坑支护技术规程》JGJ 120—2012
□加固工程		《混凝土结构加固设计规范》GB 50367—2013	《建筑抗震加固技术规程》JGJ 116—2009
		《砌体结构加固设计规范》GB 50702—2011	《混凝土结构后锚固技术规程》JGJ 145—2013
		《工程结构加固材料安全性鉴定技术规范》GB 50728—2011	《既有建筑地基基础加固技术规范》JGJ 123—2012
□构筑物		《构筑物抗震设计规范》GB 50191—2012	—

466 图纸说明应该如何编写?

（1）图纸中采用的计量单位（表 466-1）。

采用的计量单位 　　　　　　　　　　　　　　　　表 466-1

名称	单位名称（单位符号）	名称		单位名称（单位符号）
标高	米（m）	重度		千牛/立方米（kN/m³）
尺寸	毫米（mm）	荷载	集中荷载	千牛（kN）
面积	平方米（m²）		线荷载	千牛/米（kN/m）
体积	立方米（m³）		均布荷载	千牛/平方米（kN/m²）
时间	日（d）		弯矩	千牛·米（kN·m）
角度	度（°），弧度（rad）	截面惯性矩，极惯性矩		四次方米（m⁴）
质量	千克或公斤（kg），吨（t）	截面模量		三次方米（m³）

（2）设计 ±0.000m 标高所对应的绝对标高值为××.××m。

（3）图纸工程分区编号说明，如 A 区编号为 S-A-××、B 区编号为 S-B-××。

（4）常用构件代码及构件编号说明（表 466-2）。

常用构件代码 　　　　　　　　　　　　　　　　表 466-2

名称	代号	名称	代号	名称	代号	名称	代号	名称	代号
柱	Z	梁	L	墙*	Q	板	B	基础	J
框架柱	KZ	屋面梁	WL	约束边缘构件*	YBZ	楼面板*	LB	独立基础*	DJ
转换柱*	ZHZ	框架梁	KL	构造边缘构件*	GBZ	屋面板	WB	条形基础*	TJ
框筒柱*	KTZ	屋面框架梁	WKL	暗柱	AZ	悬挑板*	XB	桩	ZH

名称	代号	名称	代号	名称	代号	名称	代号	名称	代号
梁上柱*	LZ	转换梁*	ZHL	端柱*	DZ	楼梯板	TB	承台	CT
剪力墙上柱*	QZ	悬挑梁	XL	扶壁柱*	FBZ	平台板*	PB	承台梁*	CTL
芯柱*	XZ	楼梯梁	TL	连梁*	LL	柱上板带*	ZSB	上柱墩*	SZD
边框柱*	BKZ	基础梁	JL	暗梁*	AL	跨中板带*	KZB	下柱墩*	XZD
越层柱*	YCZ	连系梁	LL	框连梁*	KLL	柱帽*	ZM	梁筏板*	LFB
单边柱*	DBZ	边框梁*	BKL	梁托墙*	LTQ	雨篷	YP	平筏板*	PFB
楼梯柱*	TZ	圈梁	QL	筒体墙*	TQ	阳台	YT	地沟	DJ
构造柱	GZ	过梁	GL	挡土墙	DQ	檐口板	YB	设备基础	SJ

注：带＊构件代码未列入《建筑结构制图标准》GB/T 50105—2010 附录A。

（5）各类钢筋代码说明，型钢代码及其截面尺寸标记说明（表466-3）。

普通钢筋规格、型钢分类、代号、型号　　　　　　　　　表 466-3

普通钢筋		H 型钢			冷弯空心型钢		
牌号	规格（mm）	分类	代号	型号（高度×宽度）（mm）	分类	代号	外径D、边长B、边长H×B（mm）
HPB300	φ6～φ14	宽翼缘	HW	100×100～500×500	圆形	Y	D21.3～D610
HRB335	Φ6～Φ14	中翼缘	HM	150×100～600×300	方形	F	B20～B500
HRB400	Φ6～Φ50	窄翼缘	HN	150×75～1000×300	矩形	J	H30×B20～H600×B400
HRB500	Φ6～Φ50	薄壁	HT	100×50～400×200	异形	YI	供需双方协商确定

（6）所采用的平面整体表示方法的标准图名称及编号（表466-4）。

采用平面整体表示方法的国家建筑标准设计图集名称及编号　　　　　　表 466-4

名称		编号
混凝土结构施工图平面整体表示方法制图规则和构造详图	（现浇混凝土框架、剪力墙、梁、板）	□ 16G101-1
	（现浇混凝土板式楼梯）	□ 16G101-2
	（独立基础、条形基础、筏形基础、桩基础）	□ 16G101-3

467　建筑结构设计分类等级应该如何编写？

建筑结构设计分类等级　　　　　　　　　　　　　表 467-1

项目	分类等级或类别		
建筑结构安全等级	□一级（$\gamma_0=1.1$）□二级（$\gamma_0=1.0$）□三级（$\gamma_0=0.9$）		
地基基础设计等级	□甲级 □乙级 □丙级		
建筑抗震设防类别	□特殊设防类（甲类）□重点设防类（乙类）□标准设防类（丙类）□适度设防类（丁类）		
抗震等级	框架结构	普通框架	□一级 □二级 □三级 □四级
		大跨度框架	□一级 □二级 □三级

续表

项目	分类等级或类别		
抗震等级	框架-剪力墙结构	框架	□一级□二级□三级□四级
		剪力墙	□一级□二级□三级
	剪力墙结构	剪力墙	□一级□二级□三级□四级
	部分框支剪力墙结构	剪力墙 一般部位	□二级□三级□四级
		剪力墙 加强部位	□一级□二级□三级
		框支层框架	□一级□二级
	框架-核心筒结构	框架	□一级□二级□三级
		核心筒	□一级□二级
	筒中筒结构	外筒、内筒	□一级□二级□三级
	板柱-剪力墙结构	框架、板柱的柱	□一级□二级□三级
		剪力墙	□一级□二级
地下室防水等级	地下水位标高：−××.×m		□一级□二级□三级□四级
人防地下室	□乙类防空地下室	防常规武器抗力级别	□常 5 级□常 6 级
	□甲类防空地下室	防核武器抗力级别	□核 5 级□核 6 级□核 6B 级
建筑防火分类等级	□单、多层民用建筑□高层民用建筑一类□二类	耐火等级	□一级□二级□三级□四级
混凝土构件的环境类别	□室内干燥环境□无侵蚀性静水浸没环境		一
	□室内潮湿环境□非严寒和非寒冷地区露天环境□非严寒和非寒冷地区与无侵蚀性的水或土壤直接接触的环境□严寒和寒冷地区冰冻线以下与无侵蚀性的水或土壤直接接触的环境		二 a
	□干湿交替环境□水位频繁变动环境□严寒和寒冷地区露天环境□严寒和寒冷地区冰冻线以上与无侵蚀性的水或土壤直接接触的环境		二 b
	□严寒和寒冷地区冬季水位变动区环境□受除冰盐影响环境□海风环境		三 a
	盐渍土环境□受除冰盐作用环境□海岸环境		三 b
	□海水环境		四
	□受人为或自然的侵蚀性物质影响的环境		五
湿陷性黄土地区建筑分类	□甲级□乙级□丙级□丁类		
建筑桩基设计等级	□甲级□乙级□丙级		
焊缝质量等级	□一级□二级□三级		
防锈质量等级	□ St2 □ Sa2 □ Sa2$\frac{1}{2}$		
腐蚀性等级	□强腐蚀□中腐蚀□弱腐蚀□微腐蚀		
边坡工程安全等级	□一级□二级□三级		
基坑支护结构的安全等级	□一级□二级□三级		

468 主要荷载（作用）取值及设计参数应该如何编写？

楼（屋）面面层荷载、吊挂（顶）荷载　　　　表 468-1

类别	项目	标准值（kN/m²）		吊顶
		建筑面层		
楼面	□地下一层□地下二层□地下三层□地下四层	□ 0.50 □ 0.75 □ 1.00 □ 1.25 □ 1.50 □ 1.75 □ 2.00 □ 2.50 □ 3.00		□ 0.50
	□首层	□ 1.00 □ 1.25 □ 1.50 □ 1.75 □ 2.00 □ 2.50 □ 3.00		□ 0.50
	□二层□三层□×层～×层□	□ 1.00 □ 1.25 □ 1.50 □ 1.75 □ 2.00 □ 2.50 □ 3.00		□ 0.50
楼梯	□地下层□地上层	□ 1.00 □ 1.25 □ 1.50 □ 1.75 □ 2.00 □ 2.50 □ 3.00		—
室外	□地下室顶板覆土	□ 9.00 □ 13.50 □ 18.00 □ 27.00 □ 36.00 □ 45.00		□ 0.50
屋面	□屋面	□ 2.00 □ 2.50 □ 3.00 □ 3.50 □ 4.00 □ 4.50 □ 5.00		□ 0.50
	□机房屋面	□ 2.00 □ 2.50 □ 3.00 □ 3.50 □ 4.00		□ 0.50

墙体荷载　　　　表 468-2

类别	项目	线荷载标准值（kN/m²）
外填充墙	□轻骨料混凝土空心砌块□蒸压粉煤灰加气混凝土砌块	□ 6.0 □ 7.0 □ 8.0 □ 9.0 □ 10.0 □ 11.0 □ 12.0
内填充墙	□轻骨料混凝土空心砌块□蒸压粉煤灰加气混凝土砌块	□ 5.0 □ 6.0 □ 7.0 □ 8.0 □ 9.0 □ 10.0 □ 11.0

楼（屋）面均布活荷载标准值　　　　表 468-3

类别	项目	标准值（kN/m²）
楼面	□住宅□宿舍□旅馆□办公楼□医院病房□托儿所□幼儿园	2.0
	□试验室□阅览室□会议室□医院门诊室	
	□教室□食堂□餐厅□一般档案资料室	2.5
	□礼堂□剧场□影院□有固定座位的看台	3.0
	□公共洗衣房	
	□商店□展览厅□车站□港口□机场大厅及其旅客等候室	3.5
	□无固定座位的看台	
	□健身房□演出舞台	4.0
	□运动场□舞厅	
	□书库□档案库□贮藏室	5.0
	□密集柜书库	12.0
	□通风机房□电梯机房	7.0
	□客车	□ 2.5 □ 4.0
	□消防车	□ 20.0 □ 35.0
	□厨房	□ 2.0 □ 4.0
	□浴室□卫生间□盥洗室	2.5
	□走廊□门厅	□ 2.0 □ 2.5 □ 3.5

续表

类别	项目	标准值（kN/m²）
楼面	□楼梯	□ 2.0 □ 3.5
	□阳台	□ 2.5 □ 3.5
地下室顶板	□施工活荷载 □消防车	□ 4.0 □ 20.0 □ 35.0
室外地面	□活荷载	□ 5.0 □ 10.0
屋面	□不上人的屋面	0.5
	□上人的屋面	2.0
	□屋顶花园	3.0
	□屋顶运动场地	

水平地震影响系数最大值　　　　　　　　　　　表 468-4

设防烈度	□ 6 度	□ 7 度		□ 8 度		□ 9 度
设计基本地震加速度值	□ 0.05g	□ 0.10g	□ 0.15g	□ 0.20g	□ 0.30g	□ 0.40g
多遇地震	□ 0.04	□ 0.08	□ 0.12	□ 0.16	□ 0.24	□ 0.32
罕遇地震	□ 0.28	□ 0.50	□ 0.72	□ 0.90	□ 1.20	□ 1.40

特征周期值　　　　　　　　　　　表 468-5

设计地震分组	场地类别				
	□ I_0	□ I_1	□ II	□ III	□ IV
□第一组	□ 0.20	□ 0.25	□ 0.35	□ 0.45	□ 0.65
□第二组	□ 0.25	□ 0.30	□ 0.40	□ 0.55	□ 0.75
□第三组	□ 0.30	□ 0.35	□ 0.45	□ 0.65	□ 0.90

469　设计计算程序应该如何说明？

设计计算软件　　　　　　　　　　　表 469-1

序	计算软件名称	版本号	计算模型	编制单位
1	□ SATEW	××.××	墙元模型	中国建筑科学研究院
2	□ YJK	××.××		盈建科
3	□ GSSAP	××.××	通用有限元分析	深圳市广厦软件有限公司
4	□ ETABS	××.××	三维有限元分析	美国 CSI 公司
5	□ SAP2000（中文版）	××.××	空间有限元分析	北京金土木软件技术有限公司、美国 CSI 公司
6	□ Midas	××.××	通用有限元	迈达斯

上部结构的嵌固部位   表 469-2

上部结构嵌固部位		计算嵌固端	剪力墙底部加强部位起算位置
□地下室顶板		□地下室顶板	□地下室顶板算起
□地下一层底板或以下		□地下一层的底板或以下与地下室顶板包络	□地下室顶板算起，向下延伸到计算嵌固端
□基础顶面（有地下室）		□基础顶面与地下室顶板包络	□地下室顶板算起，延伸到基础顶面
□基础顶面（无地下室）	□埋置较浅	□基础顶面	□基础顶面算起
	□埋置较深	□独立基础：基础系梁顶面与基础顶面包络	□基础系梁顶面算起，向下延伸到基础顶面
		□条形基础：基础墙体顶面与基础顶面包络	

470　主要结构材料应该如何编写？

1. 结构材料性能指标

结构材料性能指标   表 470-1

类别	结构材料性能指标
混凝土	混凝土强度等级的保证率为 95%
	框支梁、框支柱及抗震等级为一级的框架梁、柱、节点核心区，混凝土强度等级不应低于 C30
	构造柱、芯柱、圈梁及其他各类构件，混凝土强度等级不应低于 C20
	剪力墙不宜超过 C60，其他构件，9 度时不宜超过 C60，8 度时不宜超过 C70
	采用强度等级 400MPa 及以上的钢筋时，混凝土强度等级不应低于 C25
	高层建筑，筒体结构，作为上部结构嵌固部位的地下室楼盖，转换层楼板、型钢混凝土梁、柱，混凝土强度等级不应低于 C30。现浇非预应力混凝土楼盖结构的混凝土强度等级不宜高于 C40
钢筋	钢筋的强度标准值应具有不小于 95% 的保证率
	抗震等级为一、二、三级的框架和斜撑构件（含梯段），其纵向受力钢筋采用普通钢筋时，钢筋的抗拉强度实测值与屈服强度实测值的比值不应小于 1.25；钢筋的屈服强度实测值与屈服强度标准值的比值不应大于 1.3，且钢筋在最大拉力下的总伸长率实测值不应小于 9%
	HPB300 牌号钢筋在最大力下的总伸长率限值 10.0%
	普通钢筋宜优先采用延性、韧性和焊接性较好的钢筋；普通钢筋的强度等级，纵向受力钢筋宜选用不低于 HRB400E 级的热轧钢筋，也可采用 HRB335E 级热轧钢筋，箍筋宜选用不低于 HRB335E 的热轧钢筋，也可选用 HPB300 级热轧钢筋
钢结构的钢材	承重结构采用的钢材应具有抗拉强度、伸长率、屈服强度和硫、磷含量的合格保证，对焊接结构尚应具有碳含量的合格保证
	焊接承重结构以及重要的非焊接承重结构采用的钢材还应具有冷弯试验的合格保证
	钢材的屈服强度实测值与抗拉强度实测值的比值不应大于 0.85；钢材应有明显的屈服台阶，且伸长率不应小于 20%；钢材应有良好的焊接性和合格的冲击韧性
	宜采用 Q235 等级 B、C、D 的碳素结构钢及 Q345 等级 B、C、D 的低合金高强度结构钢；当有可靠依据时，尚可采用其他钢种和钢号
砌体结构材料	普通砖和多孔砖的强度等级不应低于 MU10，其砌筑砂浆强度等级不应低于 M5
	混凝土小型空心砌块的强度等级不应低于 MU7.5，其砌筑砂浆强度等级不应低于 Mb7.5

续表

类别	结构材料性能指标
住宅结构材料	住宅结构材料应具有规定的物理、力学性能和耐久性能，并应符合节约资源和保护环境的原则
	住宅结构材料的强度标准值应具有不低于 95% 的保证率，其结构用钢材应符合抗震性能要求
	住宅结构用混凝土的强度等级不应低于 C20
	住宅结构用钢材应具有抗拉强度、屈服强度、伸长率和硫、磷含量的合格保证，对焊接钢结构用钢材，尚应具有碳含量、冷弯试验的合格保证
	承重砌体材料的强度应符合下列规定：（1）烧结普通砖、烧结多孔砖、蒸压灰砂砖、蒸压粉煤灰砖的强度等级不应低于 MU10；（2）混凝土砌块的强度等级不应低于 MU7.5；（3）砖砌体的砂浆强度等级，抗震设计时不应低于 M5；（4）砌块砌体的砂浆强度等级，抗震设计时不应低于 Mb7.5

2. 混凝土

混凝土强度等级、防水混凝土的抗渗等级 表 470-2

部位	构件		混凝土强度等级	抗渗等级
地下结构	基础梁、基础底板		C××	P×
	地下室外墙		C××	P×
	框架柱、剪力墙		C××	—
	框架梁		C××	—
	楼梯梁、楼梯板、平台板		C××	—
	地下室楼板、顶板、次梁		C××	P×（用于卫生间）
地上结构	框架柱、剪力墙	标高××.××m～××.××m	C××	—
		标高××.××m～××.××m	C××	—
		标高××.××m～××.××m	C××	—
		标高××.××m～××.××m	C××	—
	框架梁	标高××.××m～××.××m	C××	—
		标高××.××m～××.××m	C××	—
	楼梯梁、楼梯板、平台板		C××	—
	楼板、次梁		C××	P×（用于卫生间）
	屋面板		C××	P×
砌体填充墙	构造柱、圈梁、水平系梁、过梁		C××	—
外露结构	现浇挑檐、雨罩、女儿墙		C××	—

结构混凝土材料的耐久性基本要求 表 470-3

项目		最大水胶比	最低混凝土强度等级	最小水泥用量（kg/m³）	最大氯离子含量（%）	最大碱含量（kg/m³）
环境类别	一	0.60	C20	—	0.30	不限制
	二 a	0.55	C25 且不低于设计要求	—	0.20	3.0
	二 b	0.50	C30	—	0.15	

项目		最大水胶比	最低混凝土强度等级		最小水泥用量（kg/m³）	最大氯离子含量（%）	最大碱含量（kg/m³）
环境类别	三 a	0.45	C35	且不低于设计要求	—	0.15	3.0
	三 b	0.40	C40		—	0.10	
腐蚀性等级	强	0.40	C40		340	0.08	—
	中	0.45	C35		320	0.10	—
	弱	0.50	C30		300	0.10	—

注：氯离子含量系指其占胶凝材料总量的百分比。

预拌混凝土质量要求 表 470-4

项目	控制目标值（mm）	允许偏差（mm）	环境条件	水溶性氯离子最大含量（%）
坍落度	≤ 40	±10	干燥环境	0.30
	50 ~ 90	±20	潮湿但不含氯离子的环境	0.20
	100 ~ 180	±30	潮湿而含有氯离子的环境、盐渍土环境	0.10
扩展度	≥ 350	±30	除冰盐等侵蚀性物质的腐蚀环境	0.06

3. 钢筋

钢筋种类及使用部位 表 470-5

部位	构件		钢筋牌号	备注
地下结构	基础梁	纵向受力钢筋、箍筋	ECRA · HRB400	环氧涂层钢筋
	基础底板	纵向受力钢筋	ECRA · HRB400	环氧涂层钢筋
	地下室外墙	水平、竖向受力钢筋	ECRA · HRB400	环氧涂层钢筋
	框架柱、框架梁、楼梯梁	纵向受力钢筋、箍筋	HRB400E	符合抗震性能指标
	剪力墙	水平、竖向分布钢筋	HRB400E	符合抗震性能指标
	楼梯板、平台板	纵向受力钢筋、分布筋	HRB400E	符合抗震性能指标
	地下室楼板、顶板、次梁	纵向受力钢筋、分布筋	HRB400	—
地上结构	框架柱、框架梁、楼梯梁	纵向受力钢筋、箍筋	HRB400E	符合抗震性能指标
	剪力墙	水平、竖向分布钢筋	HRB400E	符合抗震性能指标
	楼梯板、平台板	纵向受力钢筋、分布筋	HRB400E	符合抗震性能指标
	楼板、屋面板、次梁	纵向受力钢筋、分布筋	HRB400	—
砌体填充墙	构造柱、圈梁、水平系梁、过梁	纵向受力钢筋、箍筋	HRB400	—
外露结构	现浇挑檐、雨罩、女儿墙	纵向受力钢筋、分布筋	HRB400	—

4. 砌体填充墙

砌体填充墙材料、干容重、强度等级、预拌砂浆保水率、施工质量控制等级　表470-6

部位	砌体填充墙材料		干容重（kN/m³）	砌块强度等级	砂浆强度等级	预拌砂浆保水率（%）	施工质量控制等级
地下室内	轻骨料混凝土空心砌块		8.0	MU5.0	Mb5（专用砂浆）	≥88	B级
地下室外	烧结普通砖		19.0	MU20	M10（水泥砂浆）	≥88	
地上	蒸压粉煤灰加气混凝土砌块	外墙	7.0	A3.5	Ma5（薄层砂浆）	≥99	
		内墙	7.0	A2.5	Ma5（薄层砂浆）	≥99	

471　基础及地下室工程应该如何编写？

（1）工程地质及水文地质概况，各主要土层的压缩模量及承载力特征值，见表471-1～表471-4。

各主要土层的压缩模量及承载力特征值　表471-1

土层编号	土质	厚度（m）	重度（kN/m³）	压缩模量 E_s（MPa）	承载力特征值 f_{ak}（kPa）	侧阻力特征值 q_{sia}（kPa）	端阻力特征值 q_{pa}（kPa）
①	杂填土	×.××～×.××	××.×	—	—	—	—
②	粉砂	×.××～×.××	××.×	×.××	×××	××	—
③	粉土	×.××～×.××	××.×	×.××	×××	××	—
④	粉质黏土	×.××～×.××	××.×	×.××	×××	××	—
⑤	细砂	×.××～×.××	××.×	××.××	×××	××	—
⑥	粉质黏土	×.××～×.××	××.×	×.××	×××	××	—
⑦	细砂	×.××～×.××	××.×	××.××	×××	××	—
⑧	粉质黏土	×.××～×.××	××.×	×.××	×××	××	××××
⑨	细砂	×.××～×.××	××.×	××.×××	×××	××	××××
⑩	粉质黏土	×.××～×.××	××.×	×.××	×××	××	××××
⑪	细砂	×.××～×.××	××.×	×.××	×××	××	—
⑫	粉质黏土	×.××（揭露深度）	××.×	×.××	×××	××	—

对不良地基的处理措施　表471-2

类别	处理措施
□湿陷性黄土	□应消除地基的全部湿陷量□采用桩基础穿透全部湿陷性黄土层□将基础设置在非湿陷性黄土层上□应消除地基的部分湿陷量
□冻土	□保持冻结状态□逐渐融化状态□预先融化状态
□膨胀土	□采用换土□土性改良□砂石或灰土垫层
□盐渍土	□换土法□预压法□强夯法或强夯置换法□砂石（碎石）桩法□浸水预熔法□盐化法□隔断层法

抗液化措施及要求　　　　　　　　　　　表 471-3

建筑抗震设防类别	地基的液化等级		
	□轻微	□中等	□严重
□乙类	部分消除液化沉陷，或对基础和上部结构处理	全部消除液化沉陷，或部分消除液化沉陷且对基础和上部结构处理	全部消除液化沉陷
□丙类	基础和上部结构处理，亦可不采取措施	基础和上部结构处理，或更高要求的措施	全部消除液化沉陷，或部分消除液化沉陷且对基础和上部结构处理
□丁类	可不采取措施	可不采取措施	基础和上部结构处理，或其他经济的措施

注：甲类建筑的地基抗液化措施应进行专门研究，但不宜低于乙类的相应要求。

场地土的特殊地质条件　　　　　　　　　　表 471-4

类别	采取的措施及要求
滑坡、断层、破碎带	□必须采取可靠的预防措施□采取综合整治措施□不应选作建筑场地
边坡	□不稳定□欠稳定□基本稳定□稳定□应对边坡进行处理
山嘴、山丘、陡坡、河岸和边坡边缘	□保证在地震作用下的稳定性外，其水平地震影响系数最大值乘以增大系数
临空面	□有影响地基稳定性□无影响地基稳定性
不均匀地基	□古河道□疏松的断层破碎带□暗埋的塘浜沟谷□半填半挖地基□避开
岩溶、土洞、采空区	□岩溶强发育□岩溶中等发育□岩溶微发育□有采空区□不应选作建筑场地
地震时可能发生滑坡、崩塌、地陷、地裂、泥石流、发震断裂带上可能发生地表位错的部位	□不应选作建筑场地
	□严禁建造甲、乙类的建筑、住宅建筑□不应建造丙类的建筑

（2）基础形式和基础持力层，见表 471-5～表 471-7。

基础形式和基础持力层　　　　　　　　表 471-5

基础形式			基础持力层	地基承载力特征值（kPa）
□天然地基	□柱下独立基础	□柱下独立基础	××层	×××
	□墙下条形基础	□墙下条形基础	××层	×××
	□柱下条形基础	□柱下条形基础	××层	×××
	□柱下交叉条形基础 □平板式筏形基础 □梁板式筏形基础 □箱形基础 □地基处理 □换填垫层 □预压地基 □压实地基 □夯实地基 □复合地基	□柱下交叉条形基础	××层	×××
		□平板式筏形基础	××层	×××
		□梁板式筏形基础	××层	×××
		□箱形基础	××层	×××
□桩基础	□灌注桩 □机械成孔	□柱下桩基独立承台	××层	×××
	□人工挖孔	□墙下桩基承台梁	××层	×××
	□混凝土预制桩 □承台	□柱下桩基承台梁	××层	×××
	□预应力混凝土管桩	□桩筏	××层	×××
	□钢桩	□箱筏	××层	×××

桩表 表471-6

桩编号	桩径 D（mm）	桩长 L（m）	桩端持力层	桩进入持力层的深度（mm）	单桩承载力特征值 R_a（kN）
ZH1	×××	××.×	××层	×.×D	×××
ZH2	×××	××.×	××层	×.×D	×××
ZH3	×××	××.×	××层	×.×D	×××
ZH4	×××	××.×	××层	×.×D	×××

地基承载力的检验要求 表471-7

类别			检验要求
天然地基			轻型动力触探，检验间距 1.0～1.5m 视地层复杂情况定，检验深度 1.2m、1.5m、2.1m
地基处理	换填垫层		现场静载荷试验确定，每个单体工程不宜少于 3 个点，大型工程或按划分的面积确定
	预压地基		原位试验和室内土工试验，按每个处理分区不应少于 3 点进行检测
	压实地基		静载荷试验检验，每个单体工程不应少于 3 点，大型工程或按面积确定检验点数
	夯实地基		静载荷试验检验，每个建筑地基不应少于 3 点，复杂场地或重要建筑应增加检验点数
	复合地基	振冲碎石桩和沉管砂石桩	复合地基静载荷试验，不应少于总桩数的 1%，且每个单体建筑不应少于 3 点
		水泥土搅拌桩	复合地基静载荷试验和单桩静载荷试验，检验数量不得少于总桩数的 1%，且每个单体工程复合地基静载荷试验的数量不得少于 3 台
		旋喷桩	
		灰土挤密桩和土挤密桩	复合地基静载荷试验，检验数量不应少于总桩数的 1%，且每项单体工程复合地基静载荷试验不应少于 3 点
		夯实水泥土桩	单桩复合地基静载荷试验和单桩静载荷试验或多桩复合地基静载荷试验，检验数量不应少于总桩数的 1%，且每项单体工程复合地基静载荷试验检验数量不应少于 3 点
		水泥粉煤灰碎石桩	复合地基静载荷试验和单桩静载荷试验，数量不应少于总桩数的 1%，且每个单体工程复合地基静载荷试验的试验数量不应少于 3 点
		柱锤冲扩桩	复合地基静载荷试验，数量不应少于总桩数的 1%，且每个单体工程复合地基静载荷试验不应少于 3 点
		多桩型	多桩复合地基静载荷试验单桩静载荷试验，检验数量不得少于总桩数的 1%
	桩基础		静载荷试验，不得少于同条件下总桩数的 1%，且不得少于 3 根

（3）地下室抗浮、防水设计，施工降水要求及终止降水的条件。

（4）基坑、承台坑回填要求。

（5）基础大体积混凝土的施工要求。

15.5 施工图设计"错漏缺"浅析

472 地基基础图"错漏缺"应该如何察看？

（1）未绘制指北针 [《房屋建筑制图统一标准》GB/T 50001—2017 第 7.4.3 条规定]；

（2）未标注图纸名称、比例［《房屋建筑制图统一标准》GB/T 50001—2017 第 10.2.2 条、第 6.0.3 条规定］；

（3）未标注基础底标高，基础底标高不同时，未绘出放坡示意图［《建筑工程设计文件编制深度规定》（2016 年版）第 4.4.4 条第 1 款规定］；

（4）未表示施工后浇带的位置及宽度，或后浇带位置未设置在柱距三等分的中间范围内以及剪力墙附近［《高层建筑混凝土结构技术规程》JGJ 3—2010 第 12.2.3 条规定］；

（5）特殊条件下的框架单独柱基未沿两个主轴方向设置基础系梁［《建筑抗震设计规范》GB 50011—2010 第 6.1.11 条规定］；

（6）柱下独立基础台阶的宽高比大于 2.5，或偏心距大于 1/6 基础宽度［《建筑地基基础设计规范》GB 50007—2011 第 8.2.11 条规定］；

（7）锥形基础两个方向的坡度大于 1∶3，独立基础、条形基础受力钢筋最小配筋率小于 0.15%［《建筑地基基础设计规范》GB 50007—2011 第 8.2.1 条规定］；

（8）柱下独立基础、墙下条形基础上部柱、剪力墙纵向受力钢筋的最小直锚段的长度小于 20d［《建筑地基基础设计规范》GB 50007—2011 第 8.2.2 条第 3 款规定］；

（9）柱下条形基础变厚度翼板，其顶面坡度大于 1∶3［《建筑地基基础设计规范》GB 50007—2011 第 8.3.1 条第 1 款规定］；

（10）筏形基础在剪力墙洞口未设置过梁［《建筑地基基础设计规范》GB 50007—2011 第 8.4.5 条规定］；

（11）主体结构厚底板与扩大地下室薄底板交界处，其截面厚度和配筋未采取加强措施［《高层建筑混凝土结构技术规程》JGJ 3—2010 第 12.2.4 条规定］；

（12）平板式筏形基础的最小厚度小于 500mm，梁板式筏形基础的最小厚度小于 400mm［《建筑地基基础设计规范》GB 50007—2011 第 8.4.7 条、第 8.4.12 条规定］；

（13）筏形基础的地下室外墙厚度小于 250mm，内墙厚度小于 200mm。墙体水平钢筋直径小于 12mm，竖向钢筋直径小于 10mm，间距大于 200mm［《建筑地基基础设计规范》GB 50007—2011 第 8.4.5 条规定］；

（14）高层建筑地下室外墙竖向和水平分布钢筋间距大于 150mm，配筋率小于 0.3%［《高层建筑混凝土结构技术规程》JGJ 3—2010 第 12.2.5 条规定］；

（15）CFG 桩顶和基础之间未设置褥垫层，或褥垫层厚度小于桩径的 40%～60%，或未说明夯填度［《建筑地基处理技术规范》JGJ 79—2012 第 7.7.2 条第 4 款规定］；

（16）两桩承台未按深受弯构件配置纵向受拉钢筋、水平及竖向分布钢筋［《建筑桩基技术规范》JGJ 94—2008 第 4.2.3 条第 2 款规定］；

（17）柱下桩基独立承台纵向受拉钢筋锚固长度自边桩内侧算起水平段的长度小于 25d［《建筑桩基技术规范》JGJ 94—2008 第 4.2.3 条第 1 款规定］；

（18）未说明在腐蚀环境下基础和垫层的防护要求［《工业建筑防腐蚀设计规范》GB 50046—2008 第 4.8.5 条规定］；

（19）在腐蚀环境下，基础构件的纵向受力钢筋直径小于 16mm［《工业建筑防腐蚀设计规范》GB 50046—2008 第 4.2.7 条规定］；

（20）未说明基础持力层，地基承载力特征值，验槽要求，基槽回填土要求，施工降水要求及终止降水的条件等［《建筑工程设计文件编制深度规定》（2016 年版）第 4.4.4 条第 5 款规定］；

（21）地下室、基础设置防震缝，或防震缝两侧双柱、双墙未合并［《高层建筑混凝土结构技术规程》JGJ 3—2010 第 3.4.10 条第 6 款规定］；

（22）在冻胀、强冻胀和特强冻胀地基上，拉梁侧表面应回填不冻胀的中、粗砂，其厚度不应小于 200mm ［《建筑地基基础设计规范》GB 50007—2011 第 5.1.9 条第 1 款规定］；

（23）主裙楼整体筏形基础整体挠曲 $\Delta/L > 0.05\%$，或主裙楼柱差异沉降 $\Delta l/l1 > 0.1\%$ ［《建筑地基基础设计规范》GB 50007—2011 第 8.4.22 条规定］；

（24）柱下独立基础、墙下条形基础底板受力钢筋的直径小于 10mm，间距大于 200mm；

（25）筏形基础底板受力钢筋最小配筋率小于 0.15%［《混凝土结构设计规范》GB 50010—2010 第 8.5.2 条规定］；

（26）筏形基础底板受力钢筋直径小于 12mm，钢筋间距小于 150mm，或大于 300mm ［《高层建筑混凝土结构技术规程》JGJ 3—2010 第 12.3.6 条规定］；

（27）柱下独立基础、墙下条形基础受力钢筋配筋面积不满足计算要求［《建筑地基基础设计规范》GB 50007—2011 第 8.2.12 条规定］；

（28）筏形基础底板受力钢筋配筋面积不满足计算要求［《建筑地基基础设计规范》GB 50007—2011 第 8.4.15 条规定］；

（29）柱下独立桩基承台的最小配筋率小于 0.15%［《建筑地基基础设计规范》GB 50007—2011 第 8.5.17 条规定］；

（30）柱墩附加受力钢筋间距为 100mm，筏板通长受力钢筋间距 200mm，附加钢筋与通长钢筋间距为 50mm，钢筋间距很密，净距更小；

（31）设置柱墩时，平板式筏基底部支座钢筋少于 1/3 贯通全跨［《建筑地基基础设计规范》GB 50007—2011 第 8.4.16 条规定］；

（32）梁板式筏基的纵横方向的底部钢筋少于 1/3 贯通全跨［《建筑地基基础设计规范》GB 50007—2011 第 8.4.15 条规定］；

（33）钢柱独立基础短柱一侧纵向钢筋配筋率小于 0.20%［《混凝土结构设计规范》GB 50010—2010（2015 年版）第 8.5.1 条规定］；

（34）柱脚在地面下的部分未采用混凝土包裹［《钢结构设计标准》GB 50017—2017 第 18.2.3 条规定］；

（35）未说明换填垫层的施工质量检验要求［《建筑地基处理技术规范》JGJ 79—2012 第 4.4.2 条规定］；

（36）未说明复合地基承载力特征值应通过现场复合地基静载荷试验确定［《建筑地基基础设计规范》GB 50007—2011 第 7.2.8 条规定］；

（37）对地基基础设计等级为甲级、地基处理、加层、改造等建筑物，未说明应在施工期间及使用期间进行沉降变形观测要求。

473　墙柱配筋图"错漏缺"应该如何察看？

（1）地下室顶板作为上部结构的嵌固部位时，地下一层柱截面每侧纵向钢筋小于地上一层柱对应纵向钢筋的 1.1 倍，地下一层剪力墙边缘构件纵向钢筋的截面面积少于地上一层对应边缘构件纵向钢筋的截面面积［《建筑抗震设计规范》GB 50011—2010 第 6.1.14 条规定］；

（2）柱剪跨比不大于2，或剪跨比不大于2时箍筋间距大于100mm，每侧纵向钢筋配筋率大于1.2%，体积配箍率小于1.2%［《建筑抗震设计规范》GB 50011—2010第6.3.5条第2款、第6.3.7条第3款、第6.3.8条第3款、第6.3.9条第3款规定］；

（3）边柱、角柱及剪力墙端柱在小偏心受拉时，柱内纵筋总截面面积未比计算值增加25%［《建筑抗震设计规范》GB 50011—2010第6.3.8条第4款规定］；

（4）楼梯间因设置梯梁，或设置填充墙形成短柱（$\lambda \leqslant 2$），柱的箍筋未全高加密［《建筑抗震设计规范》GB 50011—2010第6.3.9条第1款规定］；

（5）非加密区箍筋间距，一、二级大于$10d$，三、四级大于$15d$［《建筑抗震设计规范》GB 50011—2010第6.3.9条第4款规定］；

（6）剪力墙结构竖向钢筋直径小于10mm［《建筑抗震设计规范》GB 50011—2010第6.4.4条第3款规定］；

（7）边缘构件的截面尺寸不满足构造规定，未按柱的有关要求进行设计，矩形墙肢的厚度不大于300mm时，未全高加密箍筋［《建筑抗震设计规范》GB 50011—2010第6.4.6条规定］；

（8）端柱截面未与同层框架柱相同，并不满足框架柱的要求，剪力墙底部加强部位的端柱、紧靠剪力墙洞口的端柱未按柱箍筋加密区的要求沿全高加密箍筋［《建筑抗震设计规范》GB 50011—2010第6.5.1条第2款规定］；

（9）框架-剪力墙结构剪力墙的竖向和横向分布钢筋直径小于10mm［《建筑抗震设计规范》GB 50011—2010第6.5.2条规定］；

（10）楼面梁支承在洞口连梁上，楼面梁与剪力墙平面外连接未设置剪力墙、扶壁柱或暗柱，楼面梁的纵向受力钢筋锚固不满足构造要求［《建筑抗震设计规范》GB 50011—2010第6.5.3条规定］；

（11）筒体结构筒角内壁至洞口的距离小于500mm和开洞墙截面厚度的较大值，核心筒洞间墙肢的截面高度小于1.2m，小墙肢未按框架柱进行截面设计［《高层建筑混凝土结构技术规程》JGJ 3—2010第9.1.7条第2款、第9.1.8条规定］；

（12）框架-核心筒结构一、二级筒体角部的边缘构件，底部加强部位约束边缘构件范围未全部采用箍筋，且约束边缘构件沿墙肢的长度未取0.25hw，底部加强部位以上的全高范围未按要求设置约束边缘构件［《建筑抗震设计规范》GB 50011—2010第6.7.2条第2款规定］；

（13）角窗两侧墙肢厚度不宜小于250mm，不应小于200mm，《全国民用建筑工程设计技术措施—结构（混凝土结构）》2009年第5.1.13条［《建筑物抗震构造详图（多层和高层钢筋混凝土房屋）》11G329—1第3～19页规定］；

（14）部分框支剪力墙结构的落地剪力墙墙肢不应出现小偏心受拉，双肢剪力墙中，墙肢不宜出现小偏心受拉［《建筑抗震设计规范》GB 50011—2010第6.2.7条第2款、第3款规定］；

（15）当结构嵌固在基础顶面时，剪力墙底部加强部位的范围未延伸至基础顶面［《建筑地基基础设计规范》GB 50007—2011第8.4.26条规定］；

（16）高层建筑剪力墙结构，外墙受水平风荷载作用，配筋不满足受弯构件最小配筋率要求［《混凝土结构设计规范》GB 50010—2010（2015年版）第8.5.1条规定］；

（17）落地剪力墙底部加强部位，水平和竖向分布钢筋配筋率不应小于0.3%［《建筑抗震设计规范》GB 50011—2010第6.4.3条第2款规定］；

（18）局部错层处平面外受力的剪力墙截面厚度不应小于250mm，抗震等级应提高一级采用，水平和竖向分布钢筋的配筋率不应小于 0.5% [《高层建筑混凝土结构技术规程》JGJ 3—2010 第 10.6.4 条规定]；

（19）剪力墙的两端（不包括洞口两侧）宜设置端柱或与另一方向的剪力墙相连；框支部分落地墙的两端（不包括洞口两侧）应设置端柱或另一方向的剪力墙相连 [《建筑抗震设计规范》GB 50011—2010 第 6.1.9 条第 1 款规定]；

（20）部分框支剪力墙结构的剪力墙底部加强部位，墙体两端未设置约束边缘构件 [《高层建筑混凝土结构技术规程》JGJ 3—2010 第 10.2.20 条规定]；

（21）较长的剪力墙（大于 8m）未开洞，或分隔墙段的洞口上未设置弱连梁（跨高比大于 6）[《高层建筑混凝土结构技术规程》JGJ 3—2010 第 7.1.2 条、《建筑抗震设计规范》GB 50011—2010 第 6.1.9 条第 2 款规定]；

（22）短肢剪力墙的全部竖向钢筋的配筋率不满足构造要求 [《高层建筑混凝土结构技术规程》JGJ 3—2010 第 7.2.2 条第 5 款规定]；

（23）柱箍筋的配置形式，未考虑浇筑混凝土的施工要求 [《高层建筑混凝土结构技术规程》JGJ 3—2010 第 6.4.11 条规定]；

（24）框架-剪力墙结构、板柱-剪力墙结构剪力墙洞口未上下对齐，洞边距端柱小于 300mm [《建筑抗震设计规范》GB 50011—2010 第 6.1.8 条第 5 款规定]；

（25）抗震等级为一级的剪力墙，水平施工缝截面的受剪承载力不足未增设附加竖向插筋 [《建筑抗震设计规范》GB 50011—2010 第 3.9.7 条、《高层建筑混凝土结构技术规程》JGJ 3—2010 第 7.2.12 条规定]；

（26）柱纵向受力钢筋不满足最小总配筋率要求 [《建筑抗震设计规范》GB 50011—2010 第 6.3.7 条规定]；

（27）柱箍筋加密区的体积配箍率不满足构造要求 [《建筑抗震设计规范》GB 50011—2010 第 6.3.9 条规定]；

（28）柱箍筋加密区的箍筋间距、箍筋肢距、箍筋直径以及箍筋非加密区的箍筋间距不满足构造要求 [《建筑抗震设计规范》GB 50011—2010 第 6.3.7 条、第 6.3.9 条规定]；

（29）柱纵向受力钢筋配筋面积不满足计算要求；

（30）柱箍筋加密区的配箍面积不满足计算要求；

（31）约束边缘构件的纵向钢筋配筋面积、最小直径以及箍筋或拉筋沿竖向间距不满足构造要求 [《建筑抗震设计规范》GB 50011—2010 第 6.4.5 条规定]；

（32）构造边缘构件的纵向钢筋配筋面积、最小直径以及箍筋或拉筋沿竖向间距不满足构造要求 [《建筑抗震设计规范》GB 50011—2010 第 6.4.5 条规定]；

（33）剪力墙水平分布钢筋配筋面积不满足计算要求；

（34）框架-剪力墙结构有端柱时，剪力墙在楼盖处未设置暗梁 [《建筑抗震设计规范》GB 50011—2010 第 6.5.1 条规定]；

（34）柱总配筋率大于 5% [《建筑抗震设计规范》GB 50011—2010 第 6.3.8 条规定]；

（35）塔楼中与裙房相连的外围柱、剪力墙，从固定端至裙房屋面上一层的高度范围内，柱纵向钢筋的最小配筋率未提高，剪力墙未设置约束边缘构件，柱箍筋在裙楼屋面上、下的范围内未全高加密 [《高层建筑混凝土结构技术规程》JGJ 3—2010 第 10.6.3 条第 3 款规定]。

474 梁配筋图"错漏缺"应该如何察看？

（1）梁净跨与截面高度比小于 4［《建筑抗震设计规范》GB 50011—2010 第 6.3.1 条第 3 款规定］；

（2）跨高比不小于 5 的连梁未按框架梁设计［《高层建筑混凝土结构技术规程》JGJ 3—2010 第 7.1.3 条规定］；

（3）屋面梁端节点梁上部纵向钢筋的配筋面积大于 $0.35 f_c / f_y$［《混凝土结构设计规范》GB 50010—2010 第 9.3.8 条规定］；

（4）梁、柱中心线之间的偏心距，大于柱截面在该方向宽度的 1/4，未采取增设梁的水平加腋等措施［《高层建筑混凝土结构技术规程》JGJ 3—2010 第 6.1.7 条规定］；

（5）框架梁纵向钢筋直径大于矩形截面中柱在该方向截面尺寸的 1/20［《建筑抗震设计规范》GB 50011—2010 第 6.3.4 条第 2 款规定］；

（6）梁端纵向受拉钢筋配筋率大于 2% 时，箍筋最小直径未增大 2mm［《建筑抗震设计规范》GB 50011—2010 第 6.3.3 条第 3 款规定］；

（7）梁端截面的底面和顶面纵向钢筋配筋量的比值不满足构造要求［《建筑抗震设计规范》GB 50011—2010 第 6.3.3 条第 2 款规定］；

（8）梁端箍筋最大间距不满足构造要求［《建筑抗震设计规范》GB 50011—2010 第 6.3.3 条第 3 款规定］；

（9）沿梁全长顶面、底面的配筋，少于梁顶面、底面两端纵向配筋中较大截面面积的 1/4［《建筑抗震设计规范》GB 50011—2010 第 6.3.4 条第 1 款规定］；

（10）梁跨中混凝土受压区高度大于 $\xi_b h_0$［《混凝土结构设计规范》GB 50010—2010 第 6.2.10 条规定］；

（11）梁内弯剪扭箍筋间距大于 $0.75b$［《混凝土结构设计规范》GB 50010—2010 第 9.2.10 条规定］；

（12）梁两侧纵向构造钢筋截面面积、间距不符合构造要求［《混凝土结构设计规范》GB 50010—2010 第 9.2.13 条规定］；

（13）框架梁截面宽度小于 200mm［《混凝土结构设计规范》GB 50010—2010 第 6.3.1 条规定］；

（14）楼面梁的纵向受力钢筋锚固段的水平投影长度不满足要求［《高层建筑混凝土结构技术规程》JGJ 3—2010 第 7.1.6 条第 5 款规定］；

（15）跨高比小于 5 的梁未按深受弯构件设计［《混凝土结构设计规范》GB 50010—2010 第 2.1.11 条规定］；

（16）梁上部纵向钢筋在端节点内的水平投影长度不满足构造要求［《混凝土结构设计规范》GB 50010—2010 第 11.6.7 条规定］；

（17）折梁未绘制大样，或内折角未增设箍筋［《混凝土结构设计规范》GB 50010—2010 第 9.2.12 条规定］；

（18）悬挑板位于梁下部，或梁下部作用有均布荷载时，梁下部未配置悬吊钢筋［《混凝土结构设计规范》GB 50010—2010 第 9.2.11 条文说明］；

（19）连梁上部纵向钢筋（无楼板情况）、下部纵向钢筋，梁与柱侧平时梁下部纵向钢筋，锚固钢筋的保护层厚度不大于 $5d$，锚固长度范围内未配置横向构造钢筋［《混凝土结构设计规范》GB 50010—2010 第 8.3.1 条第 3 款规定］；

（20）梁纵向钢筋水平方向的净间距不满足构造要求［《混凝土结构设计规范》GB 50010—2010 第 9.2.1 条第 3 款规定］；

（21）梁端计入受压钢筋的混凝土受压区高度和有效高度之比（x/h_0），一级大于 0.25，

二、三级大于 0.35［《建筑抗震设计规范》GB 50011—2010 第 6.3.3 条第 1 款规定］；

（22）跨高比不大于 2.5 的连梁，梁两侧的纵向构造钢筋的面积配筋率小于 0.3%［《混凝土结构设计规范》GB 50010—2010 第 11.7.11 条第 5 款规定］；

（23）电梯吊钩锚入梁中的深度小于 $30d$，末端采用弯钩时小于 $0.6l_{ab}$［《混凝土结构设计规范》GB 50010—2010 第 9.7.6 条、第 8.3.3 条规定］；

（24）框架梁纵向受拉钢筋不满足最小配筋率要求［《混凝土结构设计规范》GB 50010—2010 第 11.3.6 条规定］；

（25）框架梁纵向受拉钢筋配筋面积不满足计算要求；

（26）框架梁端箍筋加密区的箍筋间距、箍筋肢距和箍筋直径不满足构造要求［《建筑抗震设计规范》GB 50011—2010 第 6.3.3 条、第 6.3.4 条规定］。

475 楼板配筋图"错漏缺"应该如何察看？

（1）楼板的跨厚比不满足构造要求，挑出长度大于 1.2m 采用悬臂板［《混凝土结构设计规范》GB 50010—2010 第 9.1.2 条规定］；

（2）作为上部结构嵌固部位的地下室顶板厚度小于 180mm，或普通地下室顶板厚度小于 160mm，或顶层楼板厚度小于 120mm，框支转换层楼板厚度小于 180mm，竖向体型突变部位的楼板厚度小于 150mm，连体结构的楼板厚度小于 150mm［《高层建筑混凝土结构技术规程》JGJ 3—2010 第 3.6.3 条、第 10.2.23 条、第 10.6.2 条、第 10.5.5 条规定］；

（3）采用大面积整体筏形基础时，地下室四角处的楼板板角未配置斜向构造钢筋（$\phi10@200$），与基础整体弯曲方向垂直的外墙楼板上部钢筋以及主裙楼交界处的楼板上部钢筋，不满足构造配筋要求（$\phi10@200$）［《建筑地基基础设计规范》GB 50007—2011 第 8.4.23 条规定］；

（4）无上部结构的地下室作为种植顶板厚度小于 250mm［《地下工程防水技术规范》GB 50108—2008 第 4.8.3 条第 2 款规定］；

（5）人防地下室顶板厚度小于 200mm［《人民防空地下室设计规范》GB 50038—2005 第 4.11.3 条规定］；

（6）楼板纵向受力钢筋的最小配筋率（HRB400）不满足 0.15 和 $45f_t/f_y$ 中的较大值，或悬臂板不满足 0.20 和 $45f_t/f_y$ 中的较大值［《混凝土结构设计规范》GB 50010—2010 第 8.5.1 条规定］；

（7）单向板分布钢筋的配筋率小于 0.15%，或小于单位面积上的受力钢筋的 15%，或不满足 $\phi6@250$，或当有较大集中荷载时间距大于 200mm［《混凝土结构设计规范》GB 50010—2010 第 9.1.7 条规定］；

（8）板中受力钢筋的间距，当板厚不大于 150mm 时大于 200mm，板厚 160mm 时大于 240mm，板厚不小于 170mm 时大于 250mm［《混凝土结构设计规范》GB 50010—2010 第 9.1.3 条规定］；

（9）屋面板、大跨楼板等温度、收缩应力较大的现浇板区域，峰腰、洞口、转角等宜开裂部位，未配置防裂构造钢筋，或配筋率小于 0.10%，或间距大于 200mm，或防裂钢筋与受力钢筋搭接长度不足［《混凝土结构设计规范》GB 50010—2010 第 9.1.8 条规定］；

（10）板厚不小于 150mm 的悬挑板边端部，未设置 U 形构造钢筋，或构造钢筋与板顶、板底的钢筋搭接长度小于构造钢筋的 15 倍和 200mm 的较大值［《混凝土结构设计规范》

GB 50010—2010 第 9.1.10 条规定];

（11）板柱结构的柱帽或托板边长小于同方向柱截面尺寸与 4 倍板厚之和，或柱帽高度小于板的厚度，或托板厚度小于四分之一板厚 [《混凝土结构设计规范》GB 50010—2010 第 9.1.12 条规定]；8 度未设置托板或柱帽，托板或柱帽的根部厚度（包括板厚）小于柱纵筋的 16 倍 [《建筑抗震设计规范》GB 50011—2010 第 6.6.2 条第 3 款规定]；托板的长度小于板跨度的 1/6，7 度未采用托板 [《高层建筑混凝土结构技术规程》JGJ 3—2010 第 8.1.9 条第 4 款规定]；

（12）地下一层顶板未采用梁板结构 [《建筑抗震设计规范》GB 50011—2010 第 6.6.2 条第 4 款规定]；

（13）无柱帽平板在柱上板带中未设置构造暗梁 [《建筑抗震设计规范》GB 50011—2010 第 6.6.4 条第 1 款规定]；

（14）转角窗房间的楼板未适当加厚，配筋未适当加强，两侧墙肢间的楼板未设置暗梁 [《全国民用建筑工程设计技术措施—结构（混凝土结构）》2009 年第 5.1.13 条第 5 款规定]；

（15）楼板开大洞消弱后未采取加强措施，如加厚洞口附近楼板和提高楼板的配筋率，洞口边缘设置边梁和暗梁，楼板洞口角部集中配置斜向钢筋 [《高层建筑混凝土结构技术规程》JGJ 3—2010 第 3.4.8 条规定]；

（16）大跨楼板凹角未单独计算复核配筋面积，凹角处未配置构造钢筋；

（17）大跨楼板局部降板未提供大样图，未单独计算复核配筋面积或未计入降板周边隔墙自重荷载；

（18）女儿墙纵向受力钢筋的最小配筋率（HRB400）不满足 0.20 和 $45f_t/f_y$ 中的较大值，双层钢筋网间未设置拉结筋。

476 楼梯间"错漏缺"应该如何察看？

（1）框架结构楼梯间未参与抗震计算，且未采取措施，如梯板滑动支承于平台板 [《建筑抗震设计规范》GB 50011—2010 第 6.1.15 条规定]；

（2）楼梯间的填充墙，未采用钢丝网砂浆面层加强 [《建筑抗震设计规范》GB 50011—2010 第 13.3.4 条第 5 款规定]；未设置间距不大于层高且不大于 4m 的构造柱 [《高层建筑混凝土结构技术规程》JGJ 3—2010 第 6.1.5 条第 4 款规定]；

（3）框架-剪力墙结构、板柱-剪力墙结构的楼梯间未设置剪力墙，或设置剪力墙但造成较大的扭转效应 [《建筑抗震设计规范》GB 50011—2010 第 6.1.8 条第 2 款规定]；

（4）框架结构未注明楼梯梁、柱的抗震等级应与框架结构本身相同，梯板未采用双排配筋 [《高层建筑混凝土结构技术规程》JGJ 3—2010 第 6.1.4 条文说明]；

（5）剪力墙结构长矩形平面房屋的楼梯间和电梯间剪力墙，水平和竖向分布钢筋的配筋率小于 0.25%，间距大于 200mm[《高层建筑混凝土结构技术规程》JGJ 3—2010 第 7.2.19 条规定]；

（6）梯板分布钢筋配筋率不满足构造规定 [《混凝土结构设计规范》GB 50010—2010 第 9.1.7 条规定]；

（7）梯梁的纵向受力钢筋锚固段的水平投影长度不满足要求 [《混凝土结构设计规范》GB 50010—2010 第 8.3.3 条规定]；

（8）梯柱截面尺寸小于 300mm 时宜沿楼层全高设置；

（9）梯板的跨厚比宜取 1/26 ～ 1/28；

（10）人防楼梯间平台板、梯板未设置梅花形排列的拉结钢筋。

附录A　本书所涉及知识点、重点、难点问题汇总

知识点、重点、难点问题汇总　　　　　　　　　　　　　　　　附表A

编号	内容	页码
001	楼面静荷载应该如何选取？	1
002	屋面静荷载应该如何选取？	1
003	填充墙、隔墙自重应该如何选取？	1
004	程序文本输出应该如何察看？	2
005	程序输出计算简图应该如何察看？	4
006	位移比、周期比应该如何控制？	5
007	平面尺寸比应该如何控制？	5
008	楼板宽度比或开洞（错层）面积比应该如何控制？	6
009	侧向刚度比应该如何控制？	6
010	竖向收进（外挑）尺寸比应该如何控制？	6
011	受剪承载力比应该如何控制？	7
012	弹性层间位移角、弹塑性层间位移角应该如何控制？	7
013	单位面积重量应该如何控制？	7
014	柱轴压比、剪力墙墙肢轴压比应该如何控制？	7
015	底层倾覆力矩比应该如何控制？	8
016	剪力系数应该如何控制？	8
017	刚重比应该如何控制？	8
018	梁端受压区高度比、纵筋面积比应该如何控制？	9
019	框架部分承担的剪力值比应该如何控制？	9
020	基础高深比应该如何控制？	9
021	梁应该如何计算？	9
022	柱应该如何计算？	15
023	剪力墙应该如何计算？	18
024	板应该如何计算？	20
025	基础应该如何计算？	22
026	地下室外墙应该如何计算？	26
027	楼梯构件应该如何计算？	26
028	汽车坡道应该如何计算？	27
029	水池应该如何计算？	27

续表

编号	内容	页码
063	转换层结构、加强层结构、连体结构、竖向收进结构整体计算分析有什么要求？	43
064	复杂平面和立面的剪力墙整体计算分析有什么要求？	43
065	体型复杂的高层建筑结构整体计算分析有什么要求？	43
066	如何理解受力复杂的结构构件以及配筋设计有什么要求？	43
067	抗震设计的建筑应该如何重视平、立、剖面及构件布置？	44
068	框架结构应该如何布置？	44
069	高层建筑框架结构应该如何布置？	44
070	抗震设计时，框架结构的楼梯间应该如何布置？	45
071	框架结构的砌体填充墙应该如何布置？	45
072	填充墙应该如何进行分类？	45
073	填充墙的设计功能要求有哪些？	45
074	填充墙的构造设计，应符合哪些规定？	46
075	填充墙与框架的连接应该如何选取？	46
076	填充墙的抗震设计，应符合哪些规定？	47
077	填充墙的位置应该如何选取？	50
078	抗震墙结构应该如何布置？	50
079	高层建筑剪力墙结构应该如何布置？	51
080	剪力墙墙段长度应该如何确定？	51
081	楼面梁不宜支承在连梁上吗？	51
082	当剪力墙与平面外相交的楼面梁刚接布置时，需要布置与梁同方向剪力墙、扶壁柱或在墙内设置暗柱吗？	51
083	墙肢的截面高度与厚度之比不大于3（或4）时，宜按柱的有关要求进行设计吗？	52
084	什么是短肢剪力墙？短肢剪力墙应该如何布置？	52
085	框架-抗震墙结构应该如何布置？	52
086	高层建筑框架-剪力墙结构应该如何布置？	53
087	板柱-抗震墙结构应该如何布置？	54
088	高层建筑板柱-剪力墙结构应该如何布置？	54
089	框架-核心筒结构应该如何布置？	54
090	框架-核心筒结构的核心筒、筒中筒结构的内筒应该如何布置？	55
091	楼面大梁不宜支承内筒连梁上吗？	55
092	核心筒或内筒的外墙与外框柱间的中距有要求吗？	55
093	核心筒或内筒的外墙应该如何布置？	55
094	核心筒的宽度有要求吗？	56
095	框架-核心筒结构必须形成周边框架吗？	56

续表

编号	内容	页码
130	框架-剪力墙、板柱-剪力墙、框架-核心筒、筒中筒结构剪力墙的最小厚度应该如何选取？	68
131	竖向构件应该如何进行分类？	68
132	剪力墙应该如何进行分类？	69
133	剪力墙最小厚高比应该如何选取？	71
134	构造边缘构件截面尺寸应该如何选取？	71
135	约束边缘构件的截面尺寸应该如何选取？	71
136	地下室外墙和内墙厚度应该如何选取？	72
137	楼板的最小厚度应该如何选取？	72
138	楼板的跨厚比应该如何选取？	73
139	基础梁高度、筏板厚度应该如何进行选取？	74
140	梁板式筏形基础底板厚度应该如何选取？	74
141	箱形基础的顶板、底板的厚度应该如何选取？	74
142	独立基础和桩基承台截面尺寸应该如何选取？	74
143	梁中纵向钢筋构造应该如何选取？	75
144	柱中纵向钢筋构造应该如何选取？	76
145	墙中钢筋构造应该如何选取？	76
146	板构造钢筋应该如何选取？	77
147	扩展基础钢筋构造应该如何选取？	78
148	构件中纵向受力钢筋的保护层厚度应该如何选取？	78
149	受拉钢筋基本锚固长度应该如何选取？	79
150	受拉钢筋的锚固长度应该如何选取？	79
151	钢筋弯钩和机械锚固的形式、技术要求和锚固长度应该如何选取？	81
152	钢筋的连接应该如何选取？	81
153	纵向受拉钢筋搭接长度应该如何选取？	81
154	框架梁纵向受拉钢筋的最小配筋率应该如何选取？	85
155	框架梁纵向受拉钢筋的最大配筋率应该如何选取？	86
156	梁内受扭纵向钢筋的最小配筋率应该如何选取？	86
157	梁宽内允许布置钢筋根数应该如何选取？	87
158	基础梁宽内允许布置钢筋根数应该如何选取？	88
159	纵向受拉钢筋的锚固长度应该如何选取？	88
160	纵向受拉钢筋的水平投影锚固长度应该如何选取？	89
161	框架梁纵向钢筋90°弯折锚固时满足水平投影长度的适用边柱截面尺寸应该如何选取？	90
162	一、二、三级抗震等级，框架梁纵向钢筋贯通中柱的适用截面尺寸应该如何选取？	91
163	对于9度设防烈度的各类框架和一级抗震等级的框架结构，框架梁纵向钢筋贯通中柱的适用截面尺寸应该如何选取？	91

附录 B 钢筋截面面积表

不同钢筋根数的截面面积（mm²） 附表 B.1

钢筋直径（mm）	钢筋根数										单根钢筋重量（kg/m）
	1	2	3	4	5	6	7	8	9	10	
6	28.3	57	85	113	141	170	198	226	254	283	0.222
8	50.3	101	151	201	251	302	352	402	452	503	0.395
10	78.5	157	236	314	393	471	550	628	707	785	0.617
12	113.1	226	339	452	565	679	792	905	1018	1131	0.888
14	153.9	308	462	616	770	924	1078	1232	1385	1539	1.208
16	201.1	402	603	804	1005	1206	1407	1608	1810	2011	1.578
18	254.5	509	763	1018	1272	1527	1781	2036	2290	2545	1.998
20	314.2	628	942	1257	1571	1885	2199	2513	2827	3142	2.466
22	380.1	760	1140	1521	1901	2281	2661	3041	3421	3801	2.984
25	490.9	982	1473	1964	2454	2945	3436	3927	4418	4909	3.853
28	615.8	1232	1847	2463	3079	3695	4310	4926	5542	6158	4.834
32	804.2	1608	2413	3217	4021	4825	5630	6434	7238	8042	6.313
36	1017.9	2036	3054	4072	5089	6107	7125	8143	9161	10179	7.990
40	1256.6	2513	3770	5027	6283	7540	8796	10053	11310	12566	9.865
50	1963.5	3927	5891	7854	9818	11781	13745	15708	17672	19635	15.413
钢筋直径（mm）	钢筋根数										单根钢筋重量（kg/m）
	11	12	13	14	15	16	17	18	19	20	
6	311	339	368	396	424	452	481	509	537	565	0.222
8	553	603	653	704	754	804	855	905	955	1005	0.395
10	864	942	1021	1100	1178	1257	1335	1414	1492	1571	0.617
12	1244	1357	1470	1583	1696	1810	1923	2036	2149	2262	0.888
14	1693	1847	2001	2155	2309	2463	2617	2771	2925	3079	1.208
16	2212	2413	2614	2815	3016	3217	3418	3619	3820	4021	1.578
18	2799	3054	3308	3563	3817	4072	4326	4580	4835	5089	1.998
20	3456	3770	4084	4398	4712	5027	5341	5655	5969	6283	2.466
22	4181	4562	4942	5322	5702	6082	6462	6842	7223	7603	2.984
25	5400	5891	6381	6872	7363	7854	8345	8836	9327	9818	3.853
28	6773	7389	8005	8621	9236	9852	10468	11084	11699	12315	4.834

续表

钢筋直径	钢筋根数										单根钢筋重量
（mm）	11	12	13	14	15	16	17	18	19	20	（kg/m）
32	8847	9651	10455	11259	12064	12868	13672	14476	15281	16085	6.313
36	11197	12215	13232	14250	15268	16286	17304	18322	19340	20358	7.990
40	13823	15080	16336	17593	18850	20106	21363	22620	23876	25133	9.865
50	21599	23562	25526	27489	29453	31416	33380	35343	37307	39270	15.413

不同钢筋直径的每延米截面面积（mm^2）　　　　附表 B.2

钢筋间距	钢筋直径（mm）										
（mm）	6	6/8	8	8/10	10	10/12	12	12/14	14	14/16	16
100	283	393	503	644	785	958	1131	1335	1539	1775	2011
110	257	357	457	585	714	871	1028	1214	1399	1614	1828
120	236	327	419	537	655	798	942	1113	1283	1479	1676
125	226	314	402	515	628	767	905	1068	1232	1420	1608
130	217	302	387	495	604	737	870	1027	1184	1365	1547
140	202	281	359	460	561	684	808	954	1100	1268	1436
150	188	262	335	429	524	639	754	890	1026	1183	1340
160	177	245	314	403	491	599	707	834	962	1109	1257
170	166	231	296	379	462	564	665	785	906	1044	1183
180	157	218	279	358	436	532	628	742	855	986	1117
190	149	207	265	339	413	504	595	703	810	934	1058
200	141	196	251	322	393	479	565	668	770	888	1005
210	135	187	239	307	374	456	539	636	733	845	957
220	129	179	228	293	357	436	514	607	700	807	914
230	123	171	219	280	341	417	492	581	669	772	874
240	118	164	209	268	327	399	471	556	641	740	838
250	113	157	201	258	314	383	452	534	616	710	804

钢筋间距	钢筋直径（mm）									
（mm）	16/18	18	18/20	20	20/22	22	22/25	25	25/28	28
100	2278	2545	2843	3142	3471	3801	4355	4909	5533	6158
110	2071	2313	2585	2856	3156	3456	3959	4463	5030	5598
120	1898	2121	2369	2618	2893	3168	3629	4091	4611	5131
125	1822	2036	2275	2513	2777	3041	3484	3927	4427	4926
130	1752	1957	2187	2417	2670	2924	3350	3776	4256	4737
140	1627	1818	2031	2244	2480	2715	3111	3506	3952	4398

钢筋间距 （mm）	钢筋直径（mm）									
	16/18	18	18/20	20	20/22	22	22/25	25	25/28	28
150	1518	1696	1895	2094	2314	2534	2903	3273	3689	4105
160	1424	1590	1777	1964	2170	2376	2722	3068	3458	3848
170	1340	1497	1672	1848	2042	2236	2562	2888	3255	3622
180	1265	1414	1580	1745	1929	2112	2419	2727	3074	3421
190	1199	1339	1496	1653	1827	2001	2292	2584	2912	3241
200	1139	1272	1422	1571	1736	1901	2178	2454	2767	3079
210	1085	1212	1354	1496	1653	1810	2074	2338	2635	2932
220	1035	1157	1292	1428	1578	1728	1980	2231	2515	2799
230	990	1106	1236	1366	1509	1653	1893	2134	2406	2677
240	949	1060	1185	1309	1446	1584	1815	2045	2305	2566
250	911	1018	1137	1257	1389	1521	1742	1964	2213	2463

附录 C 连续梁考虑塑性内力重分布的弯矩系数、剪力系数

承受均布荷载的等跨连续梁考虑塑性内力重分布的弯矩系数 α_{mb} 　　　　附表 C.1

端支座支承情况	截面					
	端支座	边跨跨中	端起第二支座	端起第二跨跨中	中间支座	中间跨跨中
	A	I	B	II	C	III
搁置在墙上	0	1/11	−1/11 (−1/10)	1/16	−1/14	1/16
与梁整体连接	−1/24	1/14	−1/11 (−1/10)	1/16	−1/14	1/16
与柱整体连接	−1/16	1/14	−1/11 (−1/10)	1/16	−1/14	1/16

注: 1. 括号内数值用于两跨连续梁。
　　2. 各跨跨中及支座截面的弯矩设计值 $M=\alpha_{mb}(g+q)l_0^2$，其中 g、q 分别为沿梁单位长度上的永久荷载设计值、可变荷载设计值，l_0 为计算跨度。

承受均布荷载的等跨连续梁考虑塑性内力重分布的剪力系数 α_{vb} 　　　　附表 C.2

端支座支承情况	截面				
	A 支座内侧	B 支座外侧	B 支座内侧	C 支座外侧	C 支座内侧
	A_{jn}	B_{cx}	B_{jn}	C_{cx}	C_{jn}
搁置在墙上	0.45	0.60	0.55	0.55	0.55
与梁整体连接	0.50	0.55	0.55	0.55	0.55
与柱整体连接	0.50	0.55	0.55	0.55	0.55

注: 1. 表中 A_{jn}、B_{cx}、B_{jn}、C_{cx}、C_{jn} 分别为支座内、外的截面代号。
　　2. 等跨连续梁的剪力设计值 $V=\alpha_{vb}(g+q)l_n$，其中 l_n 为净跨度。

附录 D　连续板考虑塑性内力重分布的弯矩系数

承受均布荷载的等跨连续板考虑塑性内力重分布的弯矩系数 α_{mp}　　　　附表 D

端支座支承情况	截面					
	端支座	边跨跨中	端起第二支座	端起第二跨跨中	中间支座	中间跨跨中
	A	I	B	II	C	III
搁置在墙上	0	1/11	−1/11（−1/10）	1/16	−1/14	1/16
与梁整体连接	−1/16	1/14	−1/11（−1/10）	1/16	−1/14	1/16

注：1. 括号内数值用于两跨连续板。
　　2. 表中弯矩系数适用于荷载比 q/g 大于 0.3 的等跨连续板。
　　3. 各跨跨中及支座截面的弯矩设计值 $M=\alpha_{mp}(g+q)\,l_0^2$，其中 g、q 分别为沿板单位长度上的永久荷载设计值、可变荷载设计值，l_0 为计算跨度。

附录 E 单跨梁荷载、弯矩、支座反力和挠度

单跨梁荷载、弯矩、支座反力和挠度 附表 E

类别	跨度	荷载	弯矩	支座反力	挠度
悬臂梁	l A 左端 B 右端	集中荷载 P（A 端）	$M_B = -Pl$	$R_B = P$	$f_A = \dfrac{Pl^3}{3EI}$
		均匀荷载 q	$M_B = -\dfrac{ql^2}{2}$	$R_B = ql$	$f_A = \dfrac{ql^4}{8EI}$
		三角形荷载 q（B 顶端）	$M_B = -\dfrac{ql^2}{6}$	$R_B = \dfrac{ql}{2}$	$f_A = \dfrac{ql^4}{30EI}$
简支梁	l A 左端 B 右端	集中荷载 P（跨中 C）	$M_C = M_{max} = \dfrac{Pl}{4}$	$R_A = R_B = \dfrac{P}{2}$	$f_C = f_{max} = \dfrac{Pl^3}{48EI}$
		两个集中荷载 P（离支座各为 a）	$M_{max} = Pa$	$R_A = R_B = P$	$f_{max} = \dfrac{Pal^2}{24EI}(3-4a^2)$
		均匀荷载 q	$M_{max} = \dfrac{ql^2}{8}$	$R_A = R_B = \dfrac{ql}{2}$	$f_{max} = \dfrac{5ql^4}{384EI}$
		三角形荷载 q（跨中 C 顶端）	$M_{max} = \dfrac{ql^2}{12}$	$R_A = R_B = \dfrac{ql}{4}$	$f_{max} = \dfrac{ql^4}{120EI}$
		三角形荷载 q（B 顶端）	$M_{max} = \dfrac{ql^2}{9\sqrt{3}}\left(x=\dfrac{1}{\sqrt{3}}\right)$	$R_A = \dfrac{ql}{6}$, $R_B = \dfrac{ql}{3}$	$f_{max} = 0.00652\dfrac{ql^4}{EI}$ ($x=0.519l$)
一端简支一端固端梁	l A 左端 B 右端	集中荷载 P（跨中 C）	$M_B = -\dfrac{3Pl}{16}$, $M_C = M_{max} = \dfrac{5Pl}{32}$	$R_A = \dfrac{5P}{16}$, $R_B = \dfrac{11P}{16}$	$f_{max} = 0.00932\dfrac{ql^4}{EI}$ ($x=0.447l$)
		均匀荷载 q	$M_B = -\dfrac{ql^2}{8}$, $M_{max} = \dfrac{9ql^2}{128}\left(x=\dfrac{3l}{8}\right)$	$R_A = \dfrac{3ql}{8}$, $R_B = \dfrac{5ql}{8}$	$f_{max} = 0.00542\dfrac{ql^4}{EI}$ ($x=0.422l$)
		三角形荷载 q（B 顶端）	$M_B = -\dfrac{ql^2}{15}$, $M_{max} = 0.0298ql^2$ ($x=0.447l$)	$R_A = \dfrac{ql}{10}$, $R_B = \dfrac{2ql}{5}$	$f_{max} = 0.00239\dfrac{ql^4}{EI}$ ($x=0.447l$)
		三角形荷载 q（跨中 C 顶端）	$M_B = -\dfrac{5ql^2}{64}$, $M_{max} = 0.0475ql^2$ ($x=0.415l$)	$R_A = \dfrac{11ql}{64}$, $R_B = \dfrac{21ql}{64}$	$f_{max} = 0.00357\dfrac{ql^4}{EI}$ ($x=0.430l$)
两端固端梁	l A 左端 B 右端	集中荷载 P（跨中 C）	$M_A = M_B = -\dfrac{Pl}{8}$, $M_{max} = \dfrac{Pl}{8}$	$R_A = R_B = \dfrac{P}{2}$	$f_{max} = \dfrac{ql^3}{192EI}$
		均匀荷载 q	$M_A = M_B = -\dfrac{Pl^2}{12}$, $M_{max} = \dfrac{Pl^2}{24}$	$R_A = R_B = \dfrac{ql}{2}$	$f_{max} = \dfrac{ql^4}{384EI}$
		三角形荷载 q（B 顶端）	$M_A = -\dfrac{ql^2}{30}$, $M_B = -\dfrac{ql^2}{20}$ $M_{max} = 0.0214ql^2$ ($x=0.548l$)	$R_A = \dfrac{3ql}{20}$, $R_B = \dfrac{7ql}{20}$	$f_{max} = 0.00131\dfrac{ql^4}{EI}$ ($x=0.525l$)
		三角形荷载 q（跨中 C 顶端）	$M_A = M_B = -\dfrac{5Pl^2}{96}$, $M_{max} = \dfrac{Pl^2}{32}$	$R_A = R_B = \dfrac{ql}{4}$	$f_{max} = \dfrac{7ql^4}{3840EI}$

263

参考文献

[1] 建筑结构荷载规范. GB 50009—2012[S]. 北京：中国建筑工业出版社，2012.

[2] 建筑工程抗震设防分类标准. GB 50223—2008[S]. 北京：中国建筑工业出版社，2008.

[3] 建筑结构可靠度设计统一标准. GB 50068—2001[S]. 北京：中国建筑工业出版社，2001.

[4] 工程结构可靠性设计统一标准. GB 50153—2008[S]. 北京：中国建筑工业出版社，2008.

[5] 建筑抗震设计规范. GB 50011—2010（2016 年版）[S]. 北京：中国建筑工业出版社，2016.

[6] 混凝土结构设计规范. GB 50010—2010（2015 年版）[S]. 北京：中国建筑工业出版社，2015.

[7] 高层建筑混凝土结构技术规程. JGJ 3—2010[S]. 北京：中国建筑工业出版社，2010.

[8] 建筑地基基础设计规范. GB 50007—2011[S]. 北京：中国建筑工业出版社，2011.

[9] 钢结构设计标准. GB 50017—2017[S]. 北京：中国建筑工业出版社，2018.

[10] 混凝土异形柱结构技术规程. JGJ 149—2017[S]. 北京：中国建筑工业出版社，2017.

[11] 建筑结构设计资料集　3 混凝土分册 [M]. 北京：中国建筑工业出版社，2006.

[12] 高层建筑筏形与箱形基础技术规范. JGJ 6—2011[S]. 北京：中国建筑工业出版社，2011.

[13] 北京地区建筑地基基础勘察设计规范（2016 版）：DBJ 11—501-2009[S]. 北京：中国计划出版社，2009.

[14] 建筑桩基技术规范. JGJ 94—2008[S]. 北京：中国建筑工业出版社，2008.

[15] 人民防空地下室设计规范. GB 50038—2005[S]. 北京：（限内部发行）

[16] 建筑地基处理技术规范. JGJ 79—2012[S]. 北京：中国建筑工业出版社，2012.

[17] 湿陷性黄土地区建筑规范. GB 50025—2004[S]. 北京：中国建筑工业出版社，2004.

[18] 地下工程防水技术规范. GB 50108—2008[S]. 北京：中国计划出版社，2009.

[19] 工业建筑防腐蚀设计规范. GB 50046—2008[S]. 北京：中国计划出版社，2008.

[20] 混凝土结构耐久性设计规范. GB/T 50476—2008[S]. 北京：中国建筑工业出版社，2009.

[21] 非结构构件抗震设计规范. JGJ 339—2015[S]. 北京：中国建筑工业出版社，2015.

[22] 住宅建筑规范. GB 50368—2005[S]. 北京：中国建筑工业出版社，2005.

[23] 公路路基设计规范. JTG D30—2015 [S]. 北京：人民交通出版社，2015.

[24] 岩土锚杆与喷射混凝土支护工程技术规范. GB 50086—2015[S]. 北京：中国计划出版社，2015.

[25] 钢筋混凝土连续梁和框架考虑内力重分布设计规程. CECS51：93[S]. 北京：中国计划出版社，1993.

[26] 陈长兴. 地下室外墙设计综合分析 [J]. 建筑结构，2016 年 6 月增刊

[27] 陈长兴. 钢筋混凝土结构构造配筋模块化集成设计 [J]. 建筑结构，2009 年 8 月增刊

[28] 陈长兴. 有肋梁墩式筏板基础设计 [J]. 建筑结构，1998 年 11 月

[29] 陈长兴. 加气混凝土砌块墙体排块设计 [J]. 建筑工人，1999 年 3 月

[30] 陈长兴. 几种配筋图设计方法简介 [J]. 建筑知识，1998 年 3 月

[31] 陈长兴. 混凝土增打法在工程中的应用 [J]. 建筑技术，1992 年 5 月

[32] 赵玉新 侍克斌 王玉香. 混凝土结构施工中的钢筋代换探讨 [J]. 建筑结构，2007 年 6 月

[33] 超限高层建筑工程抗震设防专项审查技术要点（建质 [2015]67 号）. 中华人民共和国住房和城乡建设部

[34] 建筑工程设计文件编制深度规定（2016 年版）. 中华人民共和国住房和城乡建设部，2016 年 11 月

[35] 建筑物抗震构造详图（多层和高层钢筋混凝土房屋）. 11G329-1[M]. 北京：中国计划出版社，2011.

[36] 多层及高层建筑结构空间有限元分析与设计软件（墙元模型）用户手册：SATWE[M]. 北京：中国建筑科学研究院建研科技股份有限公司设计软件事业部，2011.

[37] 全国民用建筑工程设计技术措施——结构 [M]. 北京：中国计划出版社，2009.